교과서 개념 잡기

초등 수학

3·1

이 책의 구성

교과서로 개념 이해

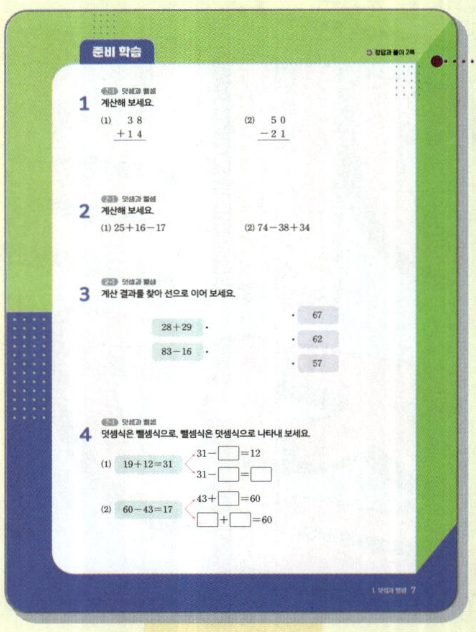

준비 학습
이전에 배운 내용을
문제로 확인해요.

부록 교과서 + 수학익힘 잡기

교과서 개념잡기
교과서 개념 문제를
한 번 더 풀어
개념을 꽉 잡아요.

『교과서』 활동으로
개념을 쉽게 이해하고 확인해요.

『교과서』의 기초 문제로
개념을 다져요.

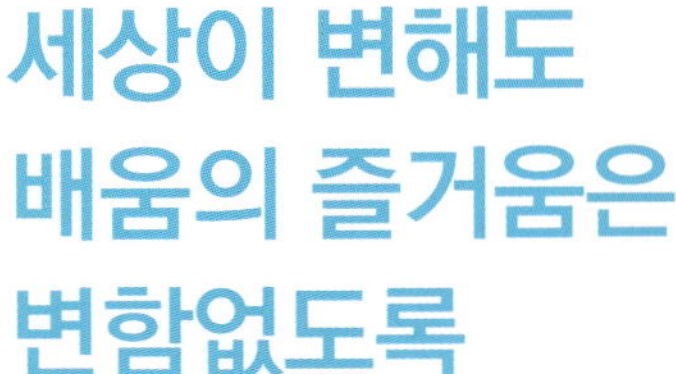

세상이 변해도 배움의 즐거움은 변함없도록

시대는 빠르게 변해도
배움의 즐거움은
변함없어야 하기에

어제의 비상은
남다른 교재부터
결이 다른 콘텐츠
전에 없던 교육 플랫폼까지

변함없는 혁신으로
교육 문화 환경의 새로운 전형을
실현해왔습니다.

비상은 오늘, 다시 한번
새로운 교육 문화 환경을 실현하기 위한
또 하나의 혁신을 시작합니다.

오늘의 내가 어제의 나를 초월하고
오늘의 교육이 어제의 교육을 초월하여
배움의 즐거움을 지속하는 혁신,

바로, 메타인지 기반 완전 학습을.

상상을 실현하는 교육 문화 기업 비상

메타인지 기반 완전 학습

초월을 뜻하는 meta와 생각을 뜻하는 인지가 결합한 메타인지는
자신이 알고 모르는 것을 스스로 구분하고 학습계획을 세우도록 하는
궁극의 학습 능력입니다. 비상의 메타인지 기반 완전 학습 시스템은
잠들어 있는 메타인지를 깨워 공부를 100% 내 것으로 만들도록 합니다.

4주 완성
3-1 공부 계획표

계획표대로 공부하면 **4주** 만에 한 학기 내용을 완성할 수 있습니다. **4주 완성에 도전**해 보세요.

1주

1. 덧셈과 뺄셈				2. 평면도형
1강 6~13쪽	**2강** 14~17쪽	**3강** 18~21쪽	**4강** 22~27쪽	**5강** 28~37쪽
확인 ☑	확인 ☑	확인 ☑	확인 ☑	확인 ☑

2주

2. 평면도형		3. 나눗셈		
6강 38~43쪽	**7강** 44~49쪽	**8강** 50~55쪽	**9강** 56~61쪽	**10강** 62~67쪽
확인 ☑	확인 ☑	확인 ☑	확인 ☑	확인 ☑

3주

4. 곱셈			5. 길이와 시간	
11강 68~73쪽	**12강** 74~79쪽	**13강** 80~85쪽	**14강** 86~95쪽	**15강** 96~101쪽
확인 ☑	확인 ☑	확인 ☑	확인 ☑	확인 ☑

4주

5. 길이와 시간	6. 분수와 소수			
16강 102~107쪽	**17강** 108~115쪽	**18강** 116~121쪽	**19강** 122~127쪽	**20강** 128~132쪽
확인 ☑	확인 ☑	확인 ☑	확인 ☑	확인 ☑

4주 완성 도전!

수학익힘으로 개념 적용

『교과서』와 『수학익힘』에서 꼭 다루어지는 핵심 문제로 실력을 쌓아요.

 교과서 + 수학익힘 잡기

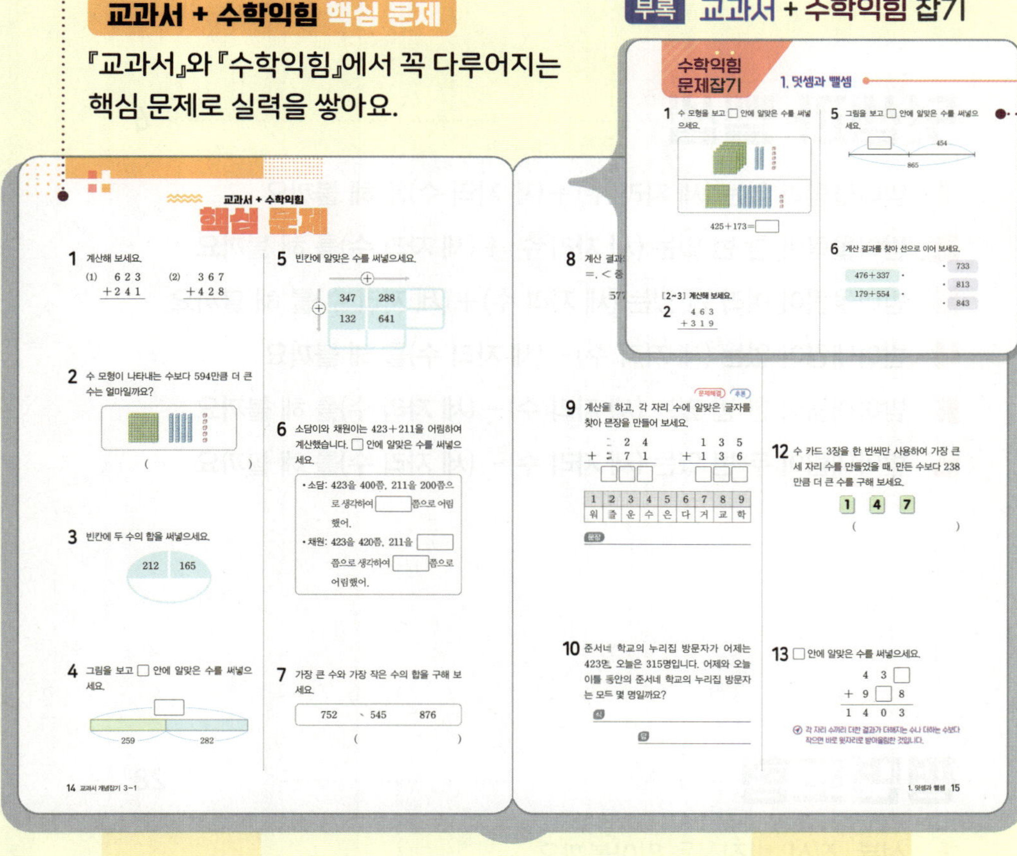

수학익힘 문제잡기

『수학익힘』에 나오는 다양한 문제를 풀어 실력을 다져요.

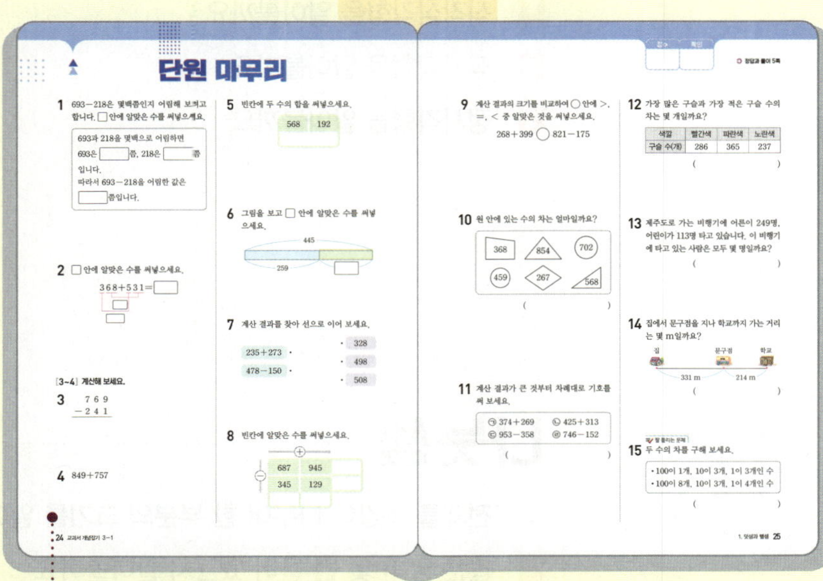

단원 마무리

단원별 핵심 문제를 풀어 보며 기본 실력을 잡아요.

이 책의 차례

1

덧셈과 뺄셈

1단원 1강

1 `2-1` 덧셈과 뺄셈
계산해 보세요.

(1)
$$\begin{array}{r} 3\ 8 \\ +\ 1\ 4 \\ \hline \end{array}$$

(2)
$$\begin{array}{r} 5\ 0 \\ -\ 2\ 1 \\ \hline \end{array}$$

2 `2-1` 덧셈과 뺄셈
계산해 보세요.

(1) $25+16-17$

(2) $74-38+34$

3 `2-1` 덧셈과 뺄셈
계산 결과를 찾아 선으로 이어 보세요.

$28+29$ •

$83-16$ •

• 67

• 62

• 57

4 `2-1` 덧셈과 뺄셈
덧셈식은 뺄셈식으로, 뺄셈식은 덧셈식으로 나타내 보세요.

(1) $19+12=31$

$31-\boxed{}=12$

$31-\boxed{}=\boxed{}$

(2) $60-43=17$

$43+\boxed{}=60$

$\boxed{}+\boxed{}=60$

받아올림이 없는 (세 자리 수)+(세 자리 수)를 해 볼까요

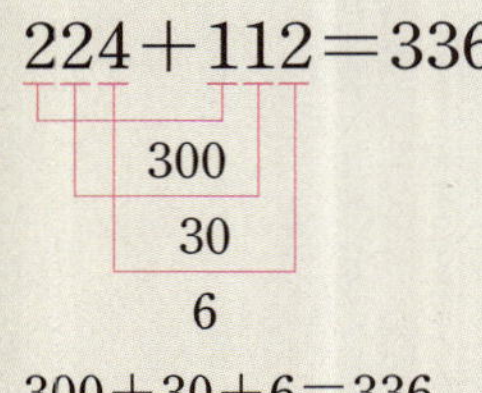

▶▶ 224+112의 계산

┃ 어림하여 알아보기

224와 112를 몇백으로 어림하면
224는 200쯤, 112는 100쯤이므로
224+112를 어림한 값은 300쯤입니다.
└•200+100=300

┃ 여러 가지 방법으로 계산하기

224+112=336
  300
  30
  6
300+30+6=336

224+112=336
  36
  300
36+300=336

┃ 계산 방법 알아보기

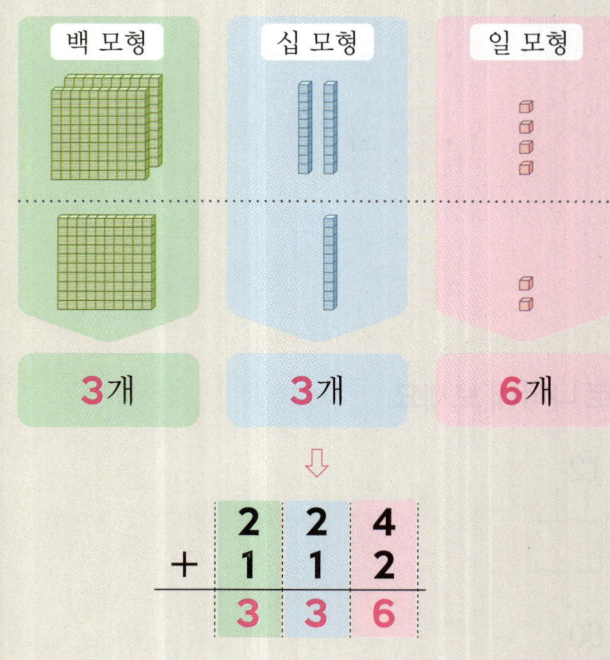

$$\begin{array}{ccc} & 2 & 2 & 4 \\ + & 1 & 1 & 2 \\ \hline & 3 & 3 & 6 \end{array}$$

> 각 자리의 수를 맞추어 쓰고,
> 일의 자리, 십의 자리, 백의 자리 수끼리
> 더한 값을 차례대로 씁니다.

1 312+176은 몇백몇십쯤인지 어림해 보려고
합니다. ☐ 안에 알맞은 수를 써넣으세요.

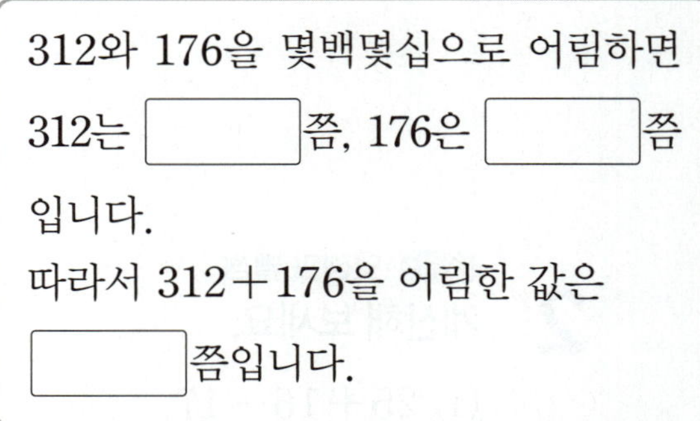

2 ☐ 안에 알맞은 수를 써넣으세요.

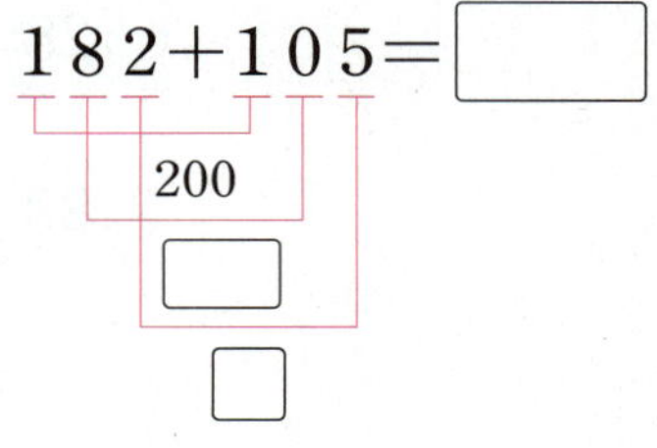

$$182+105=\boxed{}$$
$$200$$

3 수 모형으로 315+243을 구해 보세요.

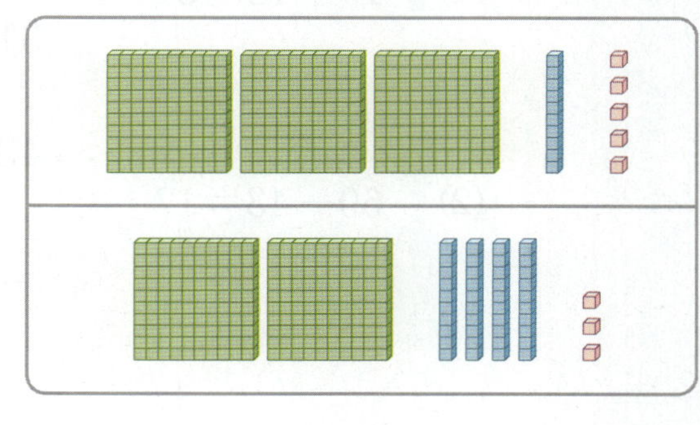

315+243=☐

4 ☐ 안에 알맞은 수를 써넣으세요.

$$\begin{array}{r} 4\ 4\ 2 \\ +\ 3\ 1\ 5 \\ \hline \square \end{array} \Rightarrow \begin{array}{r} 4\ 4\ 2 \\ +\ 3\ 1\ 5 \\ \hline \square\ \square \end{array} \Rightarrow \begin{array}{r} 4\ 4\ 2 \\ +\ 3\ 1\ 5 \\ \hline \square\ \square\ \square \end{array}$$

5 계산해 보세요.

(1)
$$\begin{array}{r} 3\ 6\ 7 \\ +\ 2\ 2\ 1 \\ \hline \end{array}$$

(2)
$$\begin{array}{r} 7\ 1\ 4 \\ +\ 1\ 5\ 2 \\ \hline \end{array}$$

(3) $547+231$

(4) $433+465$

6 빈칸에 알맞은 수를 써넣으세요.

(1)
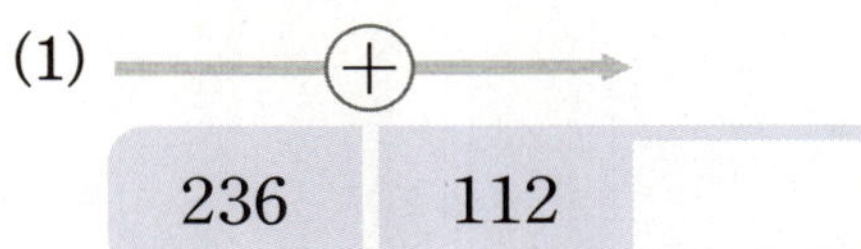

(2)
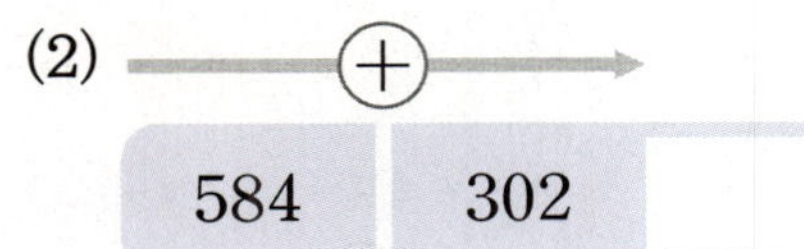

7 계산 결과가 498인 것을 찾아 ◯표 하세요.

$325+273$	$142+356$	$250+228$
(　　　)	(　　　)	(　　　)

받아올림이 한 번 있는 (세 자리 수)+(세 자리 수)를 해 볼까요

▶▶ 329+213의 계산

∣ 어림하여 알아보기

329와 213을 몇백으로 어림하면
329는 300쯤, 213은 200쯤이므로
329+213을 어림한 값은 500쯤입니다.
$300+200=500$

∣ 여러 가지 방법으로 계산하기

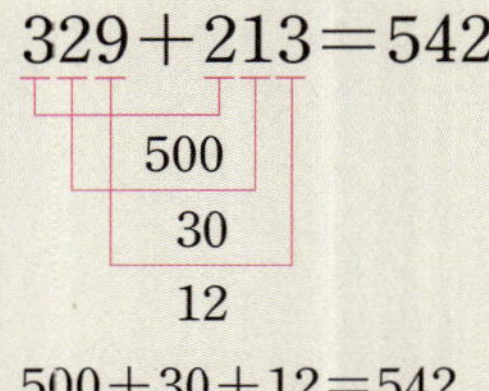

$329+213=542$
500
30
12
$500+30+12=542$

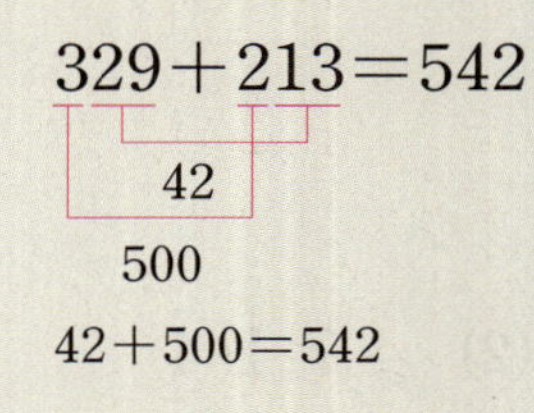

$329+213=542$
42
500
$42+500=542$

∣ 계산 방법 알아보기

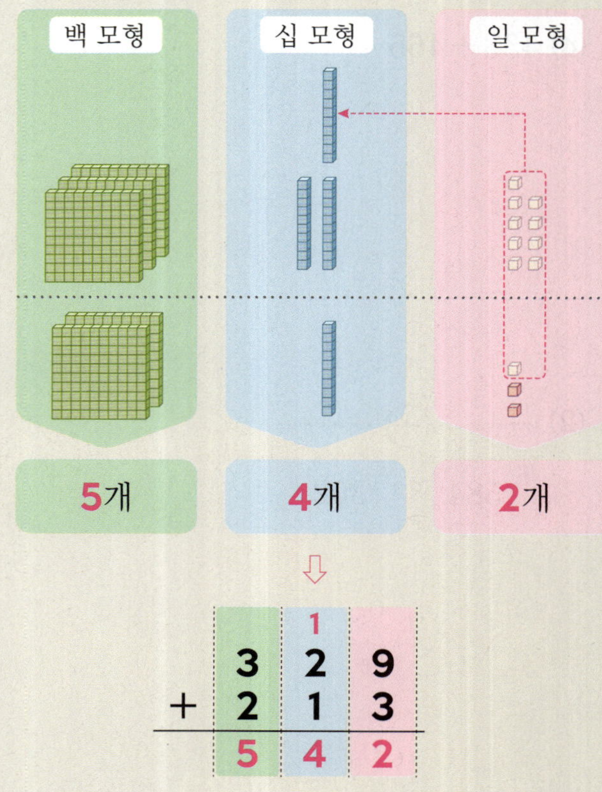

일의 자리, 십의 자리, 백의 자리 수끼리 더합니다.
이때, 같은 자리 수끼리의 합이 10이거나 10보다
크면 바로 윗자리로 받아올려 계산합니다.

1 193+281은 몇백몇십쯤인지 어림해 보려고
합니다. ☐ 안에 알맞은 수를 써넣으세요.

> 193과 281을 몇백몇십으로 어림하면
> 193은 ☐ 쯤, 281은 ☐ 쯤
> 입니다.
> 따라서 193+281을 어림한 값은
> ☐ 쯤입니다.

2 ☐ 안에 알맞은 수를 써넣으세요.

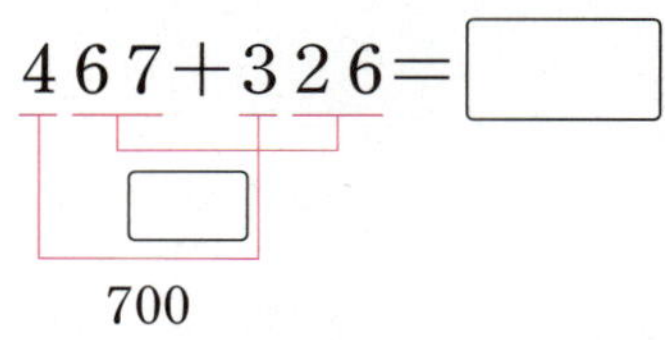

$467+326=$ ☐
☐
700

3 수 모형으로 238+245를 구해 보세요.

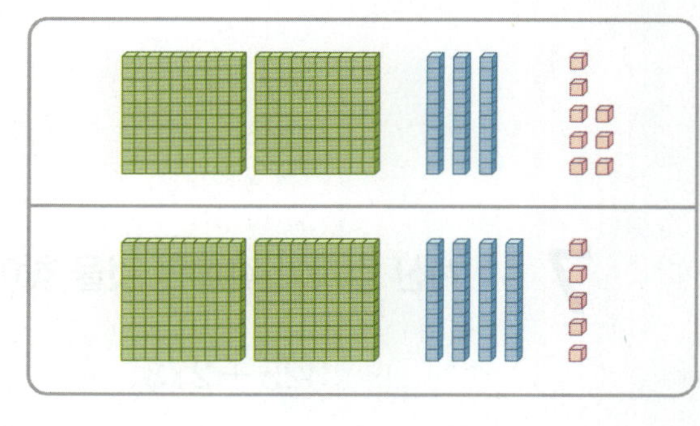

$238+245=$ ☐

4 ☐ 안에 알맞은 수를 써넣으세요.

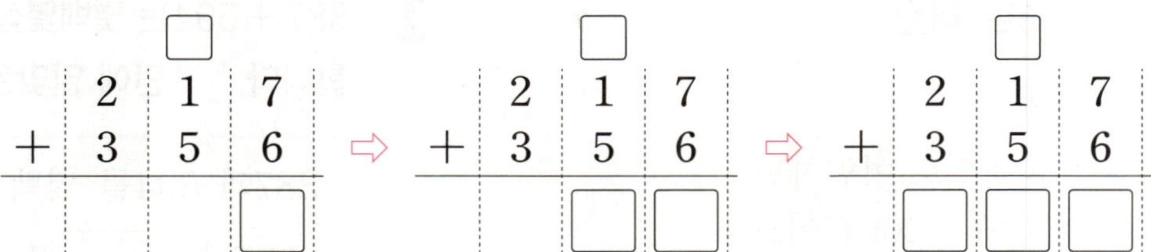

5 계산해 보세요.

(1)　　3 5 4
　　＋1 6 4

(2)　　5 7 4
　　＋1 1 9

(3) 216＋248

(4) 685＋251

6 빈칸에 알맞은 수를 써넣으세요.

(1)　126　＋315 →　☐

(2)　293　＋474 →　☐

7 계산 결과를 찾아 선으로 이어 보세요.

438＋159　·

386＋341　·

·　667

·　727

·　597

받아올림이 여러 번 있는 (세 자리 수)+(세 자리 수)를 해 볼까요

>> **275+236의 계산**

▎ **어림하여 알아보기**

275와 236을 몇백으로 어림하면
275는 300쯤, 236은 200쯤이므로
275+236을 어림한 값은 500쯤입니다.
└• $300+200=500$

▎ **여러 가지 방법으로 계산하기**

$275+236=511$

400
100
11
$400+100+11=511$

$275+236=511$

111
400
$111+400=511$

▎ **계산 방법 알아보기**

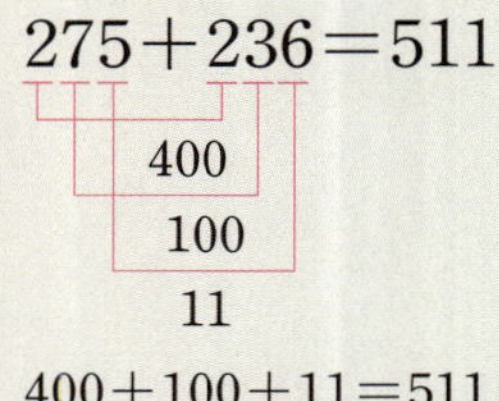

백 모형	십 모형	일 모형

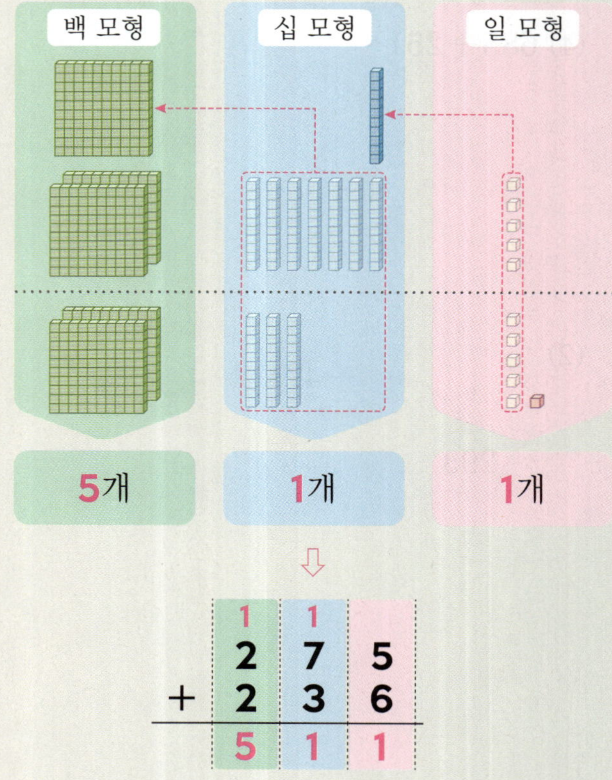

5개	1개	1개

	1	1	
	2	7	5
+	2	3	6
	5	1	1

> 일의 자리에서 받아올림이 있으면 **십의 자리로**,
> 십의 자리에서 받아올림이 있으면 **백의 자리로**,
> 백의 자리에서 받아올림이 있으면 **천의 자리로**
> **받아올려** 계산합니다.

---

1 387+594는 몇백몇십쯤인지 어림해 보려고 합니다. ☐ 안에 알맞은 수를 써넣으세요.

> 387과 594를 몇백몇십으로 어림하면
> 387은 ☐쯤, 594는 ☐쯤
> 입니다.
> 따라서 387+594를 어림한 값은
> ☐쯤입니다.

2 ☐ 안에 알맞은 수를 써넣으세요.

$$7\,6\,9+4\,8\,3=☐$$

1100
☐
☐

3 수 모형으로 326+186을 구해 보세요.

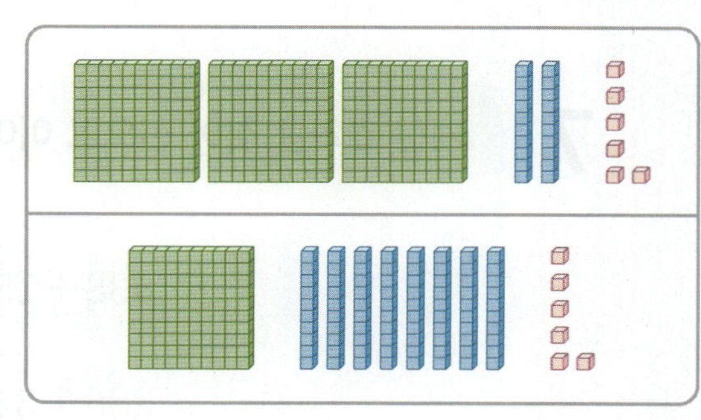

$$326+186=☐$$

4 □ 안에 알맞은 수를 써넣으세요.

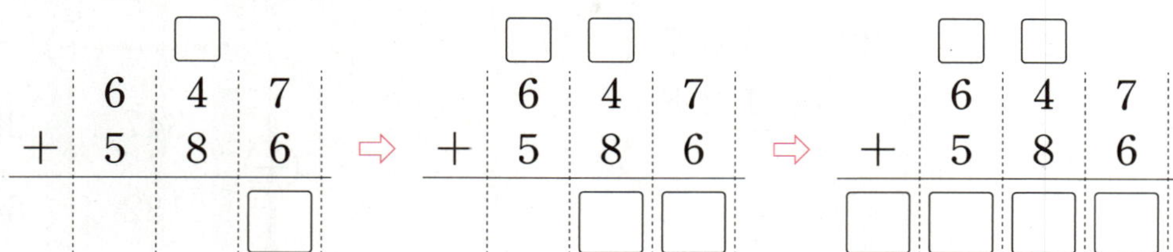

5 계산해 보세요.

(1)　 2 5 9
　 ＋ 4 5 6

(2)　 3 6 8
　 ＋ 9 5 2

(3) 548＋179

(4) 668＋953

6 빈칸에 알맞은 수를 써넣으세요.

(1)
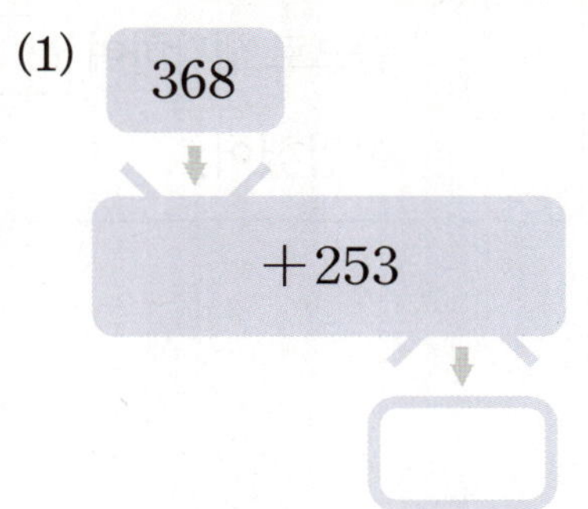

(2)
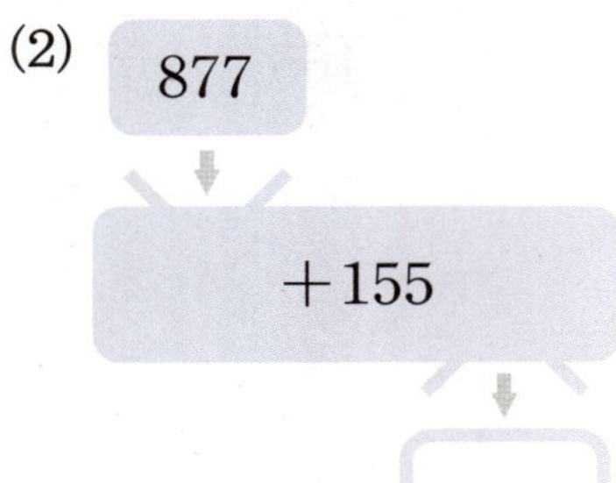

7 계산 결과가 다른 하나를 찾아 기호를 써 보세요.

ㄱ 475＋438　　ㄴ 754＋289　　ㄷ 526＋387

(　　　　　　　　)

핵심 문제

1 계산해 보세요.

(1) $\begin{array}{r} 6\,2\,3 \\ +\,2\,4\,1 \\ \hline \end{array}$　　(2) $\begin{array}{r} 3\,6\,7 \\ +\,4\,2\,8 \\ \hline \end{array}$

2 수 모형이 나타내는 수보다 594만큼 더 큰 수는 얼마일까요?

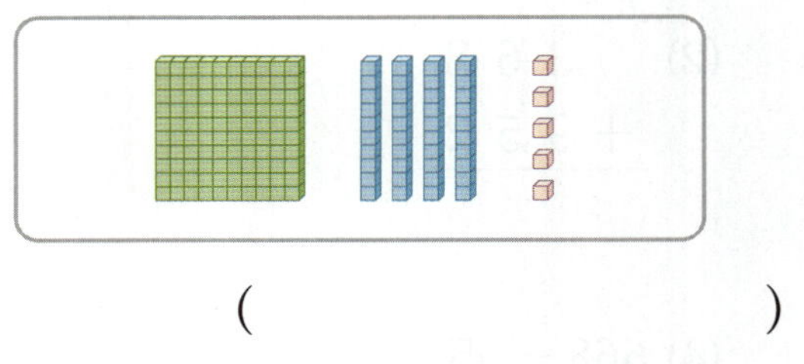

(　　　　　　　)

3 빈칸에 두 수의 합을 써넣으세요.

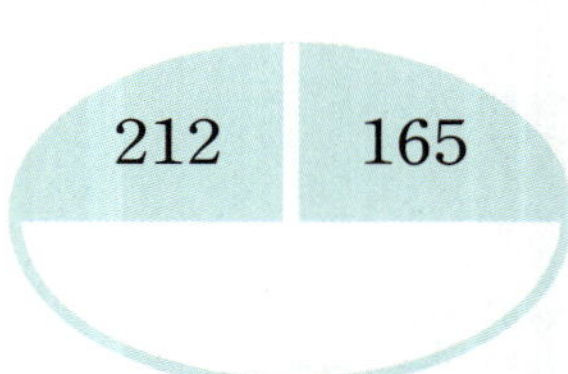

4 그림을 보고 ☐ 안에 알맞은 수를 써넣으세요.

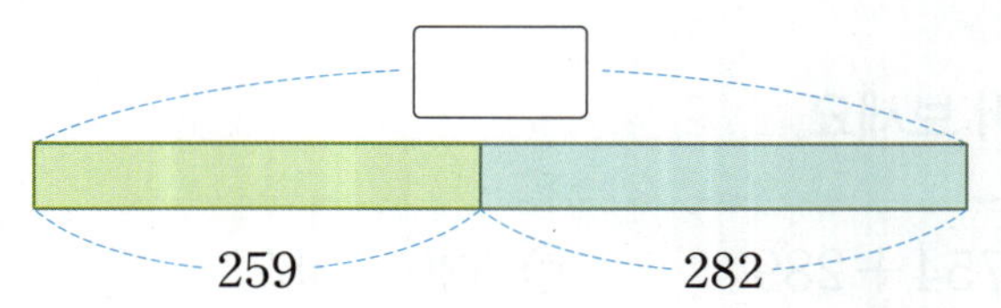

5 빈칸에 알맞은 수를 써넣으세요.

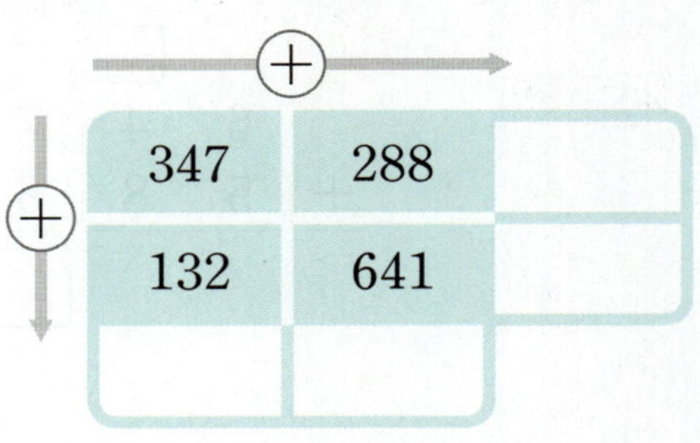

6 소담이와 채원이는 423＋211을 어림하여 계산했습니다. ☐ 안에 알맞은 수를 써넣으세요.

- 소담: 423을 400쯤, 211을 200쯤으로 생각하여 ☐ 쯤으로 어림했어.
- 채원: 423을 420쯤, 211을 ☐ 쯤으로 생각하여 ☐ 쯤으로 어림했어.

7 가장 큰 수와 가장 작은 수의 합을 구해 보세요.

| 752 | 545 | 876 |

(　　　　　　　)

1단원 **2**강

8 계산 결과의 크기를 비교하여 ◯ 안에 ＞, ＝, ＜ 중 알맞은 것을 써넣으세요.

$$577+226 \bigcirc 184+699$$

9 계산을 하고, 각 자리 수에 알맞은 글자를 찾아 문장을 만들어 보세요.

문제해결 추론

$$\begin{array}{r} 1\ 2\ 4 \\ +\ 3\ 7\ 1 \\ \hline \square\ \square\ \square \end{array} \qquad \begin{array}{r} 1\ 3\ 5 \\ +\ 1\ 3\ 6 \\ \hline \square\ \square\ \square \end{array}$$

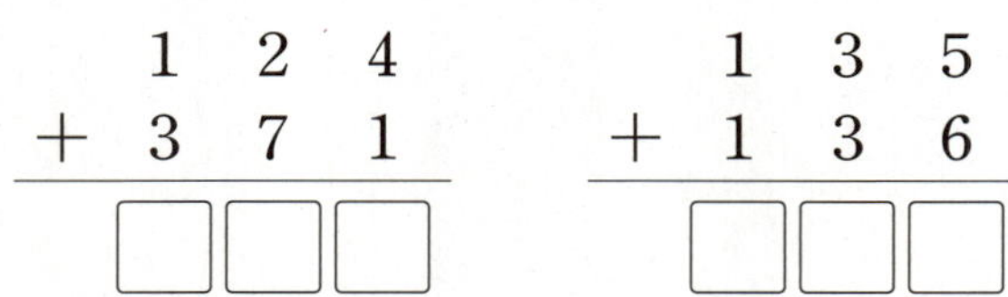

1	2	3	4	5	6	7	8	9
워	즐	운	수	은	다	거	교	학

문장 __________________

10 준서네 학교의 누리집 방문자가 어제는 423명, 오늘은 315명입니다. 어제와 오늘 이틀 동안의 준서네 학교의 누리집 방문자는 모두 몇 명일까요?

식 __________________

답 __________________

11 두 수의 합을 구해 보세요.

- 100이 2개, 10이 3개, 1이 5개인 수
- 100이 3개, 10이 9개, 1이 1개인 수

(   )

12 수 카드 3장을 한 번씩만 사용하여 가장 큰 세 자리 수를 만들었을 때, 만든 수보다 238만큼 더 큰 수를 구해 보세요.

(   )

13 ☐ 안에 알맞은 수를 써넣으세요.

$$\begin{array}{r} 4\ 3\ \square \\ +\ 9\ \square\ 8 \\ \hline 1\ 4\ 0\ 3 \end{array}$$

➤ 각 자리 수끼리 더한 결과가 더해지는 수나 더하는 수보다 작으면 바로 윗자리로 받아올림한 것입니다.

받아내림이 없는 (세 자리 수)−(세 자리 수)를 해 볼까요

》 285−173의 계산

❙ 어림하여 알아보기

285와 173을 몇백으로 어림하면
285는 300쯤, 173은 200쯤이므로
285−173을 어림한 값은 100쯤입니다.
└• 300−200=100

❙ 여러 가지 방법으로 계산하기

285−173=112
185
115
112
285−100−70−3=112

285−173=112
212
112
285−73−100=112

❙ 계산 방법 알아보기

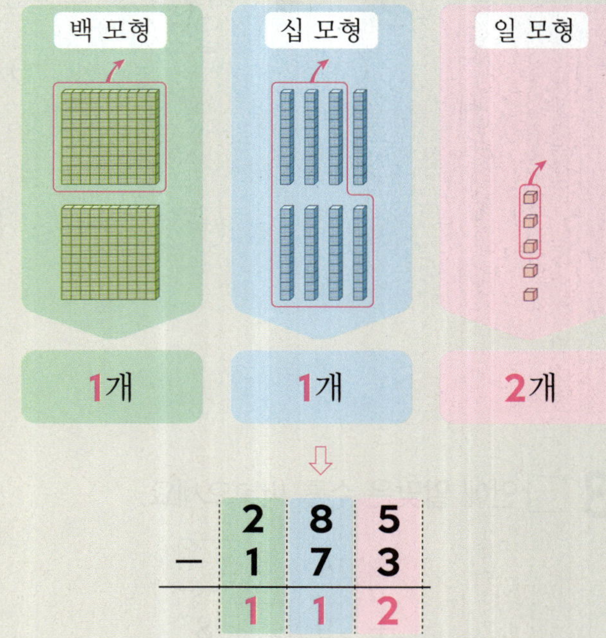

$$\begin{array}{r} 2\ 8\ 5 \\ -\ 1\ 7\ 3 \\ \hline 1\ 1\ 2 \end{array}$$

각 자리의 수를 맞추어 쓰고,
일의 자리, 십의 자리, 백의 자리 수끼리
뺀 값을 차례대로 씁니다.

1 431−311은 몇백몇십쯤인지 어림해 보려고
합니다. ☐ 안에 알맞은 수를 써넣으세요.

431과 311을 몇백몇십으로 어림하면
431은 ☐ 쯤, 311은 ☐ 쯤
입니다.
따라서 431−311을 어림한 값은
☐ 쯤입니다.

2 ☐ 안에 알맞은 수를 써넣으세요.

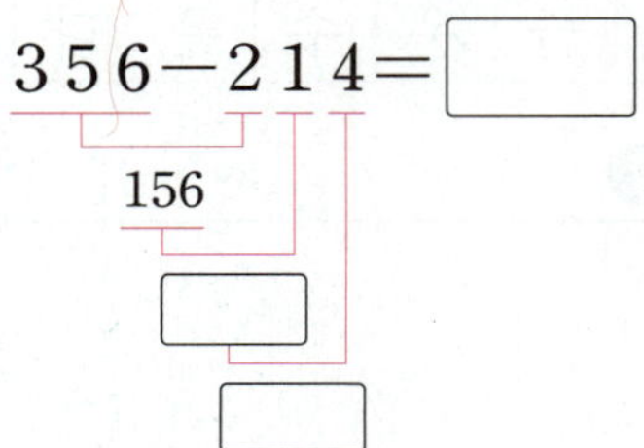

$$356-214=\boxed{}$$
156

3 수 모형으로 559−142를 구해 보세요.

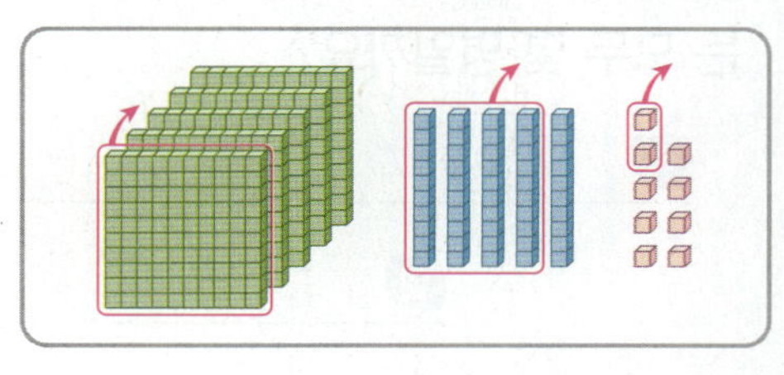

$$559-142=\boxed{}$$

4 ☐ 안에 알맞은 수를 써넣으세요.

$$
\begin{array}{r} 6\ 6\ 4 \\ -\ 3\ 1\ 2 \\ \hline \square \end{array}
\Rightarrow
\begin{array}{r} 6\ 6\ 4 \\ -\ 3\ 1\ 2 \\ \hline \square\ \square \end{array}
\Rightarrow
\begin{array}{r} 6\ 6\ 4 \\ -\ 3\ 1\ 2 \\ \hline \square\ \square\ \square \end{array}
$$

5 계산해 보세요.

(1)
$$
\begin{array}{r} 7\ 8\ 9 \\ -\ 1\ 4\ 5 \\ \hline \end{array}
$$

(2)
$$
\begin{array}{r} 4\ 4\ 8 \\ -\ 1\ 2\ 5 \\ \hline \end{array}
$$

(3) $799-438$

(4) $675-234$

6 빈칸에 알맞은 수를 써넣으세요.

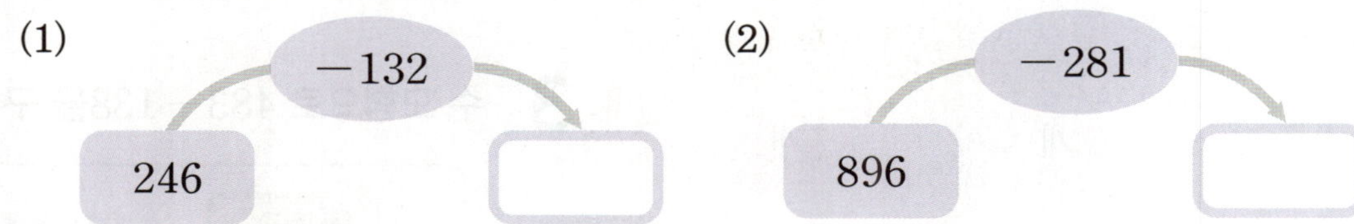

7 계산 결과가 다른 하나를 찾아 ◯표 하세요.

$869-654$	$627-312$	$498-183$
( )	( )	( )

받아내림이 한 번 있는 (세 자리 수)−(세 자리 수)를 해 볼까요

》 241−116의 계산

▌ 어림하여 알아보기

241과 116을 몇백으로 어림하면
241은 200쯤, 116은 100쯤이므로
241−116을 어림한 값은 100쯤입니다.
$$200-100=100$$

▌ 여러 가지 방법으로 계산하기

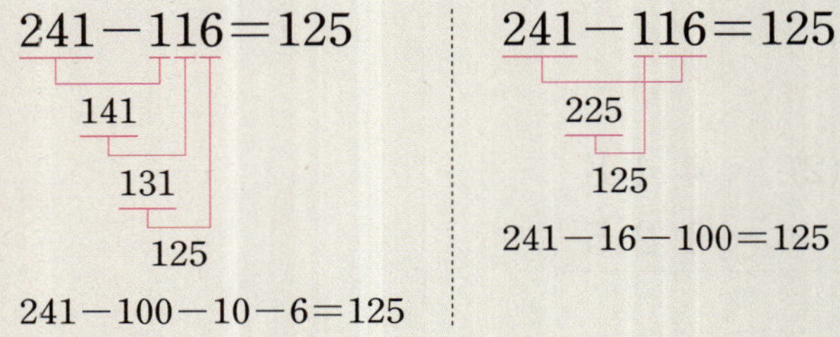

$$241-100-10-6=125$$

$$241-16-100=125$$

▌ 계산 방법 알아보기

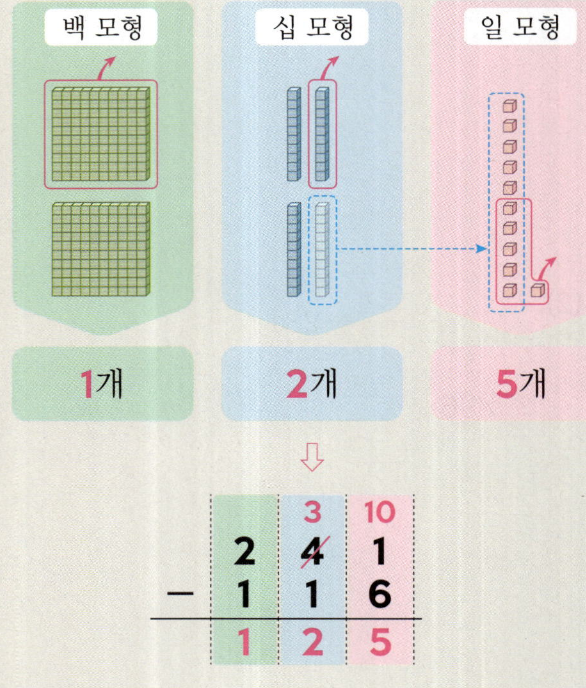

일의 자리, 십의 자리, 백의 자리 수끼리 뺍니다.
이때, 같은 자리 수끼리 뺄 수 없으면 바로 윗자리
에서 받아내려 계산합니다.

---

1 837−476은 몇백몇십쯤인지 어림해 보려고
합니다. ☐ 안에 알맞은 수를 써넣으세요.

837과 476을 몇백몇십으로 어림하면
837은 ☐쯤, 476은 ☐쯤
입니다.
따라서 837−476을 어림한 값은
☐쯤입니다.

2 ☐ 안에 알맞은 수를 써넣으세요.

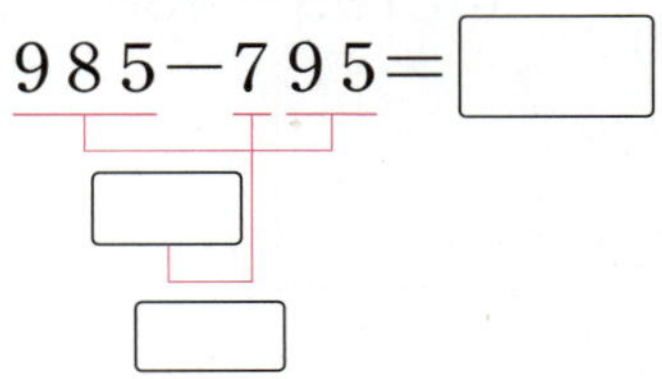

3 수 모형으로 483−138을 구해 보세요.

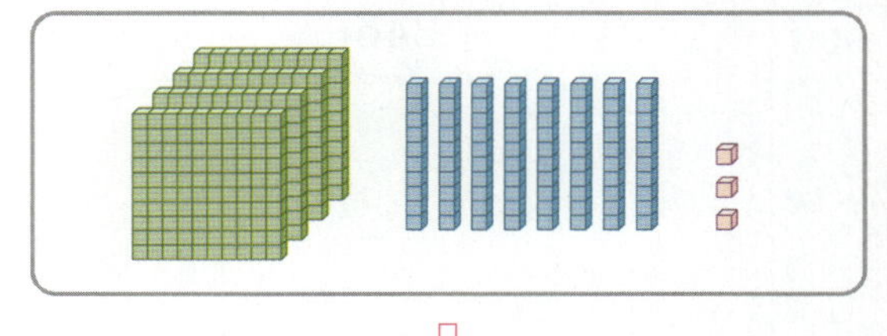

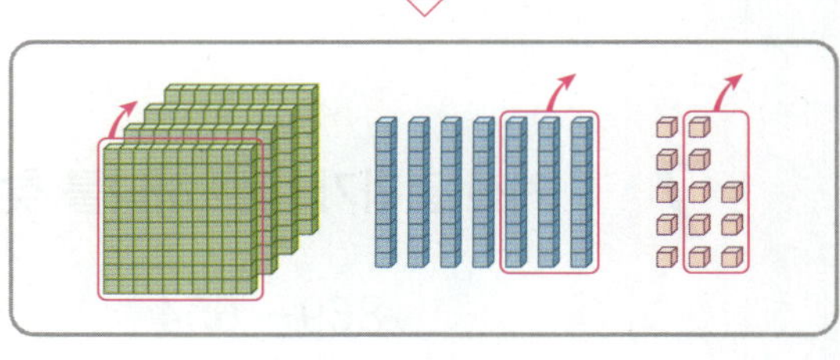

$$483-138=\boxed{}$$

4 ☐ 안에 알맞은 수를 써넣으세요.

5 계산해 보세요.

(1)
```
    5 9 1
  - 3 4 6
```

(2)
```
    6 4 8
  - 2 5 1
```

(3) 782－314

(4) 929－678

6 빈칸에 알맞은 수를 써넣으세요.

(1) 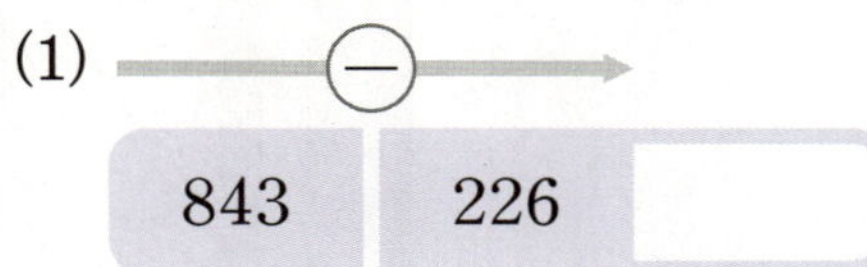

(2) 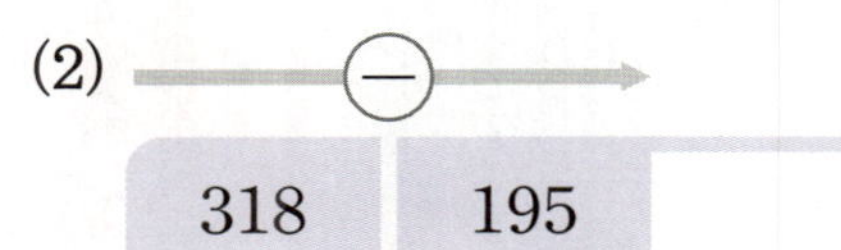

7 바르게 계산한 사람을 찾아 이름을 써 보세요.

유민	승재	소담
4 1 5 － 2 4 3 2 7 2	5 9 0 － 1 6 7 3 2 3	3 2 4 － 1 8 0 1 4 4

(   )

받아내림이 두 번 있는 (세 자리 수)−(세 자리 수)를 해 볼까요

▶▶ 413−184의 계산

┃ 어림하여 알아보기

413과 184를 몇백으로 어림하면
413은 400쯤, 184는 200쯤이므로
413−184를 어림한 값은 200쯤입니다.
　　　　　　　　└ $400-200=200$

┃ 여러 가지 방법으로 계산하기

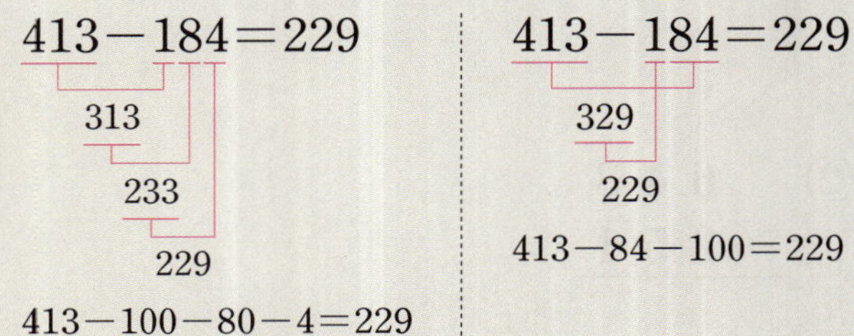

$413-184=229$
313
233
229
$413-100-80-4=229$

$413-184=229$
329
229
$413-84-100=229$

┃ 계산 방법 알아보기

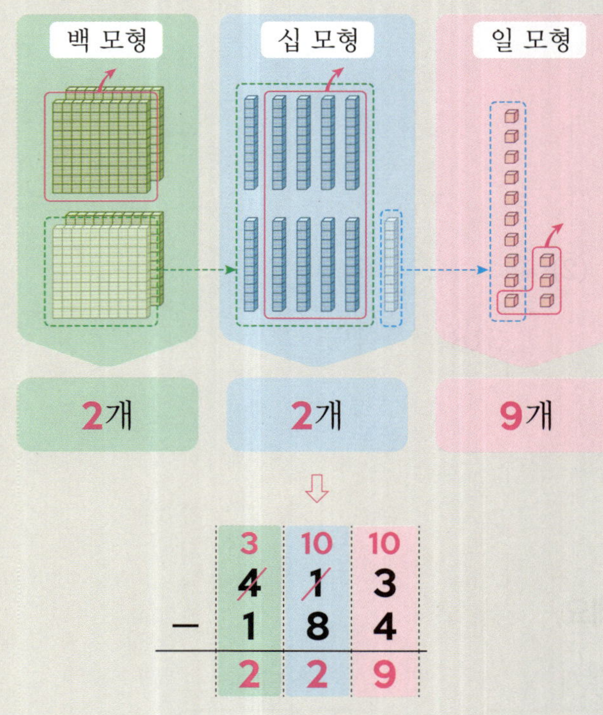

일의 자리 수끼리 뺄 수 없으면 **십의 자리**에서,
십의 자리 수끼리 뺄 수 없으면 **백의 자리**에서
받아내려 계산합니다.

---

1 752−298은 몇백몇십쯤인지 어림해 보려고
합니다. ☐ 안에 알맞은 수를 써넣으세요.

752와 298을 몇백몇십으로 어림하면
752는 ☐쯤, 298은 ☐쯤
입니다.
따라서 752−298을 어림한 값은
☐쯤입니다.

2 ☐ 안에 알맞은 수를 써넣으세요.

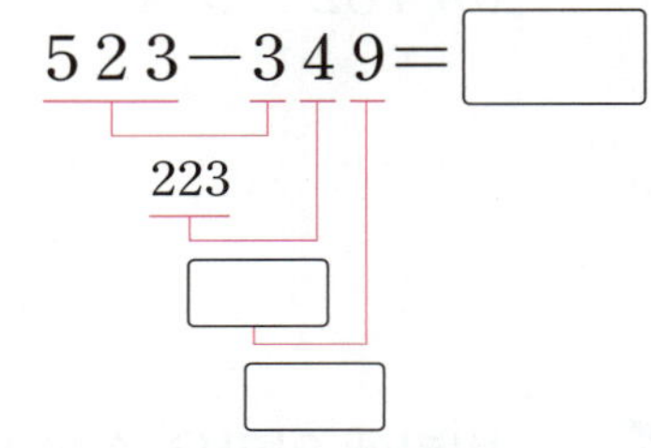

$523-349=$ ☐
223

3 수 모형으로 342−165를 구해 보세요.

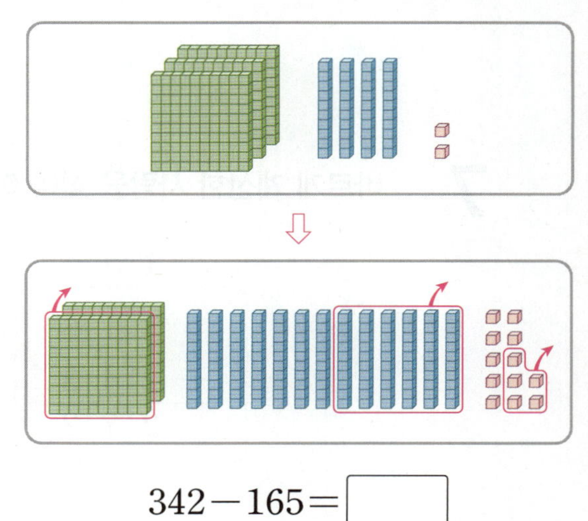

$342-165=$ ☐

4 ☐ 안에 알맞은 수를 써넣으세요.

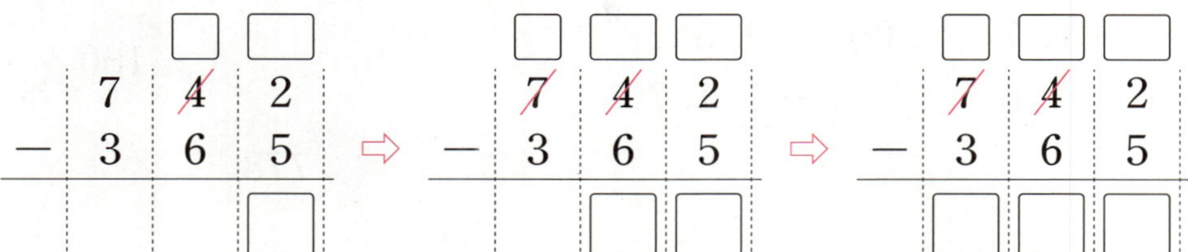

5 계산해 보세요.

(1)
$$\begin{array}{r} 4\ 3\ 7 \\ -\ 2\ 5\ 9 \\ \hline \end{array}$$

(2)
$$\begin{array}{r} 5\ 3\ 6 \\ -\ 1\ 9\ 7 \\ \hline \end{array}$$

(3) $883-496$

(4) $941-267$

6 빈칸에 알맞은 수를 써넣으세요.

(1) 564 ⇒ -395 ⇒ ☐

(2) 721 ⇒ -268 ⇒ ☐

7 계산 결과를 찾아 선으로 이어 보세요.

$742-493$　　　$836-557$

279　　　249　　　219

핵심 문제

1 계산해 보세요.

(1)
```
   6 5 7
 − 1 2 6
```

(2)
```
   4 5 2
 − 1 1 7
```

2 수 모형이 나타내는 수보다 152만큼 더 작은 수는 얼마일까요?

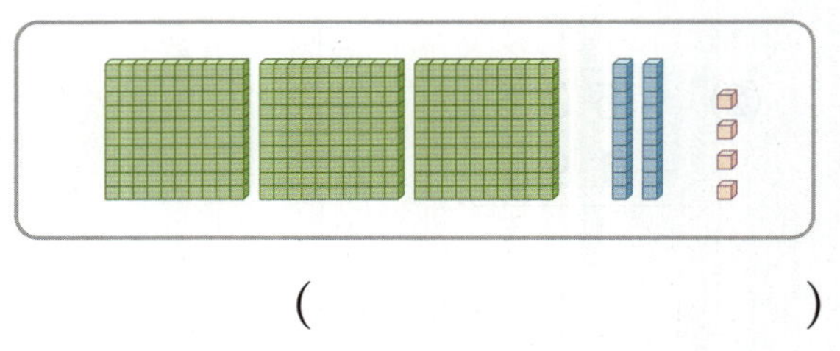

(   )

3 두 수의 차를 구해 보세요.

168   543

(   )

4 그림을 보고 ☐ 안에 알맞은 수를 써넣으세요.

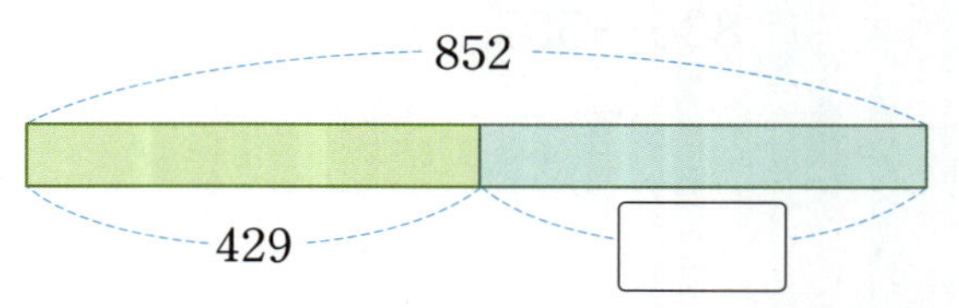

5 빈칸에 알맞은 수를 써넣으세요.

6 922와 359의 차는 몇백몇십쯤일지 어림해 보고, 실제 계산한 값을 구해 보세요.

어림한 값 (   )쯤

계산한 값 (   )

7 잘못 계산한 곳을 찾아 바르게 계산해 보세요.

```
   5 2 6
 − 3 7 8
 ─────
   2 5 8
```
⇨
```
   5 2 6
 − 3 7 8
```

8 삼각형 안에 있는 수의 차는 얼마일까요?

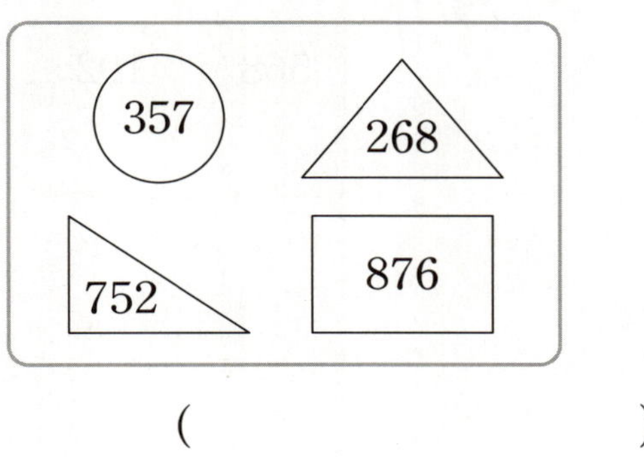

(　　　　　　　　)

9 설희네 집에서 공원까지의 거리는 놀이터까지의 거리보다 몇 m 더 멀까요?

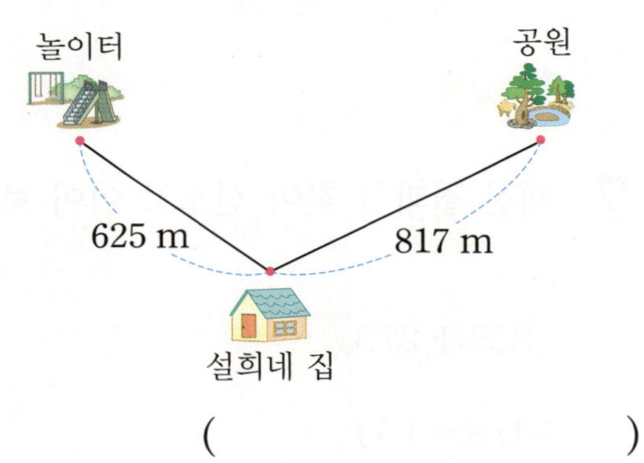

(　　　　　　　　)

10 ◻ 안에 알맞은 수를 찾아 선으로 이어 보세요.

$362+◻=697$ ・

$185+◻=530$ ・

・ 345

・ 335

・ 325

11 주아가 생각한 수를 구해 보세요.

(　　　　　　　　)

12 두 수를 골라 차가 315인 뺄셈식을 만들려고 합니다. ◻ 안에 알맞은 수를 써넣으세요.

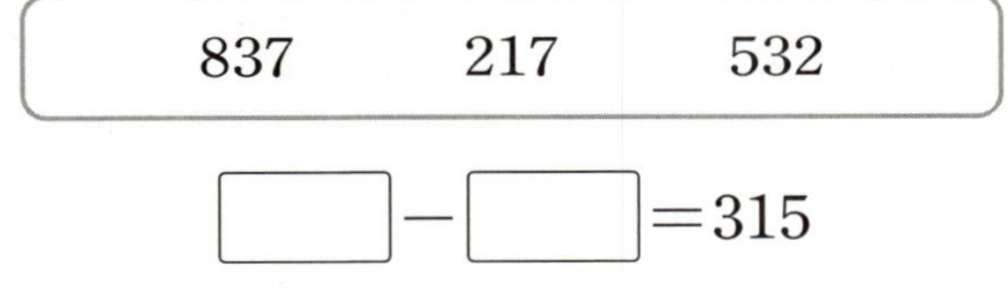

◻ － ◻ ＝315

13 ◻ 안에 알맞은 수를 써넣으세요.

$$\begin{array}{r} 4\ ◻\ 6 \\ -\ 1\ 5\ ◻ \\ \hline 2\ 7\ 7 \end{array}$$

각 자리 수끼리 뺀 결과가 빼지는 수보다 크면 바로 윗자리에서 받아내림한 것입니다.

단원 마무리

1 693−218은 몇백쯤인지 어림해 보려고 합니다. ☐ 안에 알맞은 수를 써넣으세요.

> 693과 218을 몇백으로 어림하면
> 693은 ☐ 쯤, 218은 ☐ 쯤 입니다.
> 따라서 693−218을 어림한 값은 ☐ 쯤입니다.

2 ☐ 안에 알맞은 수를 써넣으세요.

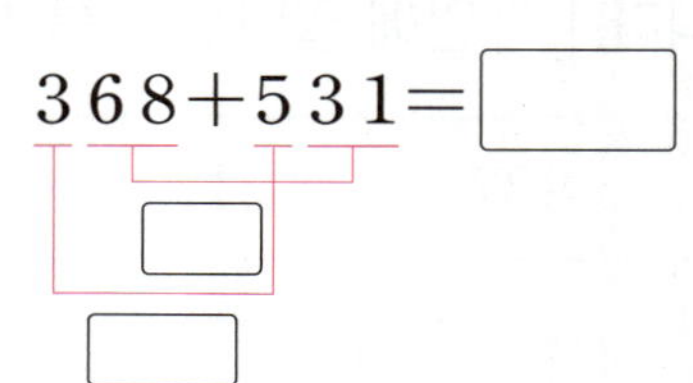

$$368+531=\boxed{}$$

[3~4] 계산해 보세요.

3
$$\begin{array}{r} 7\ 6\ 9 \\ -\ 2\ 4\ 1 \\ \hline \end{array}$$

4 $849+757$

5 빈칸에 두 수의 합을 써넣으세요.

568	192

6 그림을 보고 ☐ 안에 알맞은 수를 써넣으세요.

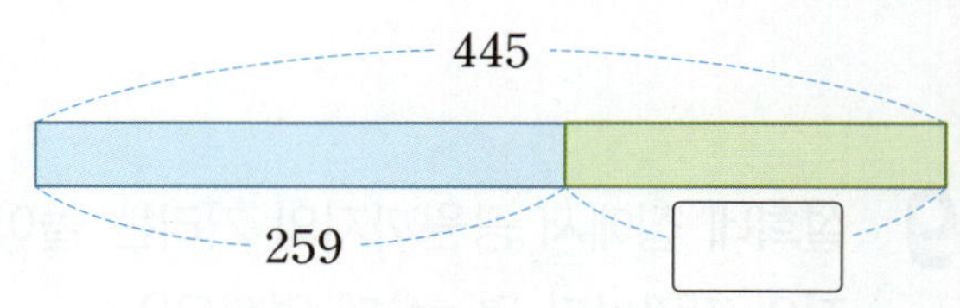

7 계산 결과를 찾아 선으로 이어 보세요.

$235+273$ •	• 328
	• 498
$478-150$ •	• 508

8 빈칸에 알맞은 수를 써넣으세요.

	＋	
687	945	
345	129	

1 단원

4 강

9 계산 결과의 크기를 비교하여 ◯ 안에 >, =, < 중 알맞은 것을 써넣으세요.

$$268 + 399 \bigcirc 821 - 175$$

10 원 안에 있는 수의 차는 얼마일까요?

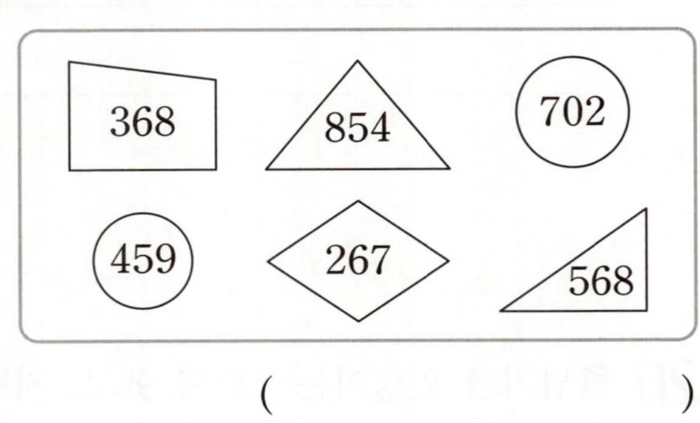

(　　　　　　　　　　)

11 계산 결과가 큰 것부터 차례대로 기호를 써 보세요.

> ㉠ 374 + 269 　　㉡ 425 + 313
> ㉢ 953 − 358 　　㉣ 746 − 152

(　　　　　　　　　　)

12 가장 많은 구슬과 가장 적은 구슬 수의 차는 몇 개일까요?

색깔	빨간색	파란색	노란색
구슬 수(개)	286	365	237

(　　　　　　　　　　)

13 제주도로 가는 비행기에 어른이 249명, 어린이가 113명 타고 있습니다. 이 비행기에 타고 있는 사람은 모두 몇 명일까요?

(　　　　　　　　　　)

14 집에서 문구점을 지나 학교까지 가는 거리는 몇 m일까요?

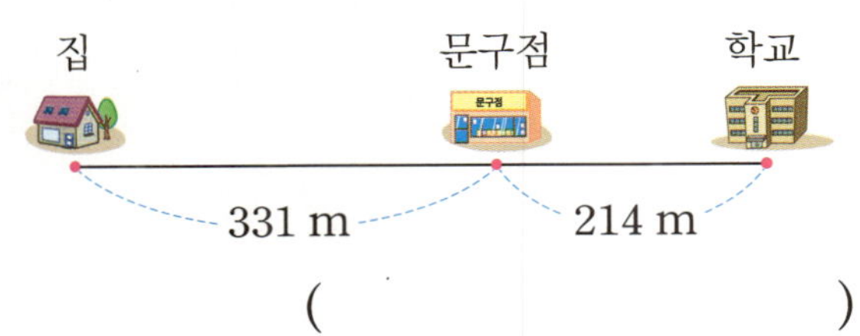

(　　　　　　　　　　)

⬛✔ 잘 틀리는 문제

15 두 수의 차를 구해 보세요.

> • 100이 1개, 10이 3개, 1이 3개인 수
> • 100이 8개, 10이 3개, 1이 4개인 수

(　　　　　　　　　　)

16 두 수를 골라 합이 781인 덧셈식을 만들려고 합니다. ☐ 안에 알맞은 수를 써넣으세요.

| 437 | 344 | 324 |

$$\boxed{}+\boxed{}=781$$

잘 틀리는 문제

17 수 카드 3장을 한 번씩만 사용하여 가장 큰 세 자리 수를 만들었을 때, 만든 수보다 215만큼 더 작은 수를 구해 보세요.

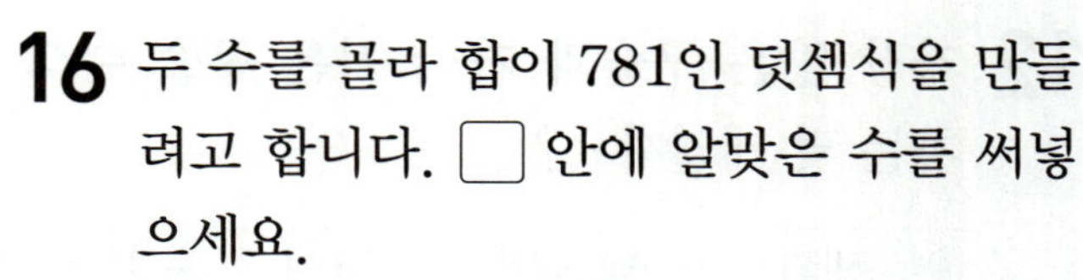

( )

18 ☐ 안에 알맞은 수를 써넣으세요.

$$\begin{array}{r} \boxed{}\ 5\ 2 \\ -\ 5\ 5\ \boxed{} \\ \hline 3\ 9\ 4 \end{array}$$

19 잘못 계산한 곳을 찾아 이유를 쓰고, 바르게 계산해 보세요.

$$\begin{array}{r} 7\ 1\ 4 \\ -\ 2\ 5\ 9 \\ \hline 5\ 6\ 5 \end{array} \Rightarrow \begin{array}{r} 7\ 1\ 4 \\ -\ 2\ 5\ 9 \\ \hline \end{array}$$

❶ 잘못 계산한 이유 쓰기
❷ 바르게 계산하기

이유

20 줄넘기를 인성이는 247회 했고, 지민이는 175회 했습니다. 인성이와 지민이는 줄넘기를 모두 몇 회 했는지 풀이 과정을 쓰고 답을 구해 보세요.

❶ 문제에 알맞은 식 만들기

풀이

❷ 인성이와 지민이는 줄넘기를 모두 몇 회 했는지 구하기

풀이

답

다른 부분 5곳을 찾고, 재미있게 색칠해 보세요!

2

평면도형

1 ²⁻¹ 여러 가지 도형
보기 에서 도형의 이름을 찾아 써 보세요.

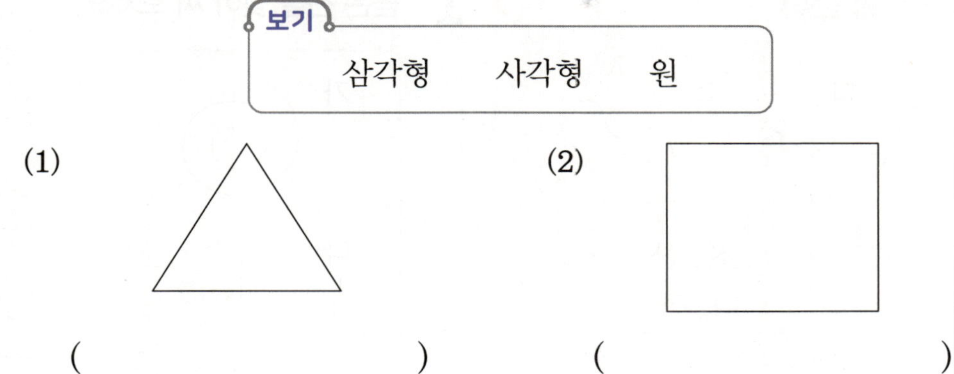

2 ²⁻¹ 여러 가지 도형
꼭짓점과 변 중에서 알맞은 말을 ☐ 안에 써넣으세요.

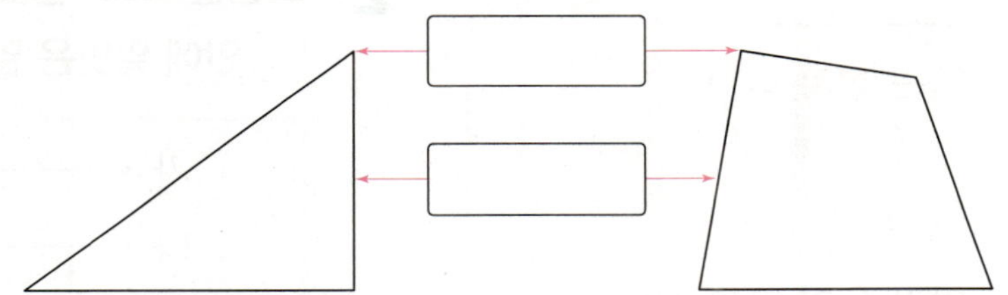

3 ²⁻¹ 여러 가지 도형
표를 완성해 보세요.

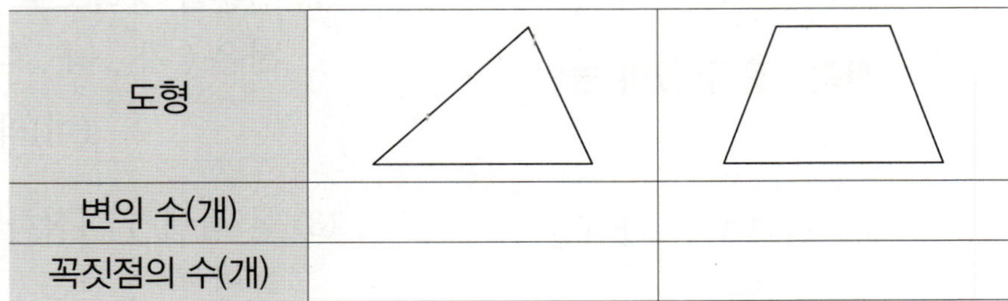

도형		
변의 수(개)		
꼭짓점의 수(개)		

선분, 직선, 반직선을 알아볼까요

>> **곧은 선과 굽은 선의 분류**

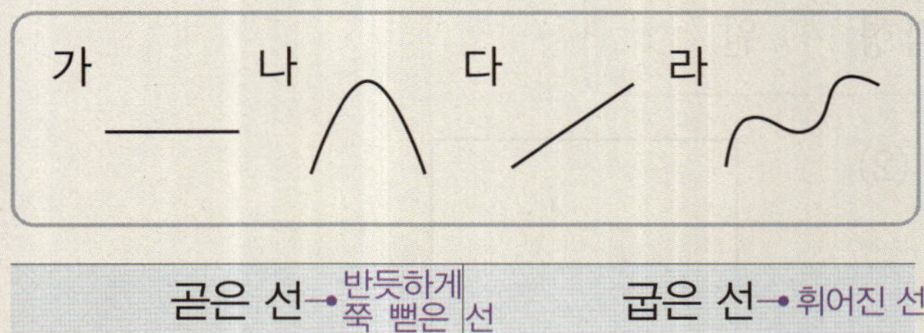

곧은 선 → 반듯하게 쭉 뻗은 선	굽은 선 → 휘어진 선
가, 다	나, 라

>> **선분**

> 두 점을 **곧게** 이은 선: **선분**

점 ㄱ과 점 ㄴ을 이은 선분

ㄱ •————————• ㄴ

선분 ㄱㄴ 또는 **선분 ㄴㄱ**

>> **직선**

> 선분을 **양쪽으로 끝없이** 늘인 곧은 선: **직선**

점 ㄱ과 점 ㄴ을 지나는 직선

ㄱ ㄴ

직선 ㄱㄴ 또는 **직선 ㄴㄱ**

>> **반직선**

> 한 점에서 시작하여 **한쪽으로 끝없이** 늘인 곧은 선: **반직선**

• 점 ㄱ에서 시작하여 점 ㄴ을 지나는 반직선

ㄱ •————————• ㄴ   **반직선 ㄱㄴ**

• 점 ㄴ에서 시작하여 점 ㄱ을 지나는 반직선

ㄱ •————————• ㄴ   **반직선 ㄴㄱ**

> 참고　반직선 ㄱㄴ과 반직선 ㄴㄱ은 시작점과 끝없이 늘인 방향이 다르므로 같다고 할 수 없습니다.

1 곧은 선을 찾아 써 보세요.

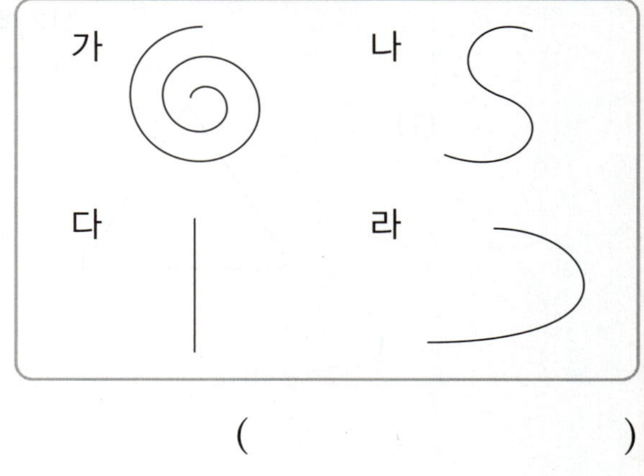

(　　　　　　)

2 도형을 보고 알맞은 것을 찾아 ○표 하고, ☐ 안에 알맞은 말을 써넣으세요.

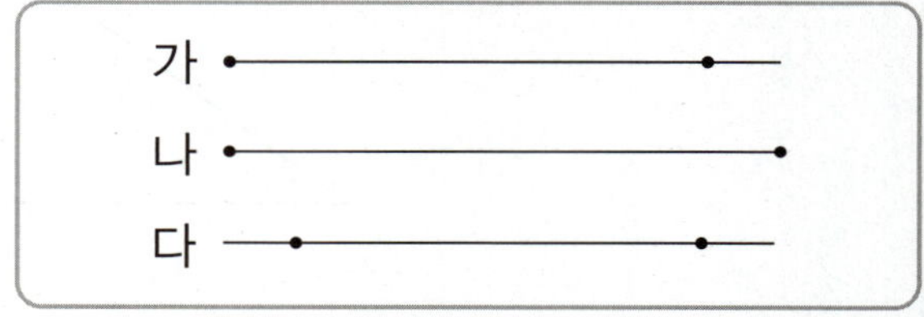

(1) 두 점을 곧게 이은 선은
　(가 , 나 , 다)이고,
　☐ (이)라고 합니다.

(2) 선분을 양쪽으로 끝없이 늘인 곧은
　선은 (가 , 나 , 다)이고,
　☐ (이)라고 합니다.

(3) 한 점에서 시작하여 한쪽으로 끝없이
　늘인 곧은 선은 (가 , 나 , 다)이고,
　☐ (이)라고 합니다.

3 선분에 ◯표, 직선에 △표, 반직선에 ☐표 하세요.

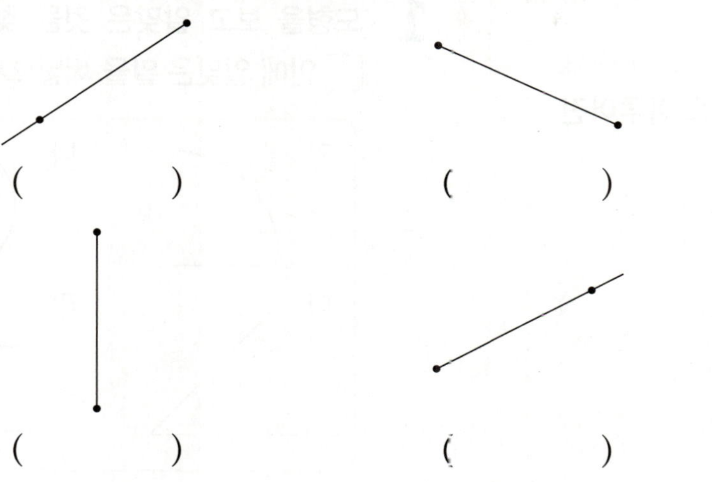

(   )   (   )   (   )

(   )   (   )   (   )

4 도형의 이름을 써 보세요.

(1)
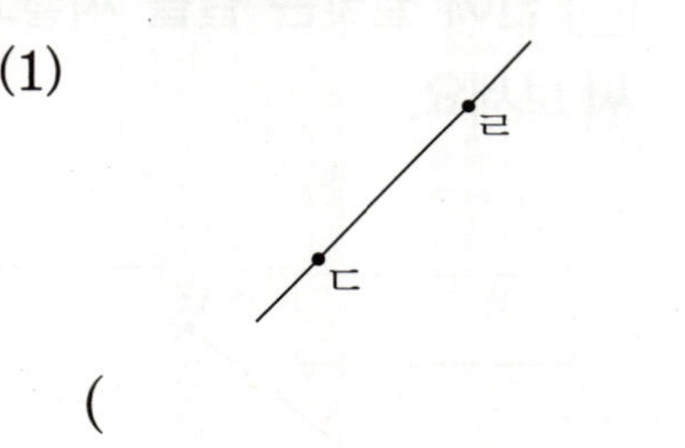

(2)
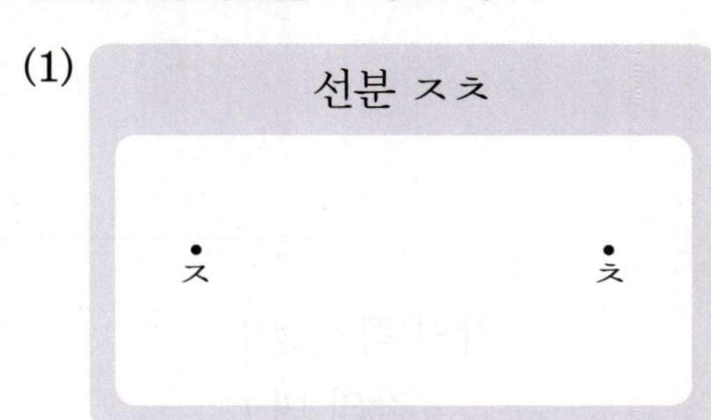

(   )   (   )

5 선분과 반직선을 그어 보세요.

(1)
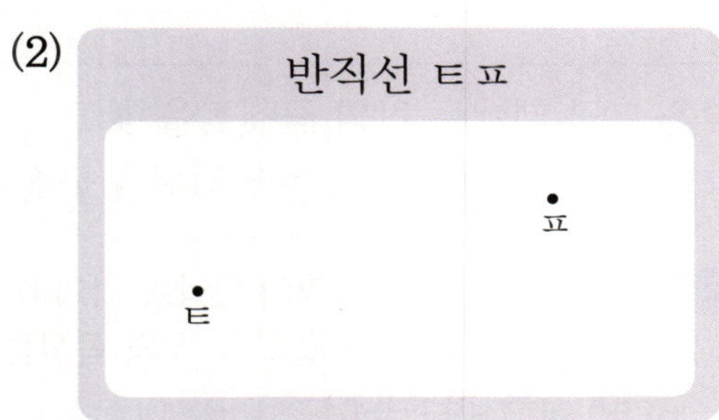

(2)

각을 알아볼까요

각

한 점에서 그은 **두 반직선**으로 이루어진
도형: **각**

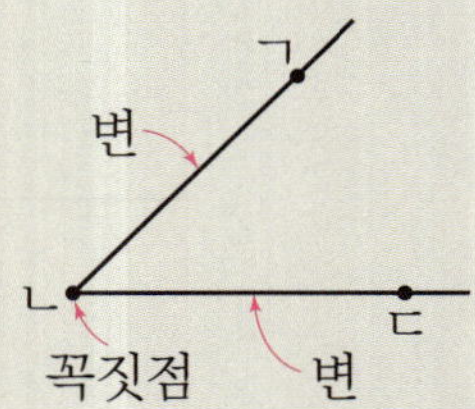

- 각의 **꼭짓점**: 점 ㄴ
- 각의 **변**: 변 ㄴㄱ, 변 ㄴㄷ
  └▸ 꼭짓점부터 시작하는 반직선이므로
     변 ㄴㄱ, 변 ㄴㄷ이라고 합니다.
- 각의 이름: **각 ㄱㄴㄷ** 또는 **각 ㄷㄴㄱ**
  각의 꼭짓점이 가운데에
  오도록 읽거나 씁니다.

참고 각은 한 점에서 그은 두 반직선으로 이루어진 도형이지만 실제로는 선분으로 나타내는 경우가 많습니다.

세 점을 이용하여 각 그리기

	각 ㄱㄴㄷ	각 ㄴㄷㄱ	각 ㄷㄱㄴ
각			
각의 꼭짓점	점 ㄴ	점 ㄷ	점 ㄱ
각의 변	변 ㄴㄱ, 변 ㄴㄷ	변 ㄷㄴ, 변 ㄷㄱ	변 ㄱㄷ, 변 ㄱㄴ

각을 그릴 때에는 각의 꼭짓점을 찾고
각의 꼭짓점에서 시작하는 반직선을 긋습니다.

참고 각의 꼭짓점에 따라 각의 모양과 각의 이름이 달라지므로 각의 구성 요소 중 각의 꼭짓점에 유의하여 각을 그립니다.

1 도형을 보고 알맞은 것을 찾아 ○표 하고,
☐ 안에 알맞은 말을 써넣으세요.

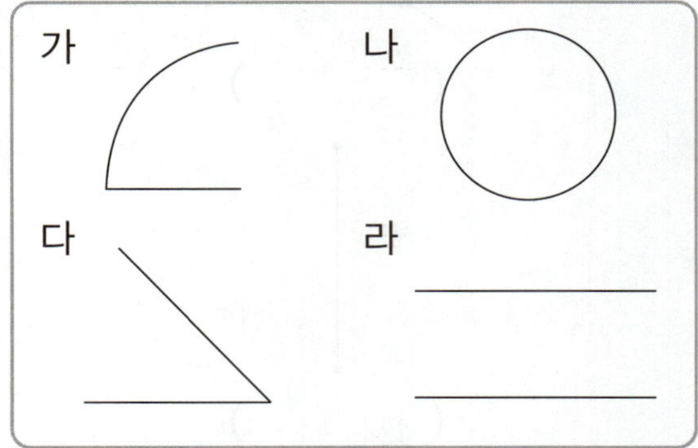

한 점에서 그은 두 반직선으로 이루어진
도형은 (가 , 나 , 다 , 라)이고,
☐ (이)라고 합니다.

2 ☐ 안에 알맞은 말을 써넣고, 각의 이름을
써 보세요.

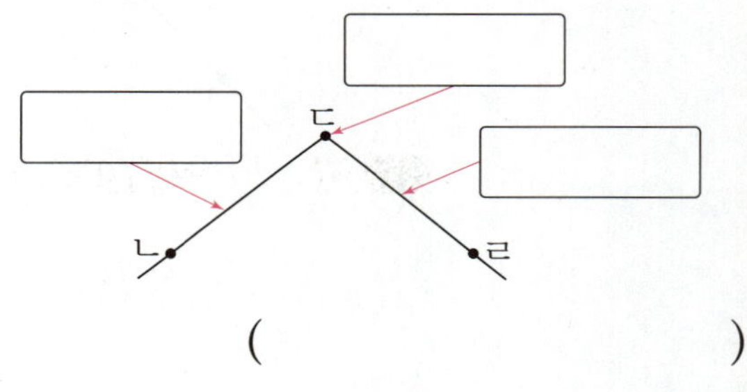

(   )

3 각 ㄷㅁㄹ을 완성하고, 각의 꼭짓점과 각의
변을 써 보세요.

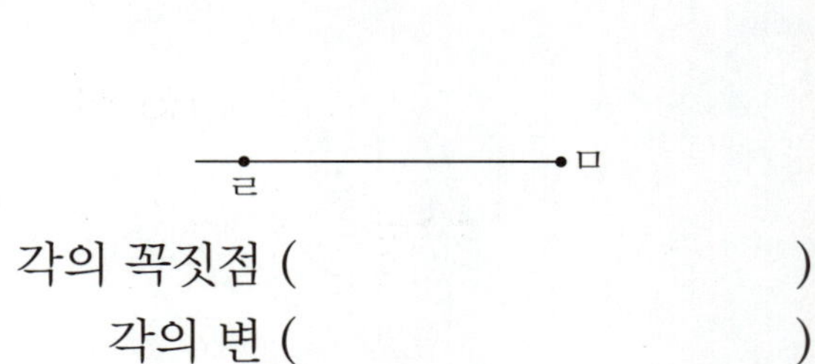

각의 꼭짓점 (   )
각의 변 (   )

4 각을 모두 찾아 ○표 하세요.

(　　　)

(　　　)

(　　　)

(　　　)

(　　　)

(　　　)

5 각의 이름을 써 보세요.

(1)

(　　　　　　)

(2)

(　　　　　　)

6 각을 그려 보세요.

(1) 각 ㄹㅁㅂ

(2) 각 ㅂㅅㅇ

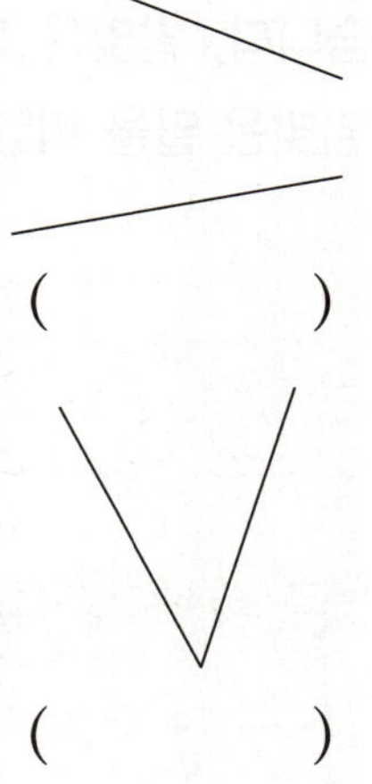

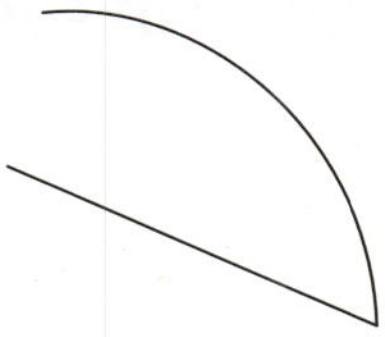

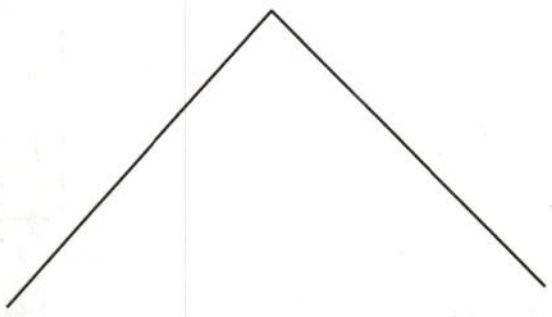

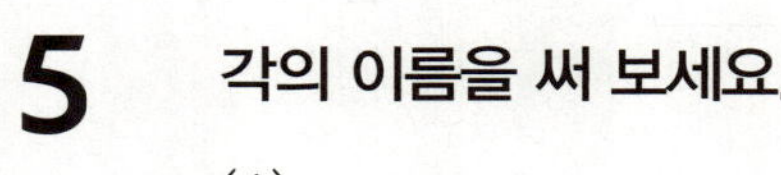

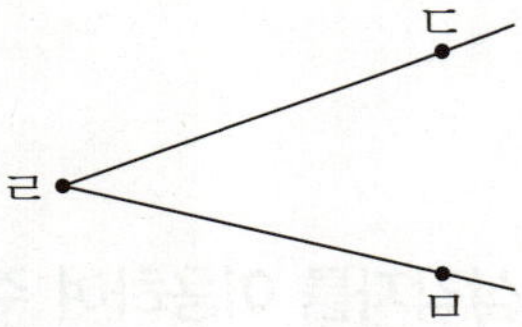

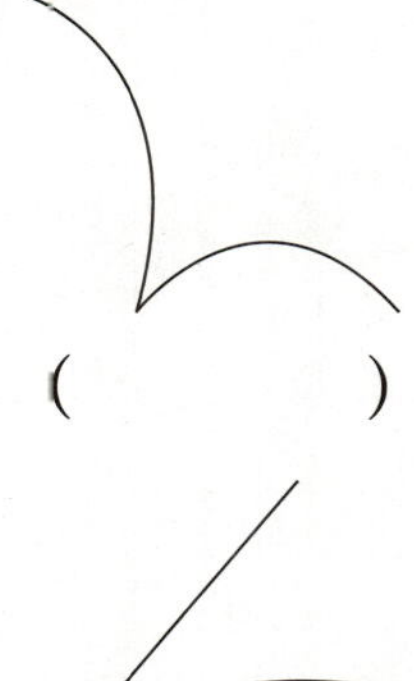

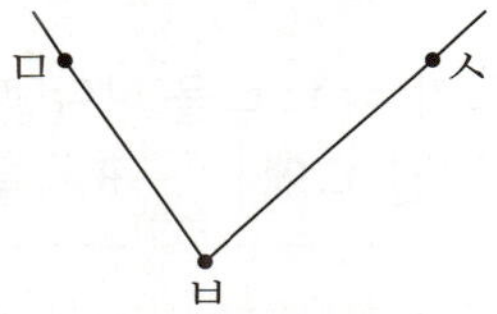

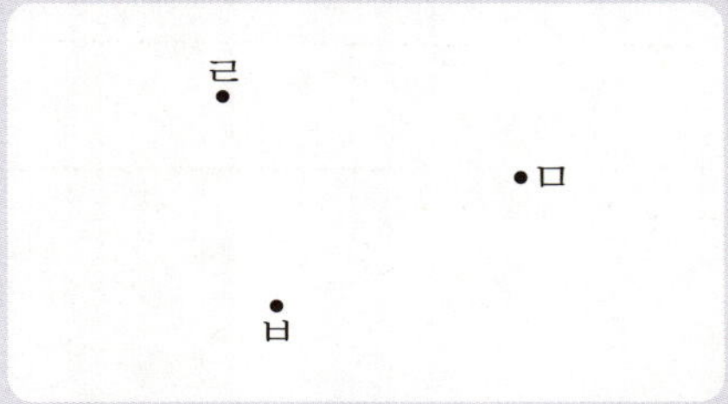

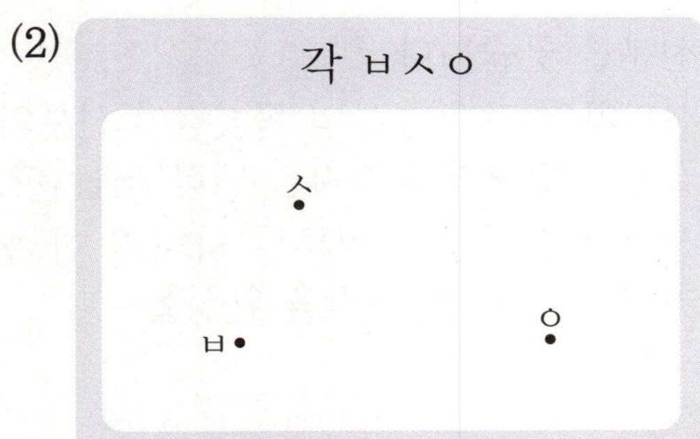

3

직각을 알아볼까요

》 종이를 접어 직각 만들기

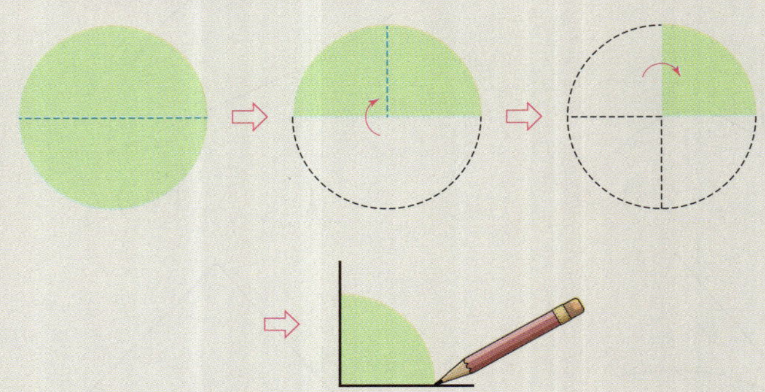

종이를 반듯하게 두 번 접어서 만든 각의 본을 뜬 모양은 └ 입니다.

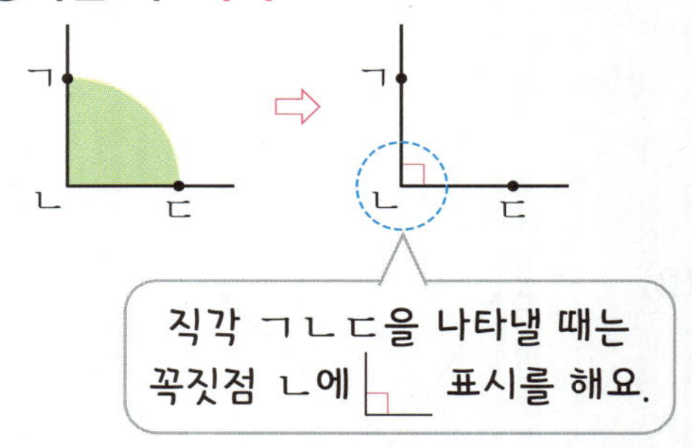

종이를 반듯하게 두 번 접었을 때
생기는 각: **직각**

》 삼각자를 이용하여 직각 그리기

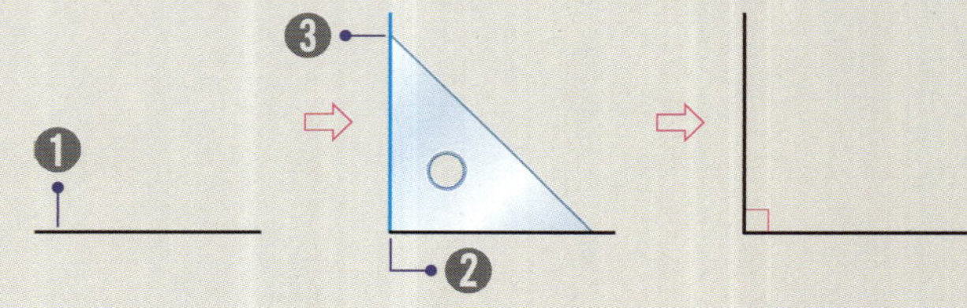

❶ 선분을 긋습니다.
❷ 삼각자의 직각 부분의 꼭짓점이 선분의 한 쪽 끝점에 닿도록 삼각자를 내려놓습니다.
❸ 삼각자의 직각을 이루는 나머지 한 변을 따라 선분을 그어 직각을 완성합니다.

---

1 그림과 같이 종이를 반듯하게 두 번 접어서 각을 만들었습니다. 알맞은 모양에 ◯표 하고, ☐ 안에 알맞은 말을 써넣으세요.

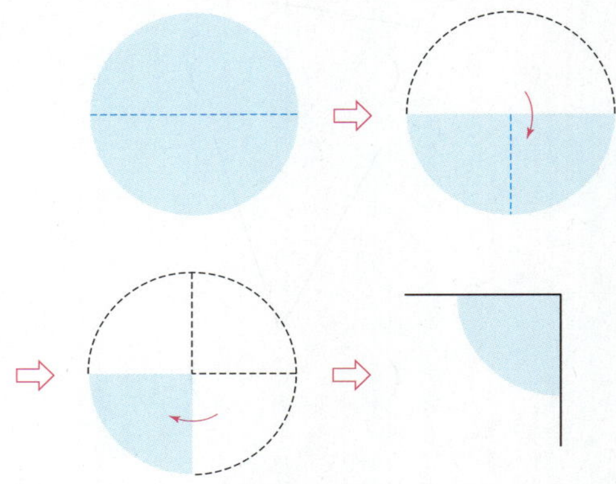

종이를 반듯하게 두 번 접어서 만든 각의 모양은 (⌐ , ╱)이고, ☐ (이)라고 합니다.

2 삼각자를 이용하여 주어진 선분을 한 변으로 하는 직각을 그려 보세요.

(1)
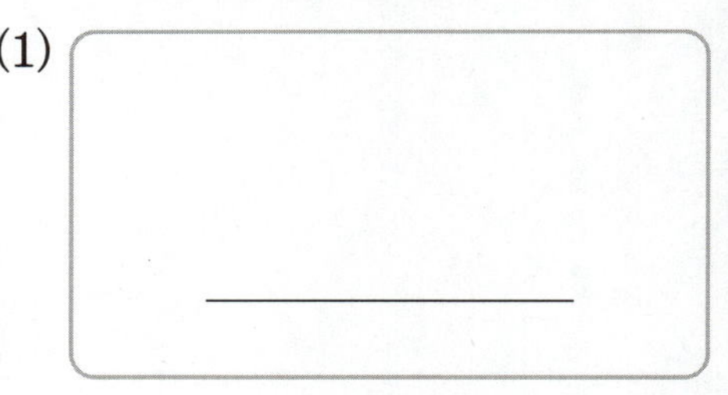

(2)
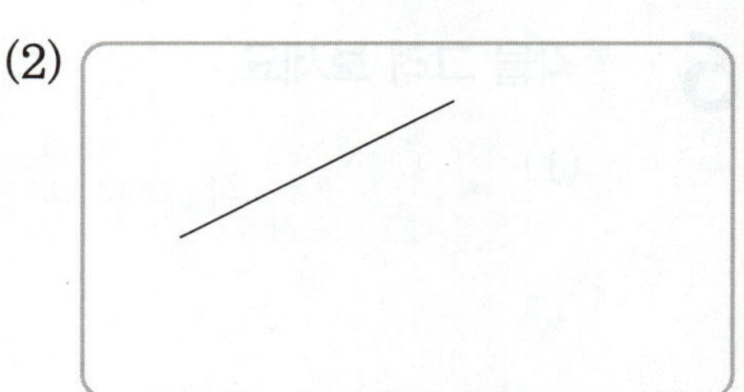

3 직각을 모두 찾아 써 보세요.

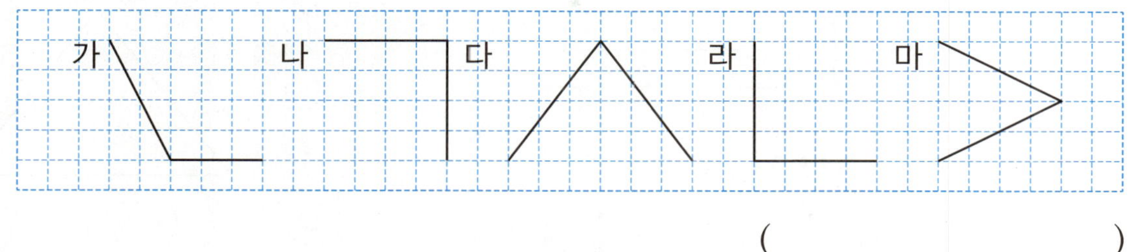

(   )

4 보기 와 같이 직각을 모두 찾아 ⌐ 로 표시해 보세요.

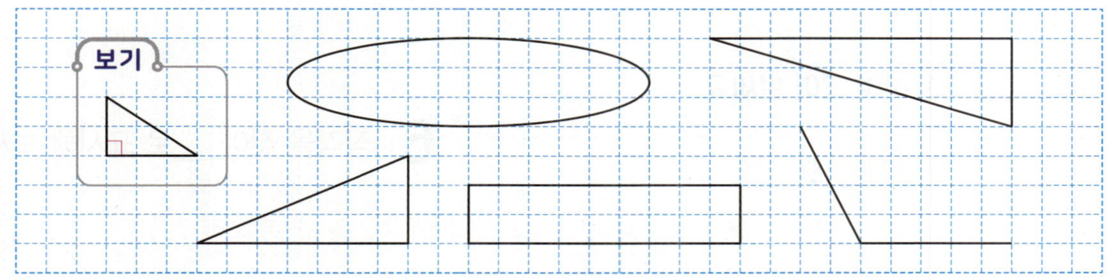

5 삼각자를 이용하여 점 ㄱ을 꼭짓점으로 하는 직각을 그려 보세요.

6 직각이 모두 몇 개인지 ☐ 안에 알맞은 수를 써넣으세요.

(1) 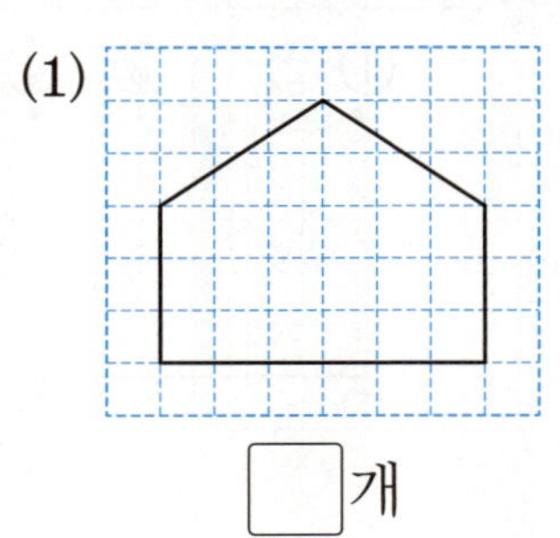

☐ 개

(2) 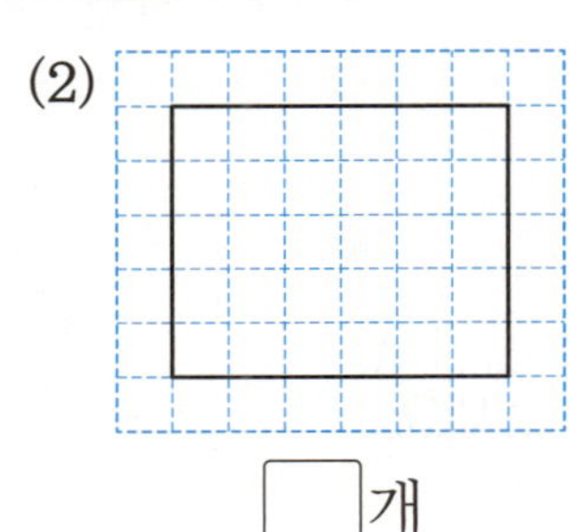

☐ 개

핵심 문제

1 관계있는 것끼리 선으로 이어 보세요.

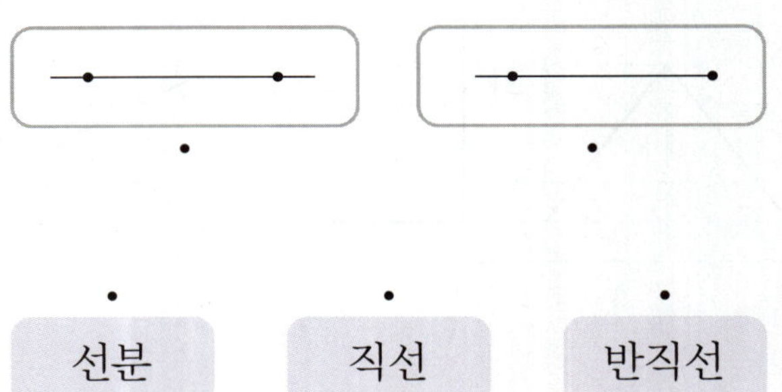

선분 직선 반직선

5 도형에서 선분은 모두 몇 개일까요?

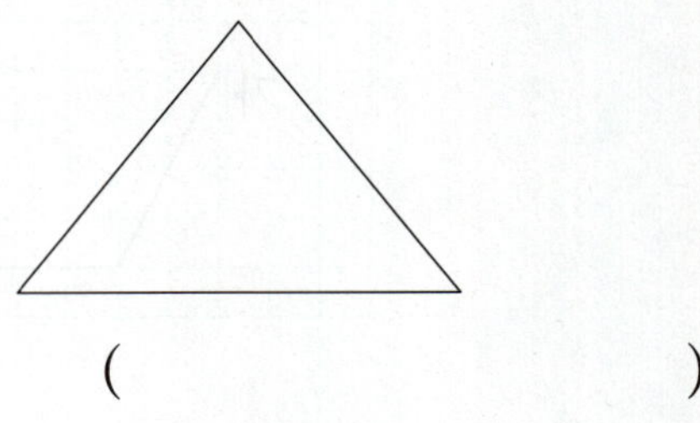

(   )

[2~4] 점을 이용하여 그어 보세요.

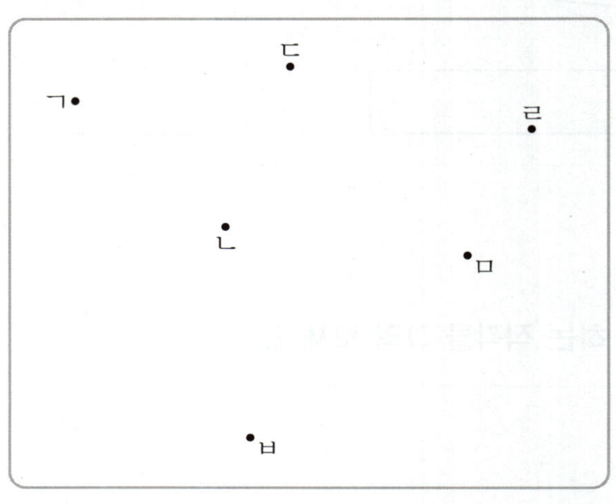

2 선분 ㄱㄴ을 그어 보세요.

6 직각을 찾아 ⌐ 로 표시해 보세요.

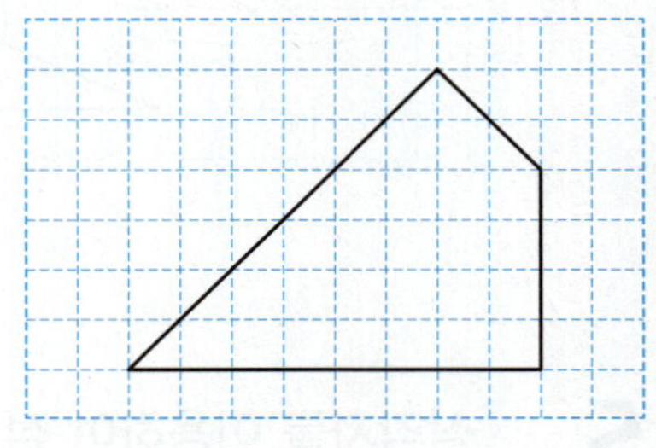

3 반직선 ㄷㄹ을 그어 보세요.

7 각 ㄱㄴㄷ이 직각이 되게 그리려고 합니다.
점 ㄷ을 어느 점으로 해야 할까요?

(   )

4 직선 ㅁㅂ을 그어 보세요.

8 도형에 대한 설명이 <u>잘못된</u> 것은 어느 것일까요? (　　　)

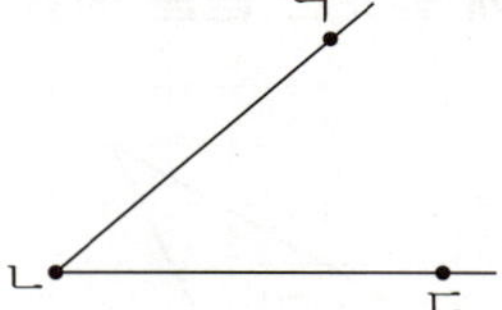

① 반직선 ㄴㄷ을 각의 변이라고 합니다.
② 이 각을 각 ㄷㄴㄱ이라고 합니다.
③ 점 ㄱ을 각의 꼭짓점이라고 합니다.
④ 반직선 ㄴㄱ을 각의 변이라고 합니다.
⑤ 이 각을 각 ㄱㄴㄷ이라고 합니다.

9 바르게 말한 사람은 누구일까요?

(　　　　　　　)

10 직각을 모두 찾아 써 보세요.

〔문제해결〕

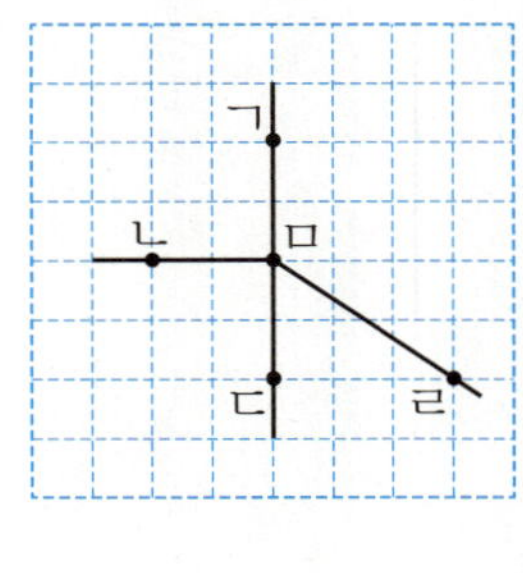

(　　　　　　　)

11 각의 수가 가장 많은 도형을 찾아 기호를 써 보세요.

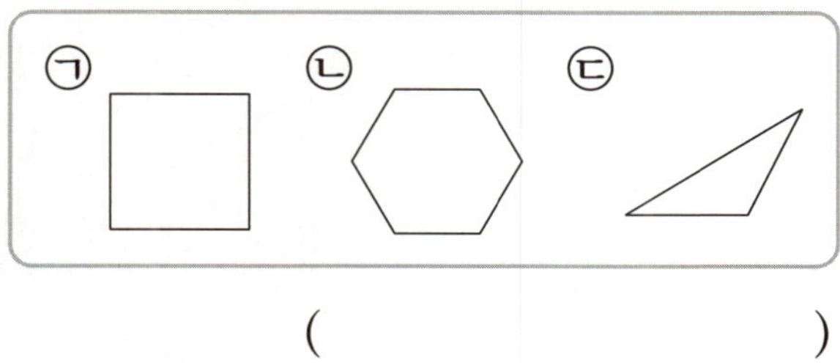

(　　　　　　　)

12 설명이 <u>잘못된</u> 것을 찾아 기호를 써 보세요.

> ㉠ 선분은 끝이 있지만 직선은 끝이 없습니다.
> ㉡ 직선은 시작점이 있지만 반직선은 시작점이 없습니다.
> ㉢ 반직선은 한쪽 방향으로만 늘어나지만 직선은 양쪽 방향으로 늘어납니다.

(　　　　　　　)

13 시계의 긴바늘과 짧은바늘이 이루는 작은 쪽의 각이 직각인 시각을 모두 찾아 ○표 하세요.

1시	3시
(　　)	(　　)

7시	9시
(　　)	(　　)

➤ 시계에 시각을 나타내 보고 긴바늘과 짧은바늘이 이루는 작은 쪽의 각이 직각인 시각을 찾습니다.

4

직각삼각형을 알아볼까요

>> 직각삼각형

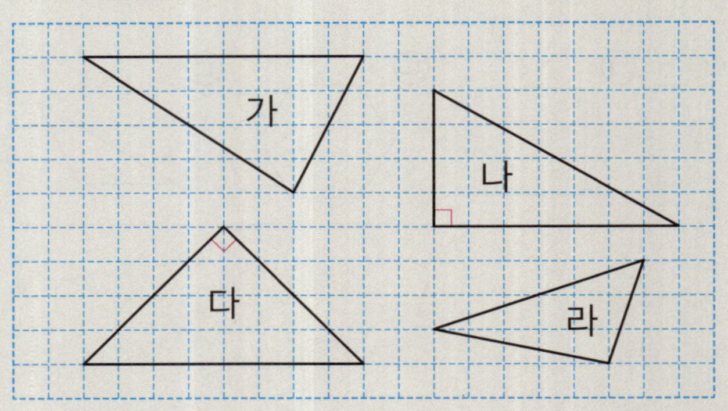

직각이 있는 삼각형	직각이 없는 삼각형
나, 다	가, 라

삼각형 나, 다는 한 각이 직각인 삼각형입니다.

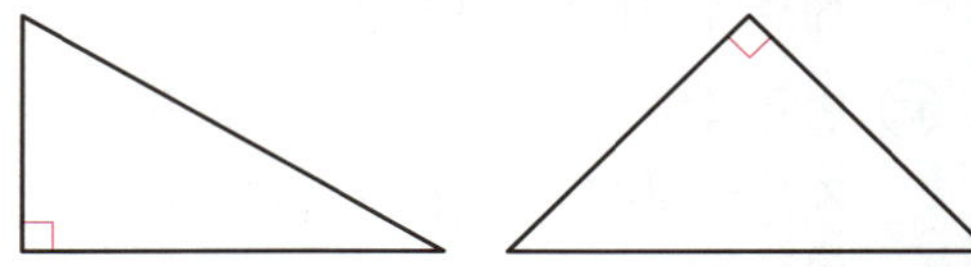
한 각이 **직각**인 삼각형: **직각삼각형**

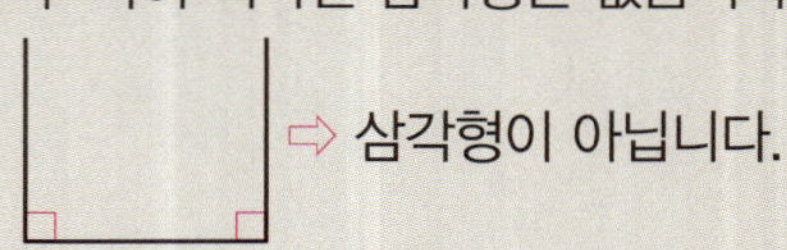

참고 두 각이 직각인 삼각형은 없습니다.

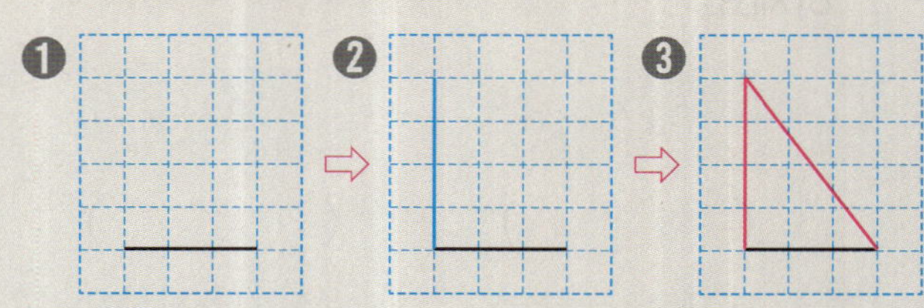
⇨ 삼각형이 아닙니다.

>> 직각삼각형 그리기

① 한 변을 긋습니다.
② 그은 한 변과 직각이 되게 선분을 긋습니다.
③ 두 변의 각 끝점을 이어 직각삼각형을 완성합니다.

1 도형을 보고 알맞은 것을 찾아 ◯표 하고, ☐ 안에 알맞은 말을 써넣으세요.

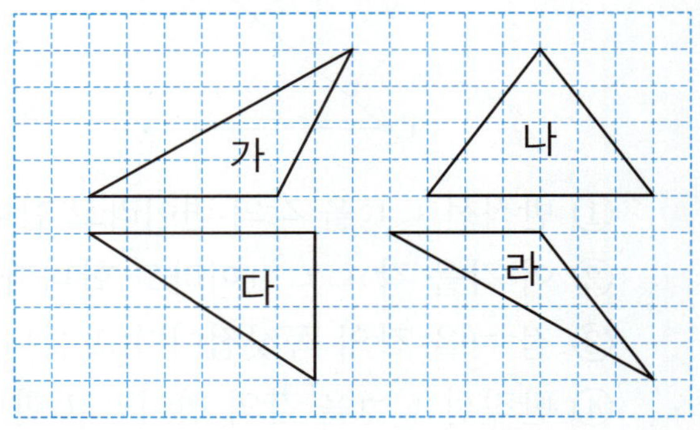

한 각이 직각인 삼각형은
(가 , 나 , 다 , 라)이고,

☐ (이)라고 합니다.

2 모눈종이에 주어진 선분을 한 변으로 하는 직각삼각형을 그려 보세요.

(1)

(2)
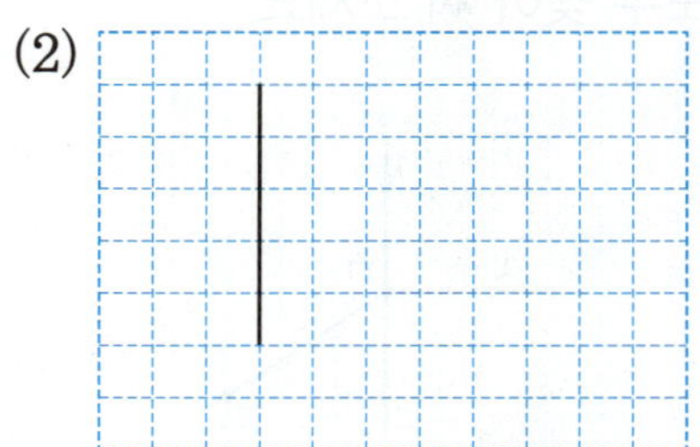

3 다음은 어떤 도형에 대한 설명입니다. 이 도형의 이름을 써 보세요.

> • 변과 꼭짓점이 각각 3개입니다.
> • 한 각이 직각입니다.

(   )

2 단원 6강

4 직각삼각형을 모두 찾아 써 보세요.

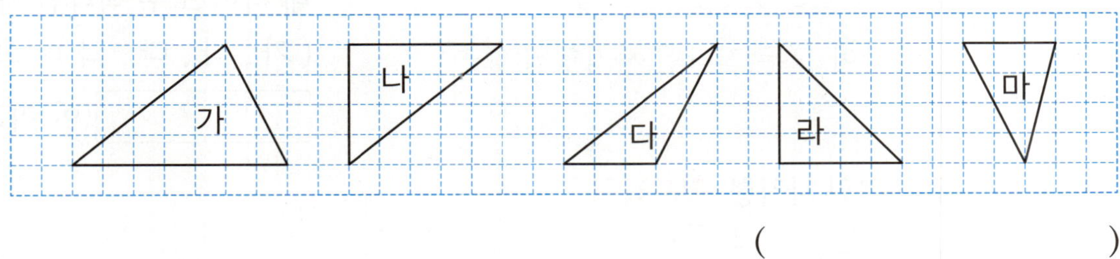

(   )

5 직각삼각형을 바르게 설명한 것을 찾아 ◯표 하세요.

꼭짓점이 1개입니다.   직각이 1개입니다.   변이 2개입니다.

(   )   (   )   (   )

6 점 종이에 모양과 크기가 <u>다른</u> 직각삼각형을 3개 그려 보세요.

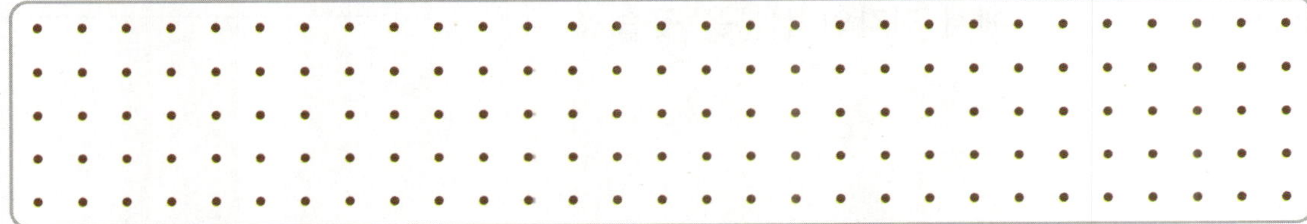

직사각형을 알아볼까요

직사각형

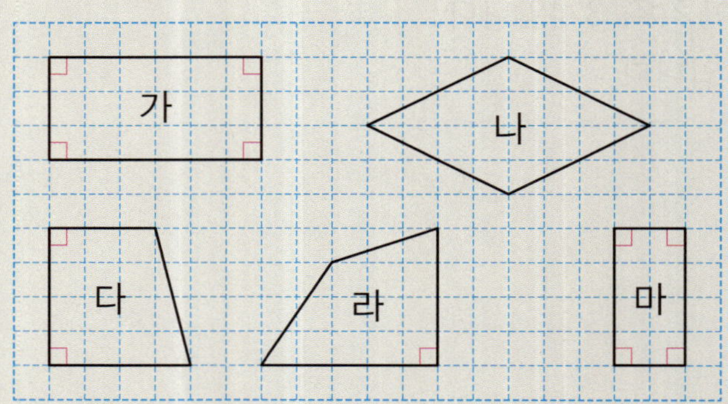

직각의 수	0개	1개	2개	4개
기호	나	라	다	가, 마

사각형 가, 마는 네 각이 모두 직각인 사각형입니다.

네 각이 모두 **직각**인 사각형: **직사각형**

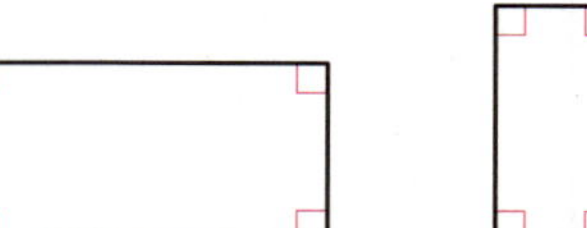

직사각형 그리기

❶ 두 변이 이루는 각이 직각이 되도록 그립니다.

❷ 두 변 중 한 변의 끝점에서 직각인 선분을 긋습니다.

❸ 다른 한 변의 끝점에서 직각인 선분을 긋습니다.

1 도형을 보고 알맞은 것을 찾아 ○표 하고, ☐ 안에 알맞은 말을 써넣으세요.

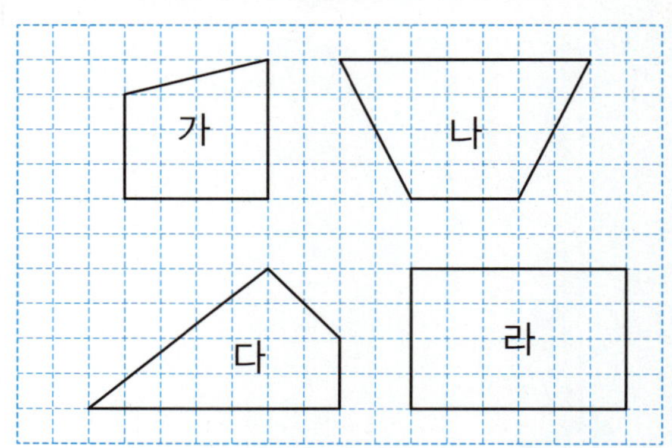

네 각이 모두 직각인 사각형은
(가 , 나 , 다 , 라)이고,

☐(이)라고 합니다.

2 모눈종이에 주어진 선분을 한 변으로 하는 직사각형을 그려 보세요.

(1)

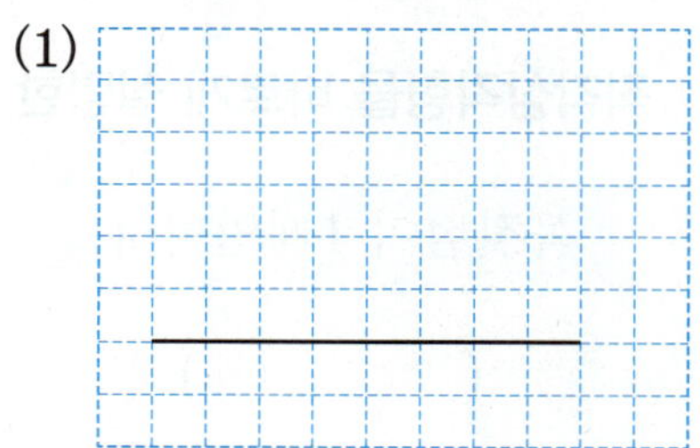

(2)

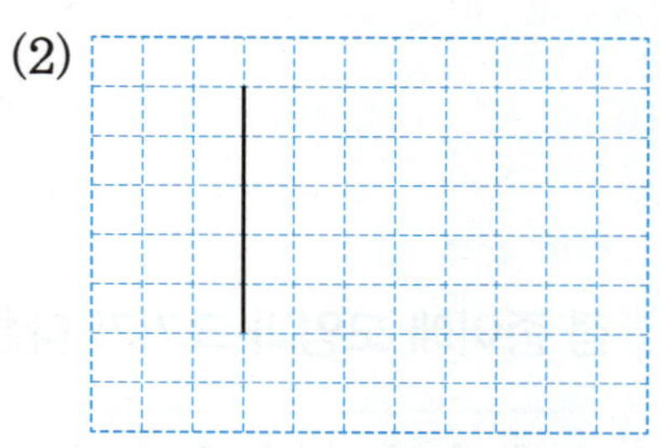

3 다음은 어떤 도형에 대한 설명입니다. 이 도형의 이름을 써 보세요.

> • 변과 꼭짓점이 각각 4개입니다.
> • 네 각이 모두 직각입니다.

(   )

4 직사각형을 모두 찾아 써 보세요.

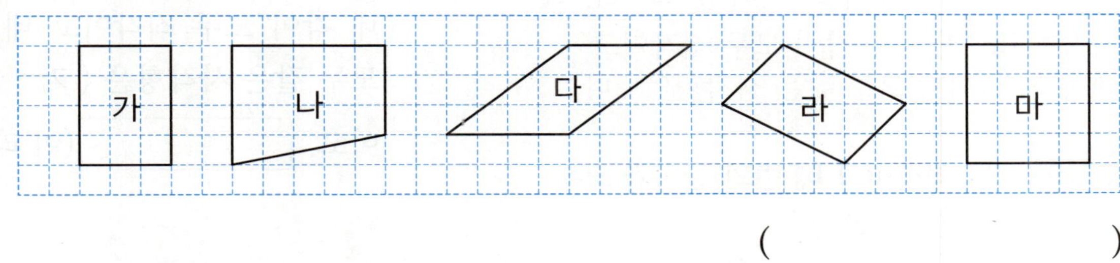

(   )

5 직사각형에 대해 바르게 설명한 것에 ○표, 틀리게 설명한 것에 ×표 하세요.

(1) 변이 4개입니다. ―――――――――――――― (   )

(2) 꼭짓점이 3개입니다. ―――――――――――― (   )

(3) 직각이 3개입니다. ―――――――――――― (   )

6 점 종이에 모양과 크기가 다른 직사각형을 3개 그려 보세요.

정사각형을 알아볼까요

》 정사각형

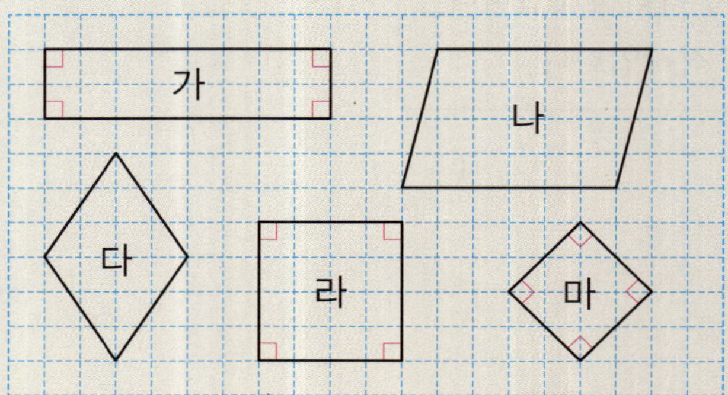

- 직각이 4개인 사각형: 가, 라, 마
- 네 변의 길이가 모두 같은 사각형: 다, 라, 마
➡ 사각형 라, 마는 네 각이 모두 직각이고
   네 변의 길이가 모두 같은 사각형입니다.

네 각이 모두 직각이고 네 변의 길이가 모두
같은 사각형: 정사각형

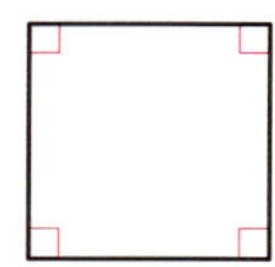 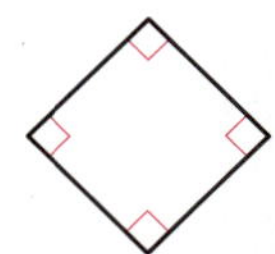

참고
- 정사각형은 네 각이 모두 직각이므로 직사각형
  이라고 할 수 있습니다.
- 직사각형은 네 변의 길이가 모두 같지 않은 것
  이 있으므로 정사각형이라고 할 수 없습니다.

》 정사각형 그리기

❶ 한 변을 긋습니다.
❷ 그은 한 변과 길이가 같고 직각이 되게 선분을
   긋습니다.
❸ 나머지 두 변도 같은 방법으로 그립니다.

---

1 도형을 보고 알맞은 것을 찾아 ◯표 하고,
☐ 안에 알맞은 말을 써넣으세요.

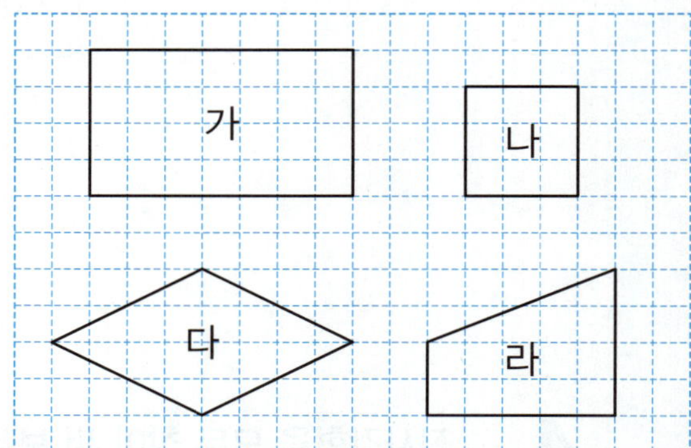

네 각이 모두 직각이고 네 변의 길이가
모두 같은 사각형은 (가 , 나 , 다 , 라)
이고, ☐☐☐☐☐ (이)라고 합니다.

2 모눈종이에 주어진 선분을 한 변으로 하는
정사각형을 그려 보세요.

(1)

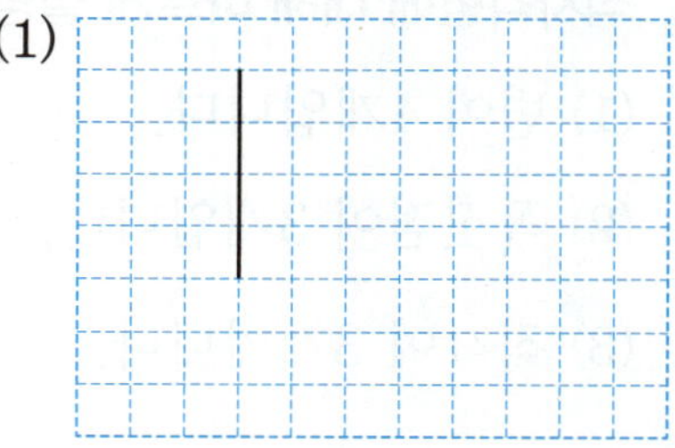

(2)

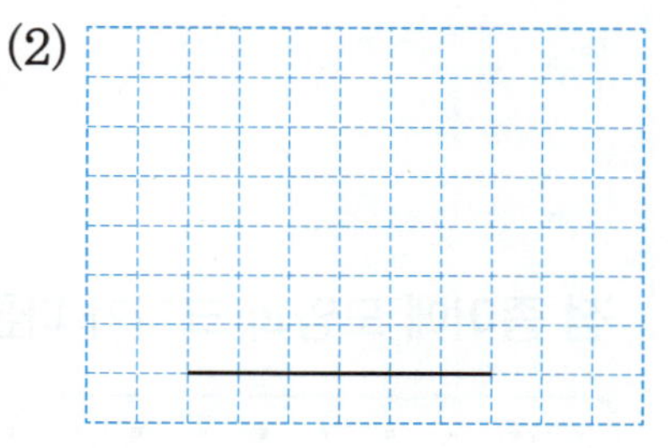

3 다음은 어떤 도형에 대한 설명입니다. 이 도형의 이름을 써 보세요.

> • 변과 꼭짓점이 각각 4개입니다.
> • 네 각이 모두 직각입니다.
> • 네 변의 길이가 모두 같습니다.

(   )

2 단원
6 강

4 정사각형을 모두 찾아 써 보세요.

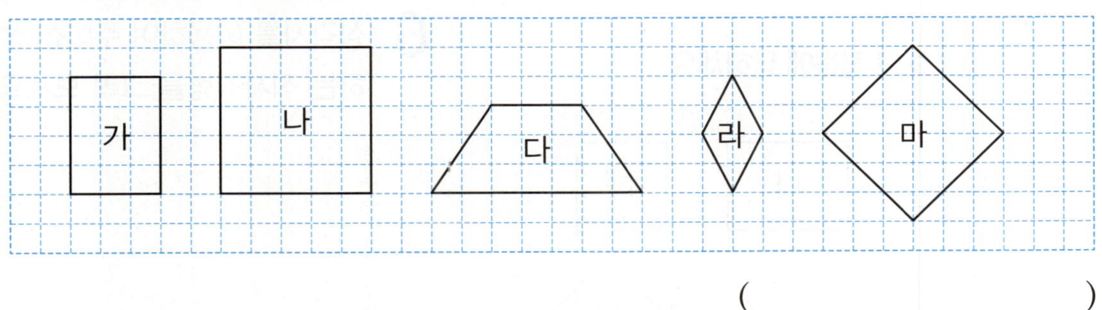

(   )

5 도형은 정사각형입니다. ☐ 안에 알맞은 수를 써넣으세요.

(1) 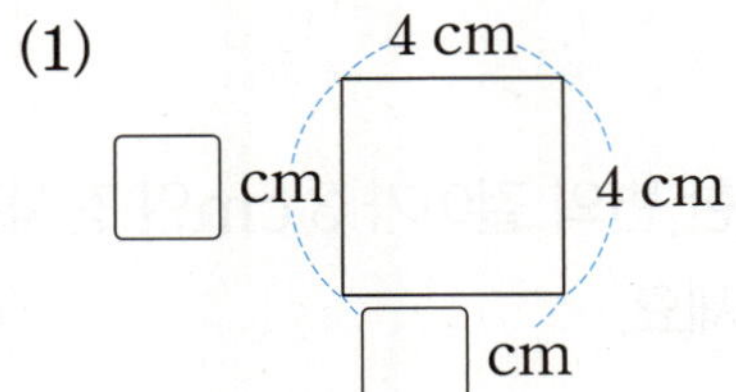

(2) 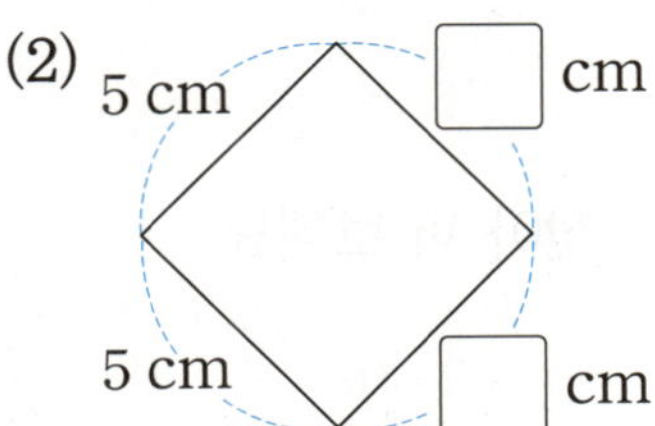

6 점 종이에 크기가 다른 정사각형을 3개 그려 보세요.

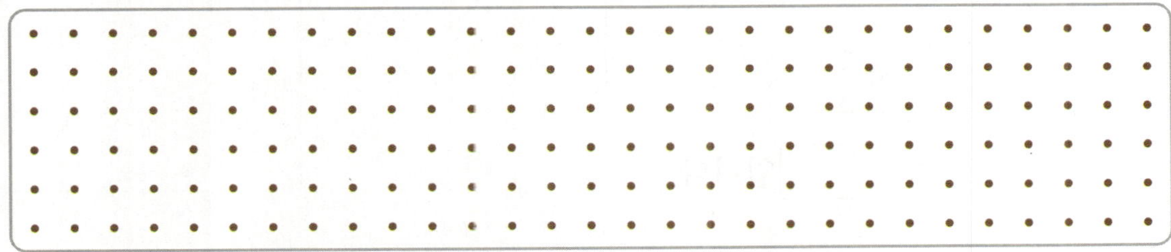

핵심 문제

1 직각삼각형을 모두 찾아 써 보세요.

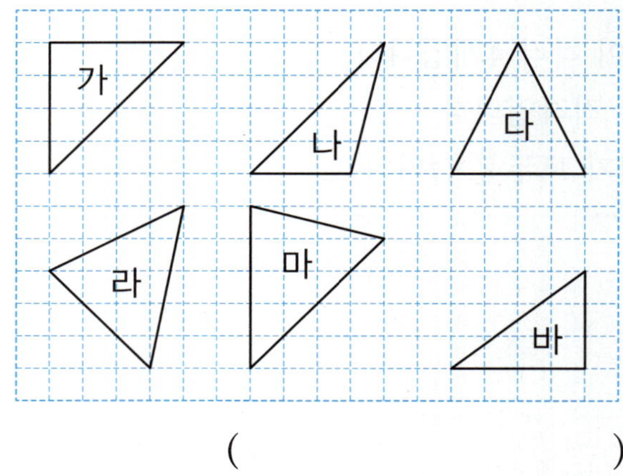

( )

[2~3] 도형을 보고 물음에 답하세요.

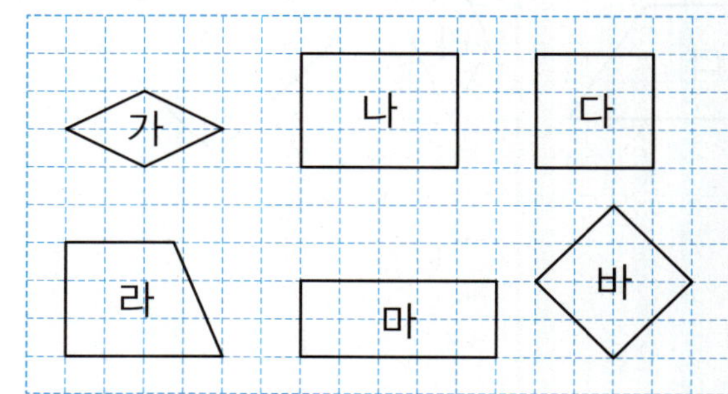

2 직사각형을 모두 찾아 써 보세요.

( )

3 정사각형을 모두 찾아 써 보세요.

( )

4 두 직각삼각형의 같은 점을 알아보려고 합니다. ☐ 안에 알맞은 말을 써넣으세요.

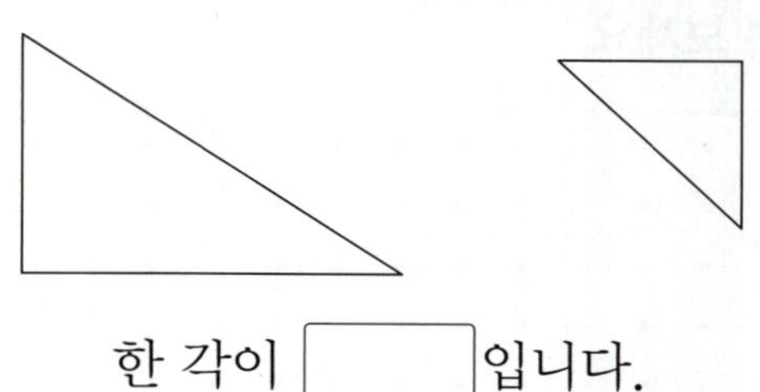

한 각이 ☐ 입니다.

5 점 종이에 그어진 선분을 한 변으로 하는 직각삼각형을 그려 보세요.

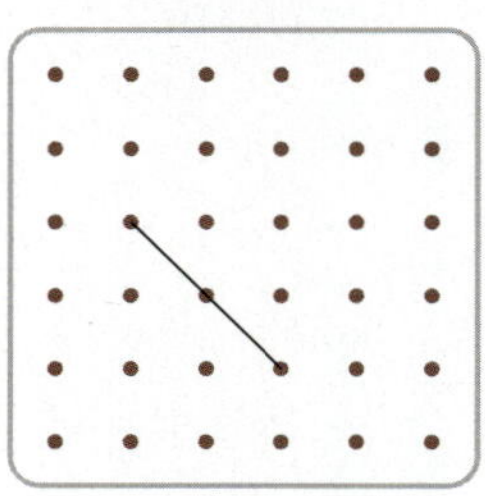

6 삼각자를 이용하여 주어진 선분을 두 변으로 하는 직사각형을 그려 보세요.

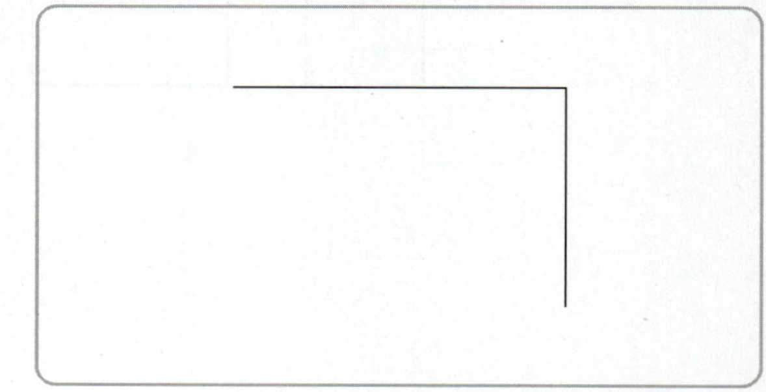

7 한 변의 길이가 3 cm인 정사각형을 그려 보세요.

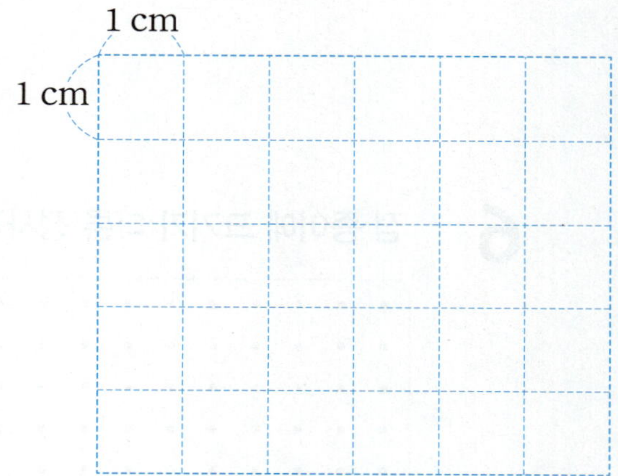

8 바르게 말한 사람은 누구일까요?

( )

9 색종이를 점선을 따라 자르면 직각삼각형은 모두 몇 개 생길까요? (추론)

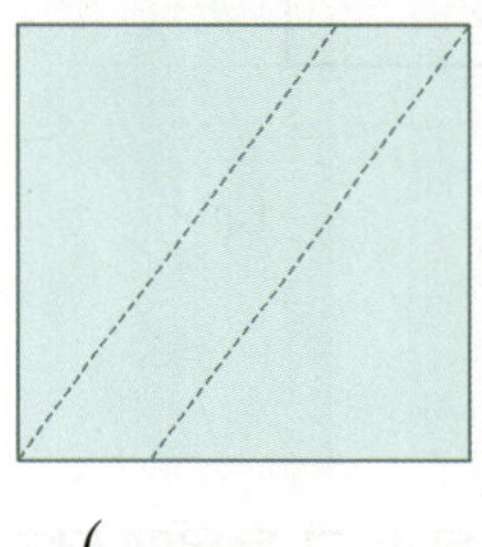

( )

10 도형이 정사각형이 <u>아닌</u> 이유를 찾아 기호를 써 보세요.

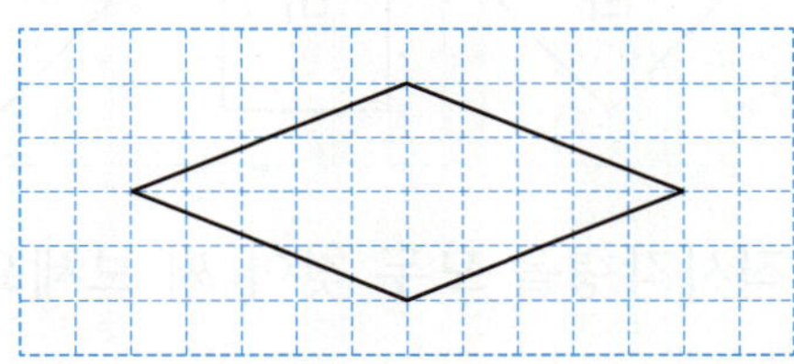

㉠ 네 변의 길이가 모두 다릅니다.
㉡ 네 각이 모두 직각이 아닙니다.
㉢ 사각형이 아닙니다.

( )

11 도형의 이름이 될 수 있는 것을 모두 찾아 기호를 써 보세요.

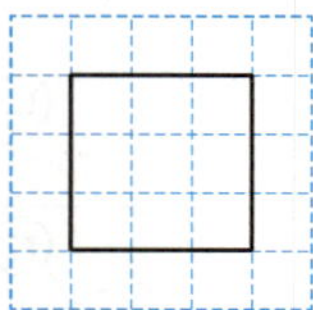

㉠ 사각형 ㉡ 직사각형
㉢ 직각삼각형 ㉣ 정사각형

( )

12 직사각형에 선분을 1개 그어 크기가 똑같은 직사각형 2개를 만들어 보세요.

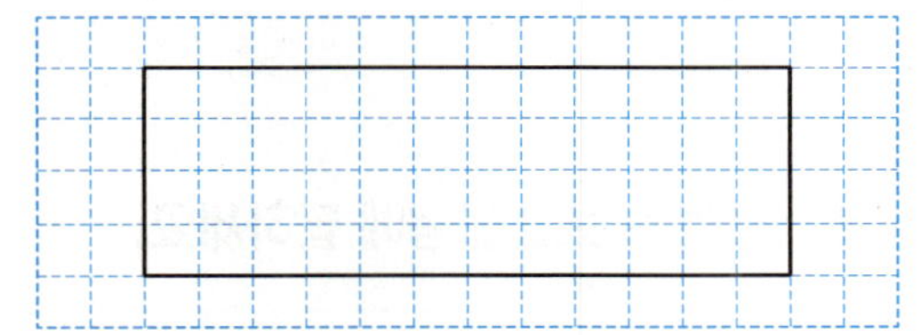

13 한 변이 8 m인 정사각형 모양의 꽃밭이 있습니다. 꽃밭의 네 변의 길이의 합은 몇 m 일까요?

✈ 정사각형은 네 변의 길이가 모두 같습니다.

( )

1 곧은 선을 찾아 기호를 써 보세요.

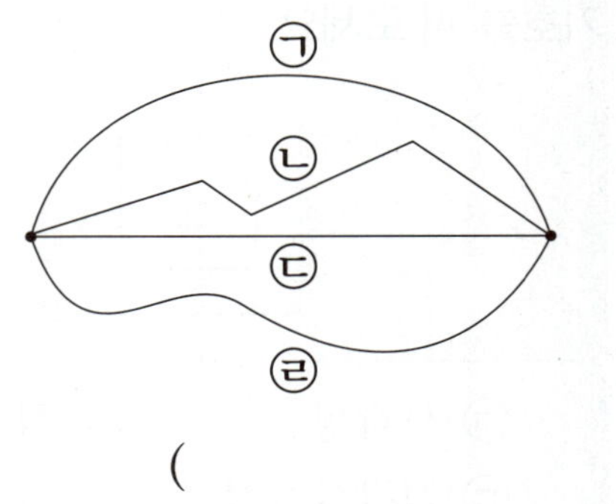

( )

2 도형의 이름을 써 보세요.

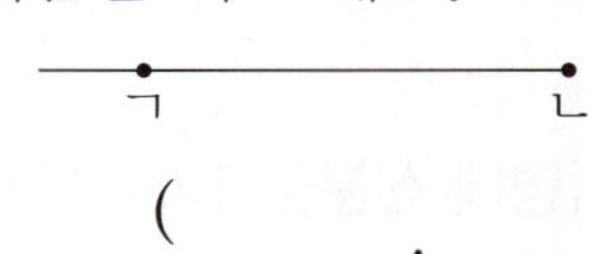

( )

[3~4] 도형을 보고 물음에 답하세요.

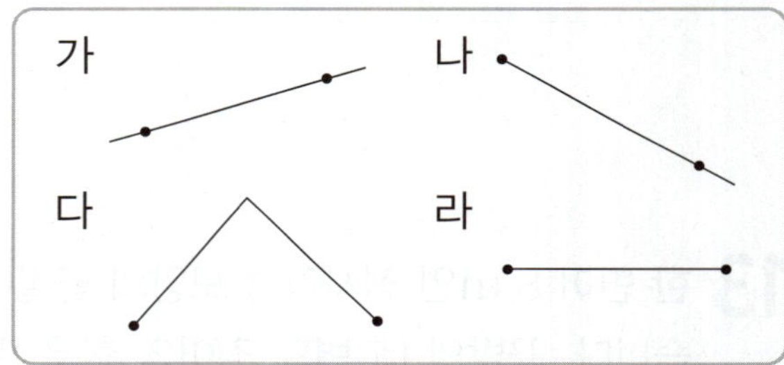

3 직선을 찾아 써 보세요.

( )

4 선분을 찾아 써 보세요.

( )

5 각의 이름을 써 보세요.

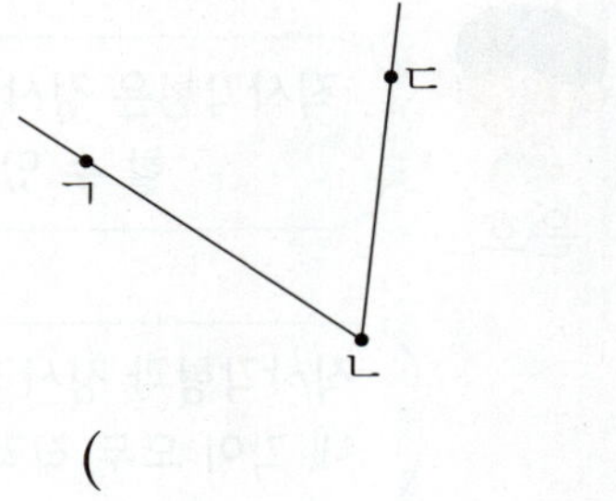

( )

6 직각삼각형을 모두 찾아 써 보세요.

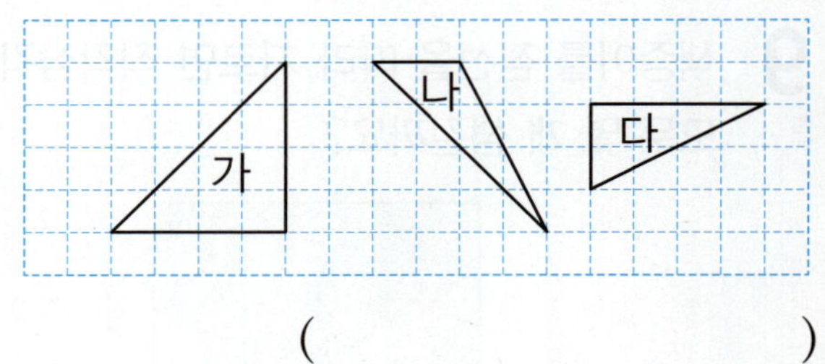

( )

[7~8] 도형을 보고 물음에 답하세요.

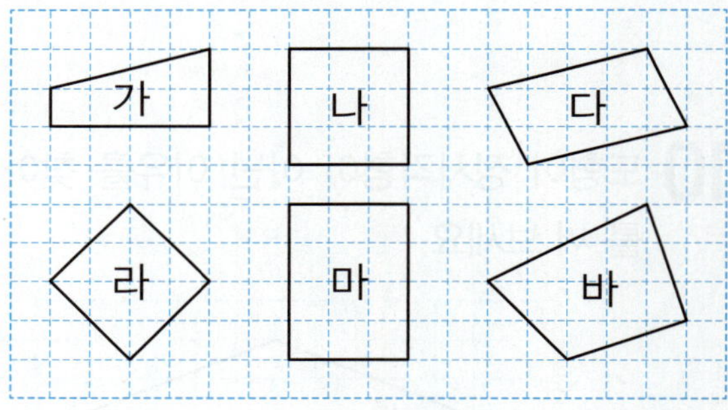

7 직사각형을 모두 찾아 써 보세요.

( )

8 정사각형을 모두 찾아 써 보세요.

( )

9 삼각형 ㄱㄴㄷ의 꼭짓점 ㄱ을 옮겨 직각삼각형을 만들려고 합니다. 꼭짓점 ㄱ을 어느 점으로 옮겨야 할까요? (   )

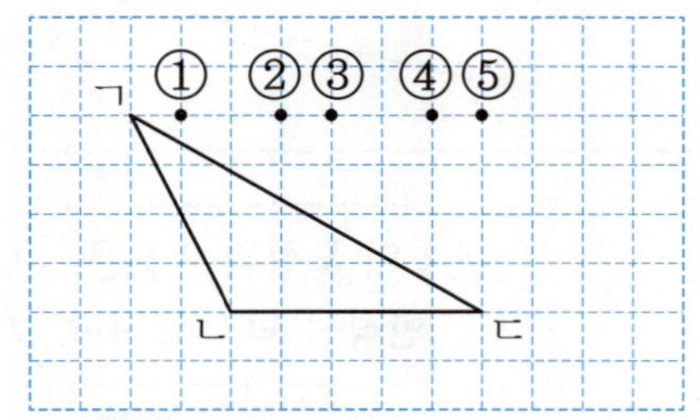

10 삼각자를 이용하여 주어진 선분을 한 변으로 하는 직각삼각형을 그려 보세요.

11 직각의 수가 더 많은 것의 기호를 써 보세요.

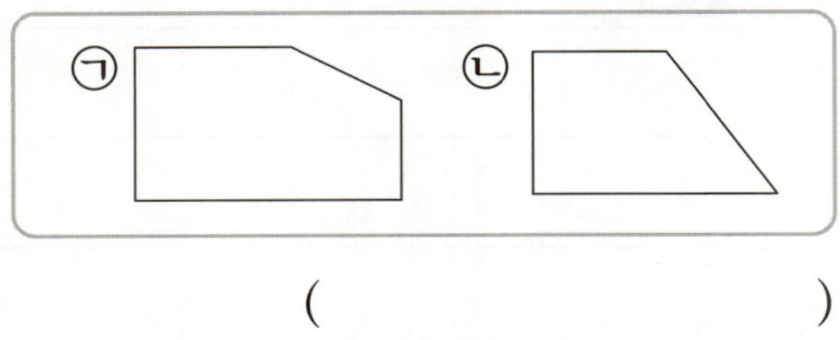

(   )

12 다음에서 설명하는 도형의 이름을 써 보세요.

> • 4개의 선분으로 둘러싸인 도형입니다.
> • 모든 각이 직각입니다.
> • 네 변의 길이가 모두 같습니다.

(   )

13 직각은 모두 몇 개일까요?

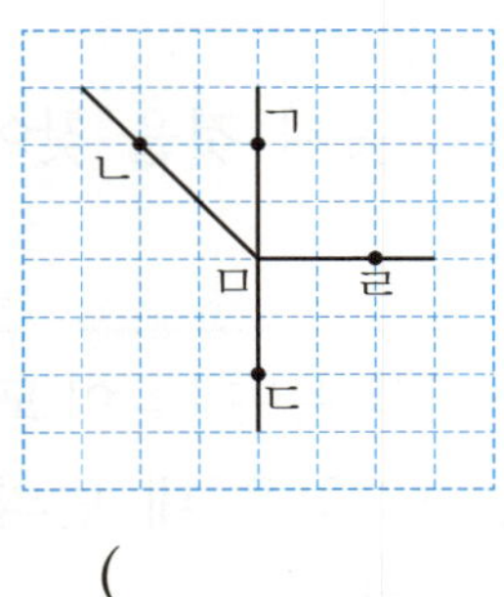

(   )

14 각의 수가 가장 많은 도형은 어느 것일까요? (   )

①    ② 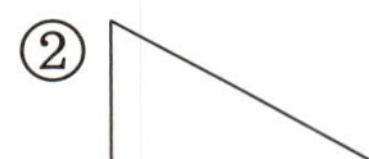

③ 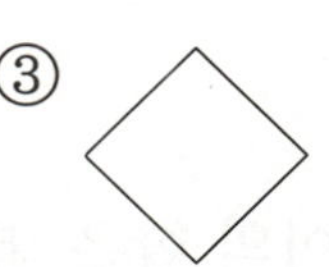   ④ 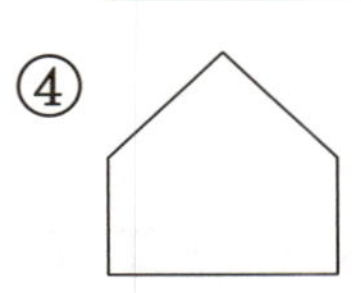

⑤

15 도형은 정사각형입니다. ☐ 안에 알맞은 수를 써넣으세요.

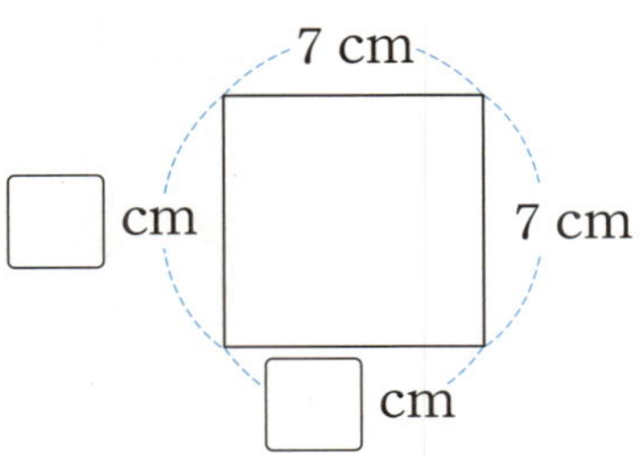

16 도화지를 점선을 따라 자르면 직사각형은 모두 몇 개 생길까요?

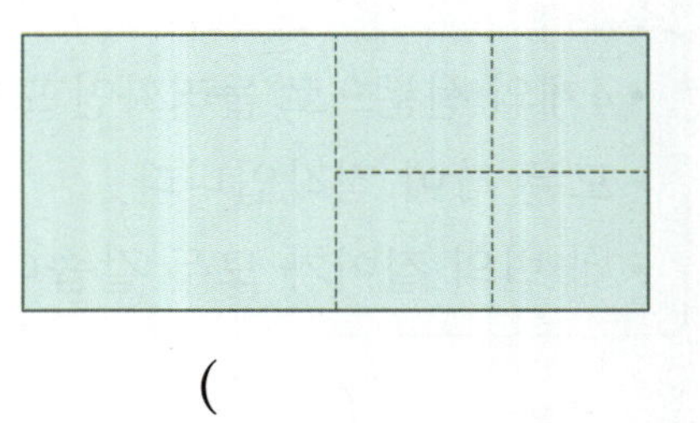

( )

잘 틀리는 문제

17 설명이 <u>잘못된</u> 것을 찾아 기호를 써 보세요.

> ㉠ 직사각형은 네 각이 모두 직각입니다.
> ㉡ 정사각형은 네 변의 길이가 모두 같습니다.
> ㉢ 직사각형은 정사각형이라고 할 수 있습니다.

( )

18 정사각형의 네 변의 길이의 합은 몇 cm일까요?

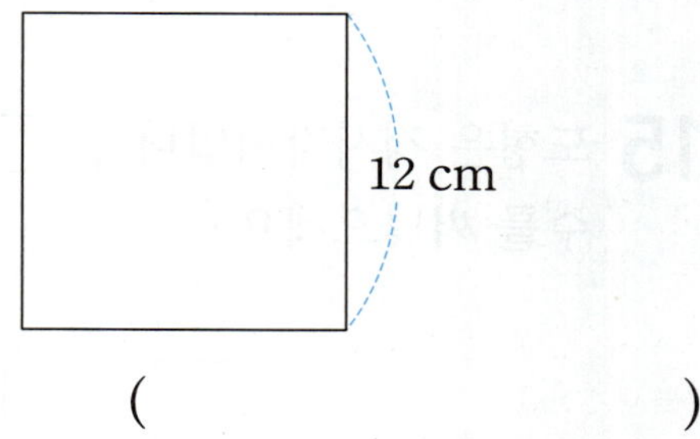

( )

19 도형의 이름을 말한 것을 보고, <u>잘못된</u> 부분을 찾아 바르게 고쳐 보세요.

답

20 도형이 직각삼각형이 <u>아닌</u> 이유를 써 보세요.

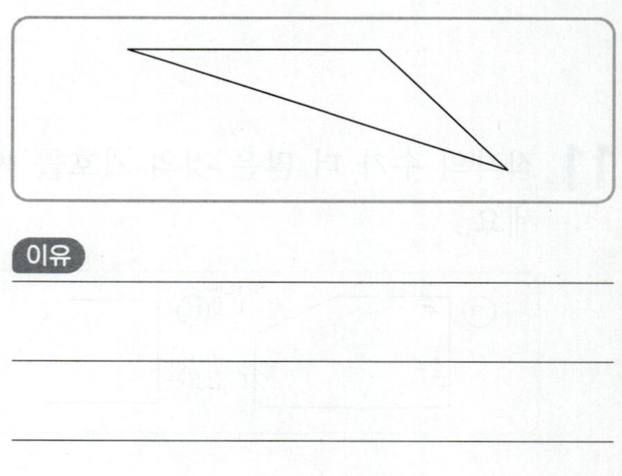

이유

컵, 모자, 빗, 양말, 책을 찾고,
재미있게 색칠해 보세요!

3

나눗셈

2-1 곱셈

1 토마토는 모두 몇 개인지 ☐ 안에 알맞은 수를 써넣으세요.

(1) 3개씩 ☐ 묶음은 ☐ 입니다.　(2) 3의 ☐ 배는 ☐ 입니다.

2-2 곱셈구구

2 조개는 모두 몇 개인지 여러 가지 곱셈식으로 나타내 보세요.

$3 \times \boxed{} = \boxed{}$

$8 \times \boxed{} = \boxed{}$

2-2 곱셈구구

3 곱셈구구의 값을 찾아 선으로 이어 보세요.

2×7	•		•	14
5×8	•		•	24
6×4	•		•	40

2-2 곱셈구구

4 ☐ 안에 알맞은 수를 써넣으세요.

(1) $4 \times \boxed{} = 20$　　(2) $8 \times \boxed{} = 64$

(3) $\boxed{} \times 7 = 7$　　(4) $\boxed{} \times 9 = 0$

전체를 똑같이 나누어 한 부분의 크기를 알아볼까요

≫ 과자 8개를 접시 2개에 똑같이 나누기

┃ 과자를 1개씩 번갈아 가며 놓기

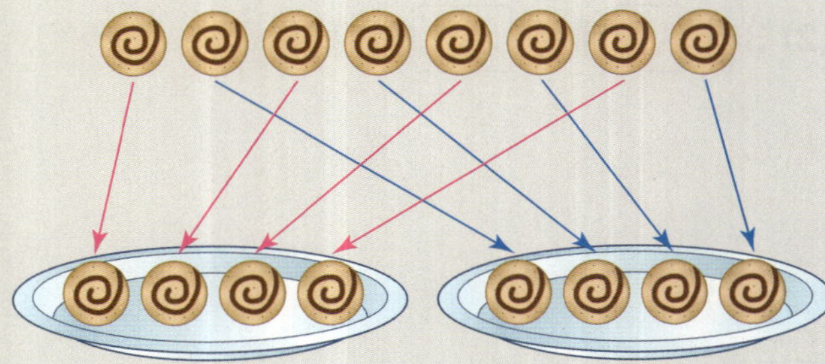

┃ 과자를 2개씩 번갈아 가며 놓기

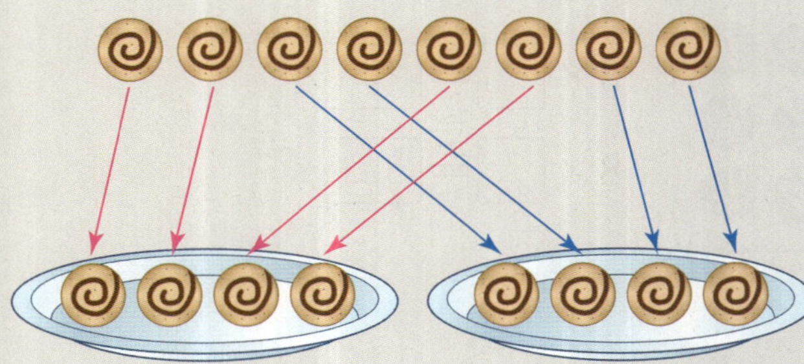

과자 8개를 접시 2개에 똑같이 나누어 놓으면 접시 한 개에 4개씩 놓을 수 있습니다.

┌ 전체 과자의 수
│ ┌ 나누어 놓는 접시의 수
⇨ $8 \div 2 = 4$
         └ 접시 한 개에 놓을 수
            있는 과자의 수

- 8을 2로 나누는 것과 같은 계산을 **나눗셈**이라고 합니다.
- 8을 2로 나누면 4가 됩니다. 이것을 기호 **÷**를 사용하여 식으로 나타내면 $8 \div 2 = 4$ 입니다.

나눗셈식   **8**   **÷**   **2**   =   **4**

  나누어지는 수   나누는 수   몫

읽기   **8** 나누기 **2**는 **4**와 같습니다

---

1 옥수수 9개를 바구니 3개에 똑같이 나누어 놓으려고 합니다. 바구니 한 개에 옥수수를 몇 개씩 놓을 수 있는지 알아보세요.

(1) 옥수수를 바구니 3개에 똑같이 나누어 놓을 때, 바구니에 놓이는 옥수수의 수만큼 선을 그어 보세요.

(2) 바구니 한 개에 옥수수를 몇 개씩 놓을 수 있는지 나눗셈식으로 나타내 구해 보세요.

$$9 \div 3 = \boxed{}$$

⇨ 바구니 한 개에 옥수수를
$\boxed{}$ 개씩 놓을 수 있습니다.

2 문장에 알맞은 나눗셈식을 만들고, 관계있는 것끼리 선으로 이어 보세요.

> 귤 18개를 6명이 똑같이 나누어 먹으면 한 명이 귤을 3개씩 먹을 수 있습니다.

나누어지는 수	나누는 수	몫
$\boxed{}$ $\div$	$\boxed{}$ =	$\boxed{}$

·   ·   ·

·   ·   ·

나누어 먹는 사람 수	전체 귤 수	한 사람이 먹는 귤 수

3 나눗셈식을 보고 빈칸에 알맞은 수를 써넣으세요.

$42 \div 7 = 6$

나누어지는 수	나누는 수	몫

4 당근 10개를 봉지 5개에 똑같이 나누어 담았습니다. 봉지 한 개에 당근을 몇 개씩 담았는지 나눗셈식으로 나타내고 읽어 보세요.

$\boxed{} \div \boxed{} = \boxed{}$

읽기 _______________________

5 주어진 문장을 나눗셈식으로 바르게 나타낸 것에 ○표 하세요.

> 연필 15자루를 연필꽂이 5개에 똑같이 나누어 꽂으면 연필꽂이 한 개에 3자루씩 꽂을 수 있습니다.

$15 \div 3 = 5$ 　　　　　$15 \div 5 = 3$

(　　　　)　　　　　　(　　　　)

6 도넛 12개를 접시 6개에 똑같이 나누어 놓으려고 합니다. 접시 한 개에 놓을 수 있는 도넛의 수만큼 접시에 ○를 그리고, ☐ 안에 알맞은 수를 써넣으세요.

$12 \div \boxed{} = \boxed{}$ ⇨ 접시 한 개에 도넛을 $\boxed{}$개씩 놓을 수 있습니다.

같은 양이 몇 번 들어 있는지 알아볼까요

>> **풍선 10개를 한 명에게 2개씩 나누어 주기**

▎ 뺄셈식으로 알아보기

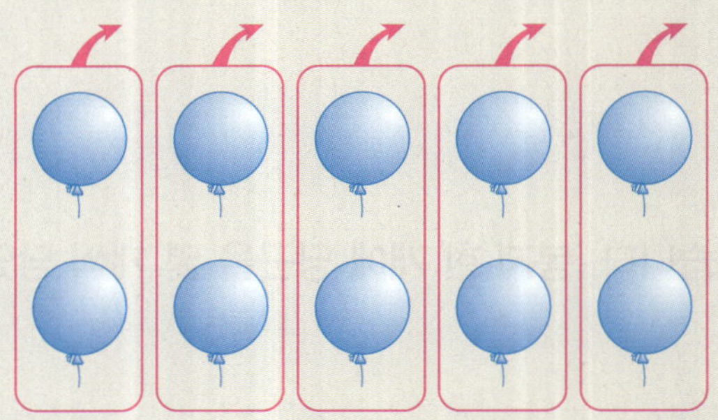

풍선 10개를 2개씩 5번 덜어 내면 0이 되므로
5명에게 나누어 줄 수 있습니다.

⇨ $10-2-2-2-2-2=0$

▎ 묶어서 알아보기

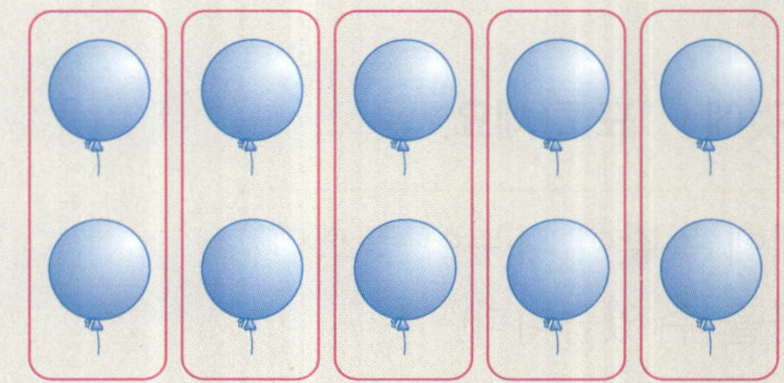

풍선 10개를 2개씩 묶으면 5묶음이 되므로
5명에게 나누어 줄 수 있습니다.

전체 풍선의 수
한 묶음 안의 풍선의 수
⇨ $10\div2=5$
묶음의 수

10에서 2씩 5번 빼면 0이 됩니다.
이것을 나눗셈식으로 나타내면
$10\div2=5$입니다.
$10-2-2-2-2-2=0$
5번
⇨ $10\div2=5$

1 자두 12개를 한 번에 4개씩 덜어 내면 모두
몇 번 덜어 낼 수 있는지 알아보세요.

(1) 자두 12개를 남는 것이 없을 때까지
4개씩 덜어 내는 것을 뺄셈식으로 나
타내 보세요.

$$12-4-4-\boxed{}=0$$

(2) 자두를 모두 몇 번 덜어 낼 수 있는지
나눗셈식으로 나타내 구해 보세요.

$$12\div4=\boxed{}$$

⇨ 자두를 모두 $\boxed{}$ 번 덜어
낼 수 있습니다.

2 바나나 16개를 한 명에게 8개씩 주면 몇 명
에게 나누어 줄 수 있는지 알아보세요.

(1) 바나나 16개를 8개씩 묶어 보세요.

(2) 바나나를 몇 명에게 나누어 줄 수 있는
지 나눗셈식으로 나타내 구해 보세요.

$$16\div8=\boxed{}$$

⇨ 바나나를 $\boxed{}$ 명에게
나누어 줄 수 있습니다.

3 체리 14개를 접시 한 개에 7개씩 놓으려면 접시는 몇 개 필요한지 구하려고 합니다. 물음에 답해 보세요.

(1) 체리 14개를 7개씩 몇 번 덜어 내면 0이 되는지 뺄셈식으로 알아보세요.

$$14 - \boxed{} - \boxed{} = 0 \Rightarrow 7개씩 \boxed{} 번 덜어 낼 수 있습니다.$$

(2) 나눗셈식으로 나타내 보세요.

$$14 \div \boxed{} = \boxed{}$$

(3) 접시는 몇 개 필요할까요?   (   )

4 관계있는 것끼리 선으로 이어 보세요.

| $20-5-5-5-5=0$ | $40-8-8-8-8-8=0$ |

| $40 \div 8 = 5$ | $32 \div 8 = 4$ | $20 \div 5 = 4$ |

5 주어진 문장을 나눗셈식으로 바르게 나타낸 것에 ○표 하세요.

금붕어 35마리를 어항 한 개에 7마리씩 넣으려면 어항은 5개 필요합니다.

| $35 \div 7 = 5$ | $35 \div 5 = 7$ |
| (   ) | (   ) |

6 밤 18개를 한 명에게 9개씩 주면 몇 명에게 나누어 줄 수 있는지 구하려고 합니다. 밤을 9개씩 묶고, ☐ 안에 알맞은 수를 써넣으세요.

$$18 \div \boxed{} = \boxed{} \Rightarrow 밤을 \boxed{} 명에게 나누어 줄 수 있습니다.$$

핵심 문제

1 그림을 보고 ☐ 안에 알맞은 수를 써넣으세요.

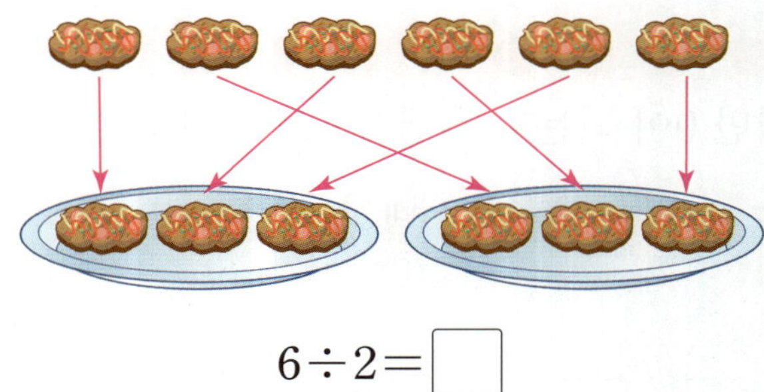

$$6 \div 2 = \boxed{}$$

2 그림을 보고 ☐ 안에 알맞은 수를 써넣으세요.

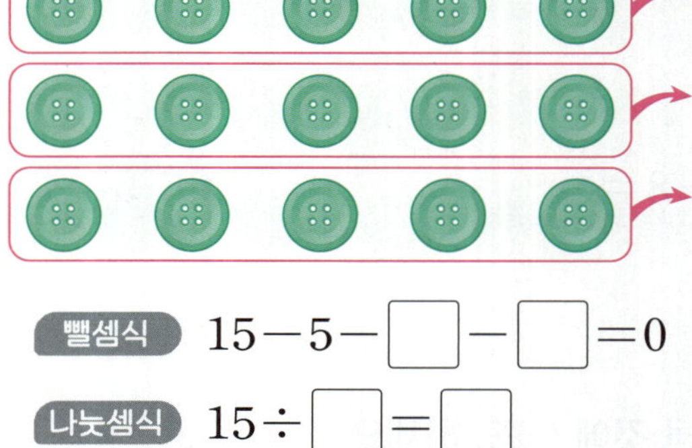

빼셈식 $\quad 15 - 5 - \boxed{} - \boxed{} = 0$

나눗셈식 $\quad 15 \div \boxed{} = \boxed{}$

3 나눗셈식을 보고 관계있는 것끼리 선으로 이어 보세요.

$$42 \div 7 = 6$$

7 •	• 나누어지는 수
42 •	• 나누는 수
6 •	• 몫

4 나눗셈식을 읽어 보세요.

$$56 \div 8 = 7$$

⇨ $\boxed{}$ 나누기 $\boxed{}$ 은 $\boxed{}$ 과 같습니다.

5 $12 \div 4 = 3$을 뺄셈식으로 바르게 나타낸 것에 ◯표 하세요.

$$12 - 3 - 3 - 3 - 3 = 0 \qquad (\qquad)$$

$$12 - 4 - 4 - 4 = 0 \qquad (\qquad)$$

6 나눗셈식 $32 \div 8 = 4$를 나타내는 문장입니다. ☐ 안에 알맞은 수를 써넣으세요.

농구공 $\boxed{}$ 개를 바구니 한 개에 $\boxed{}$ 개씩 담으면 바구니는 $\boxed{}$ 개가 필요합니다.

7 나눗셈식 16÷8＝2에 대한 설명으로 <u>틀린</u> 것을 찾아 기호를 써 보세요.

> ㉠ 16 나누기 8은 2와 같습니다.
> ㉡ 8은 16을 2로 나눈 몫입니다.
> ㉢ 16을 8곳에 똑같이 나누면 한 곳에 2씩입니다.

(   )

8 주어진 문장을 나눗셈식으로 나타내 보세요.

> 초콜릿 27개를 9명이 똑같이 나누어 가지면 한 명이 3개씩 가지게 됩니다.

(   )

9 머리핀 28개를 통 4개에 똑같이 나누어 담 으려고 합니다. 통 한 개에 머리핀을 몇 개씩 담아야 할까요?

식 ________________________

답 ________________________

10 지우개 18개를 필통 한 개에 9개씩 넣으려 고 합니다. 필통은 몇 개 필요할까요?

식 ________________________

답 ________________________

추론 의사소통

11 인형 35개를 한 명에게 7개씩 주려고 합니 다. 몇 명에게 나누어 줄 수 있는지 바르게 말한 사람은 누구일까요?

> • 소혜: 35－7－7－7－7－7＝0이니까
> 7명에게 나누어 줄 수 있어.
> • 은희: 나눗셈식으로 나타내면
> 35÷7＝5이니까 5명에게
> 나누어 줄 수 있어.

(   )

12 콩을 접시에 똑같이 나누어 놓으려고 합니다. 접시의 수에 따라 놓을 수 있는 콩의 수를 구해 보세요.

• 접시 2개에 놓는 경우:

한 접시에 ☐ 개씩 놓을 수 있습니다.

• 접시 3개에 놓는 경우:

한 접시에 ☐ 개씩 놓을 수 있습니다.

➡ 접시의 수에 따라 한 접시에 놓을 수 있는 콩의 수는 달라 집니다.

3

곱셈과 나눗셈의 관계를 알아볼까요

딸기의 수를 곱셈식으로 나타내면
$3 \times 5 = 15$ 또는 $5 \times 3 = 15$입니다.

딸기 15개를 3개씩 묶을 때 묶음의 수

딸기 15개를 3개씩 묶으면 5묶음입니다.
$\Rightarrow 15 \div 3 = 5$

딸기 15개를 5개씩 묶을 때 묶음의 수

딸기 15개를 5개씩 묶으면 3묶음입니다.
$\Rightarrow 15 \div 5 = 3$

- 곱셈식을 나눗셈식 2개로 나타낼 수 있습니다.

$$3 \times 5 = 15 \quad \begin{array}{l} 15 \div 3 = 5 \\ 15 \div 5 = 3 \end{array}$$

- 나눗셈식을 곱셈식 2개로 나타낼 수 있습니다.

$$15 \div 3 = 5 \quad \begin{array}{l} 3 \times 5 = 15 \\ 5 \times 3 = 15 \end{array}$$

1 샌드위치의 수를 이용하여 곱셈과 나눗셈의 관계를 알아보세요.

(1) 샌드위치의 수를 곱셈식으로 나타내 보세요.

$$2 \times \boxed{} = 10 \text{ 또는 } 5 \times \boxed{} = 10$$

(2) 샌드위치 10개를 접시 2개에 똑같이 나누어 놓으면 접시 한 개에 샌드위치를 몇 개씩 놓을 수 있는지 나눗셈식으로 나타내 보세요.

$$10 \div 2 = \boxed{}$$

(3) 샌드위치 10개를 접시 5개에 똑같이 나누어 놓으면 접시 한 개에 샌드위치를 몇 개씩 놓을 수 있는지 나눗셈식으로 나타내 보세요.

$$10 \div \boxed{} = \boxed{}$$

2 그림을 보고 곱셈식을 나눗셈식으로 나타내 보세요.

$$7 \times 3 = 21 \quad \begin{array}{l} 21 \div 7 = \boxed{} \\ 21 \div \boxed{} = \boxed{} \end{array}$$

3 곱셈식 $3 \times 8 = 24$를 이용하여 나타낼 수 있는 나눗셈식을 모두 찾아 ◯표 하세요.

$27 \div 9 = 3$	$24 \div 3 = 8$	$32 \div 8 = 4$	$24 \div 8 = 3$
(　　　)	(　　　)	(　　　)	(　　　)

4 그림을 보고 곱셈식과 나눗셈식으로 나타내 보세요.

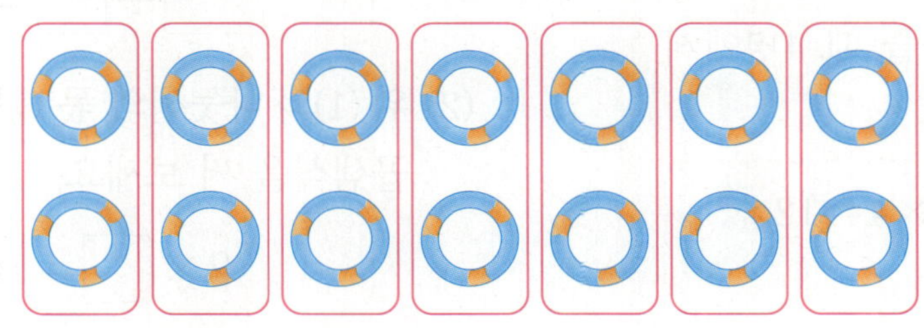

$$2 \times \boxed{} = 14$$

$$14 \div 2 = \boxed{}$$

5 곱셈식을 나눗셈식으로 나타내 보세요.

(1) $4 \times 5 = 20$　→　$20 \div 4 = \boxed{}$
　　　　　　　　　→　$20 \div \boxed{} = 4$

(2) $6 \times 9 = 54$　→　$54 \div 6 = \boxed{}$
　　　　　　　　　→　$54 \div 9 = \boxed{}$

6 나눗셈식을 곱셈식으로 나타내 보세요.

(1) $36 \div 9 = 4$　→　$9 \times \boxed{} = 36$
　　　　　　　　　→　$\boxed{} \times 9 = 36$

(2) $40 \div 8 = 5$　→　$8 \times \boxed{} = 40$
　　　　　　　　　→　$5 \times \boxed{} = 40$

나눗셈의 몫을 구해 볼까요

≫ 12÷3의 몫을 곱셈식으로 구하기

귤 12개를 한 명에게 3개씩 주면 몇 명에게 나누어 줄 수 있을까요?

- 몇 명에게 나누어 줄 수 있는지 나눗셈식으로 나타내면 $12 \div 3 = \boxed{}$입니다.
- 나눗셈의 몫을 구할 수 있는 곱셈식은 $3 \times \boxed{4} = 12$입니다.

⇨ 귤 12개를 한 명에게 3개씩 줄 때 4명에게 나누어 줄 수 있습니다.

> $12 \div 3 = \boxed{}$에서 몫 $\boxed{}$는 $3 \times 4 = 12$를 이용하여 구할 수 있습니다.
>
> $$12 \div 3 = \boxed{4}$$
> $$3 \times \boxed{4} = 12$$

≫ 12÷3의 몫을 곱셈구구로 구하기

×	1	2	3	4	5	6	7	8	9
1	1	2	3	4	5	6	7	8	9
2	2	4	6	8	10	12	14	16	18
3	3	6	9	12	15	18	21	24	27

❶ 12÷3의 몫을 구하기 위한 곱셈식을 3단 곱셈구구에서 찾을 수 있습니다.
└• 나누는 수

❷ 3단 곱셈구구에서 곱이 12가 되는 곱셈식은 $3 \times 4 = 12$입니다.
└• 나누어지는 수

⇨ 12÷3의 몫은 4입니다.

> 나눗셈의 몫을 곱셈구구로 구할 때, 나누는 수의 단 곱셈구구에서 곱했을 때 나누어지는 수가 되는 곱셈식을 찾아 구합니다.

1 사탕 16개를 봉지 한 개에 2개씩 담으려면 봉지는 몇 개 필요한지 알아보세요.

(1) 사탕 16개를 2개씩 묶으면 ■ 묶음이 되는 나눗셈식을 써 보세요.

$$\boxed{} \div \boxed{} = ■$$

(2) 위 (1)의 나눗셈의 몫 ■를 구할 수 있는 곱셈식을 써 보세요.

$$2 \times \boxed{} = 16$$

(3) 봉지는 몇 개 필요할까요?

(   )

2 곱셈표를 이용하여 28÷4의 몫을 구해 보세요.

×	1	2	3	4	5	6	7	8	9
1	1	2	3	4	5	6	7	8	9
2	2	4	6	8	10	12	14	16	18
3	3	6	9	12	15	18	21	24	27
4	4	8	12	16	20	24	28	32	36

(1) 4단 곱셈구구에서 곱이 28인 곱셈식을 찾아 써 보세요.

$$4 \times \boxed{} = 28$$

(2) 나눗셈의 몫을 구해 보세요.

$$28 \div 4 = \boxed{}$$

3 나눗셈 $20 \div 5$의 몫을 구할 때 필요한 곱셈식을 찾아 ○표 하세요.

| $4 \times 4 = 16$ | $4 \times 6 = 24$ | $5 \times 5 = 25$ | $5 \times 4 = 20$ |

(　　) 　 (　　) 　 (　　) 　 (　　)

4 그림을 보고 곱셈식을 이용하여 나눗셈의 몫을 구해 보세요.

$$3 \times \boxed{} = 24 \Rightarrow 24 \div 3 = \boxed{}$$

5 곱셈표를 이용하여 나눗셈의 몫을 구해 보세요.

×	1	2	3	4	5	6	7	8	9
3	3	6	9	12	15	18	21	24	27
4	4	8	12	16	20	24	28	32	36
5	5	10	15	20	25	30	35	40	45
6	6	12	18	24	30	36	42	48	54

(1) $12 \div 4 = \boxed{}$

(2) $30 \div 6 = \boxed{}$

6 관계있는 것끼리 선으로 이어 보세요.

나눗셈식	곱셈식	몫
$42 \div 7 = \boxed{}$ ・	・ $3 \times 2 = 6$ ・	・ 7
$6 \div 3 = \boxed{}$ ・	・ $7 \times 6 = 42$ ・	・ 6
$56 \div 8 = \boxed{}$ ・	・ $8 \times 7 = 56$ ・	・ 2

핵심 문제

1 나눗셈식을 곱셈식으로 바르게 나타낸 것에
○표 하세요.

$$18 \div 2 = 9$$

| $2 \times 9 = 18$ | $9 \times 3 = 27$ |

(   )   (   )

2 $24 \div 6$의 몫을 구할 때 필요한 곱셈식을 찾아
○표 하세요.

$6 \times 3 = 18$ (   )

$3 \times 8 = 24$ (   )

$6 \times 4 = 24$ (   )

3 곱셈식을 나눗셈식으로 나타내 보세요.

$$7 \times 8 = 56 \begin{cases} \square \div 7 = \square \\ \square \div \square = 7 \end{cases}$$

4 나눗셈식을 곱셈식으로 나타내 보세요.

$$36 \div 4 = 9 \begin{cases} 4 \times \square = \square \\ \square \times 4 = \square \end{cases}$$

5 $\square$ 안에 알맞은 수를 써넣으세요.

(1) $48 \div 6 = \square \Rightarrow 6 \times \square = 48$

(2) $20 \div 4 = \square \Rightarrow 4 \times \square = 20$

6 나눗셈의 몫을 구해 보세요.

(1) $40 \div 5 = \square$

(2) $16 \div 4 = \square$

7 나눗셈의 몫을 찾아 선으로 이어 보세요.

$25 \div 5$ •

$54 \div 6$ •

• 9

• 4

• 5

8 그림을 보고 곱셈식과 나눗셈식을 각각 2개씩
써 보세요.

곱셈식 _______________ , _______________

나눗셈식 _______________ , _______________

9 가장 큰 수를 가장 작은 수로 나눈 몫은 얼마일까요?

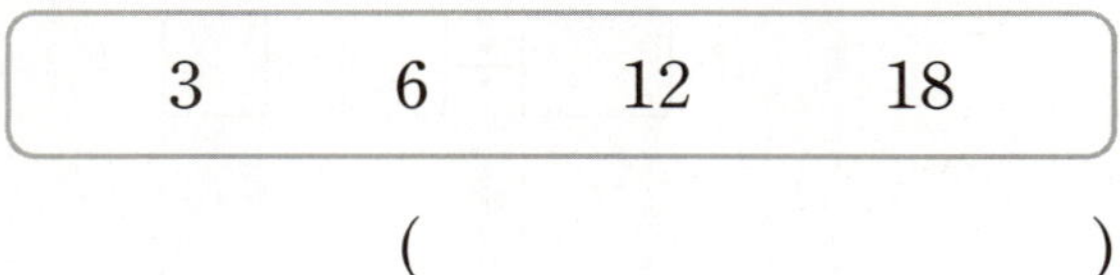

| 3 | 6 | 12 | 18 |

(   )

10 빈칸에 알맞은 수를 써넣으세요.

11 복숭아가 28개 있습니다. 한 명에게 7개씩 주면 몇 명에게 나누어 줄 수 있을까요?

나눗셈식 ___________________________

곱셈식 ___________________________

답 ___________________________

12 몫의 크기를 비교하여 ◯ 안에 >, =, < 중 알맞은 것을 써넣으세요.

$$64 \div 8 \bigcirc 45 \div 5$$

문제해결 추론

13 보기 의 수 중에서 ☐ 안에 들어갈 수 있는 수를 모두 구해 보세요.

보기

| 5 | 6 | 7 | 8 | 9 |

$$63 \div 9 < \square$$

(   )

14 수 카드 5장 중에서 3장을 뽑아 곱셈식을 만들고, 만든 곱셈식을 나눗셈식 2개로 나타내 보세요.

3 5 7 12 35

⊙ 먼저 수 카드 중에서 두 수를 곱한 계산 결과인 수가 있는지 찾습니다.

곱셈식 ___________________________

나눗셈식 ___________________________, ___________________________

1 나눗셈식을 읽어 보세요.

$$56 \div 7 = 8$$

( )

2 그림을 보고 ☐ 안에 알맞은 수를 써넣으세요.

$$8 \div 2 = \boxed{}$$

3 꽃 10송이를 꽃병 5개에 똑같이 나누어 꽂으려고 합니다. 꽃병 한 개에 몇 송이씩 꽂아야 하는지 꽃병에 ◯를 그려 보고, ☐ 안에 알맞은 수를 써넣으세요.

$$10 \div \boxed{} = \boxed{}$$

4 몫이 6인 나눗셈식을 찾아 기호를 써 보세요.

㉠ $6 \div 2 = 3$	㉡ $30 \div 6 = 5$
㉢ $54 \div 9 = 6$	㉣ $6 \div 6 = 1$

( )

5 ☐ 안에 알맞은 수를 써넣으세요.

$$20 - 5 - 5 - 5 - 5 = 0$$

⇨ $\boxed{} \div \boxed{} = \boxed{}$

6 곱셈식을 나눗셈식으로 나타내 보세요.

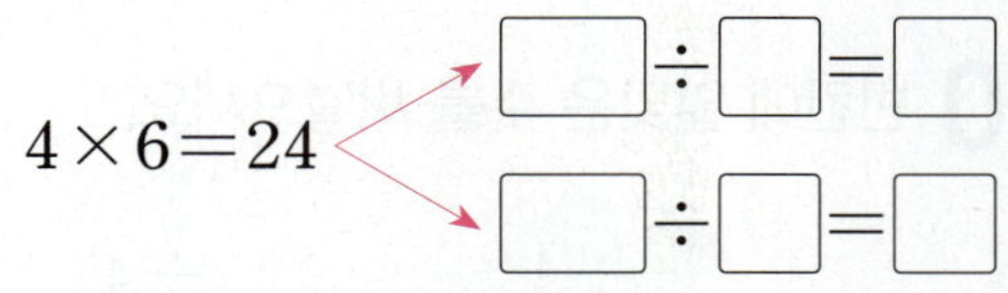

$$4 \times 6 = 24$$

$\boxed{} \div \boxed{} = \boxed{}$

$\boxed{} \div \boxed{} = \boxed{}$

7 나눗셈의 몫을 구할 때, 3단 곱셈구구를 이용하는 나눗셈을 모두 찾아 기호를 써 보세요.

㉠ $12 \div 2$	㉡ $18 \div 3$
㉢ $25 \div 5$	㉣ $27 \div 3$

( )

8 나눗셈의 몫을 구해 보세요.

$$49 \div 7 = \boxed{}$$

9 관계있는 것끼리 선으로 이어 보세요.

$15 \div 5 = \square$

$28 \div 4 = \square$

$4 \times 7 = 28$

$5 \times 3 = 15$

몫: 3

몫: 7

☑ 잘 틀리는 문제

10 그림을 보고 곱셈식과 나눗셈식을 각각 2개씩 써 보세요.

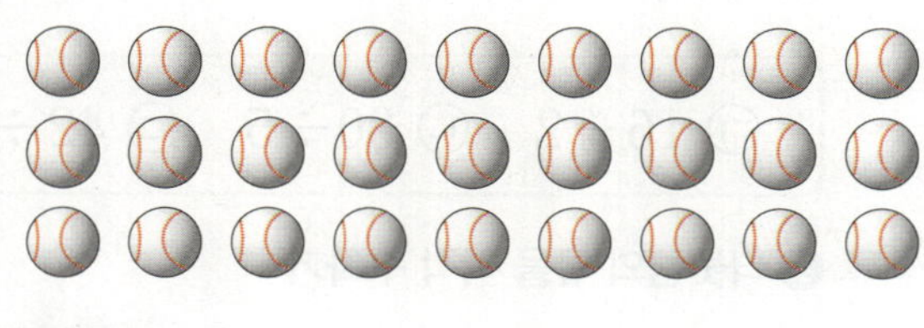

곱셈식 ________________ ,

나눗셈식 ________________ ,

11 빈칸에 알맞은 수를 써넣으세요.

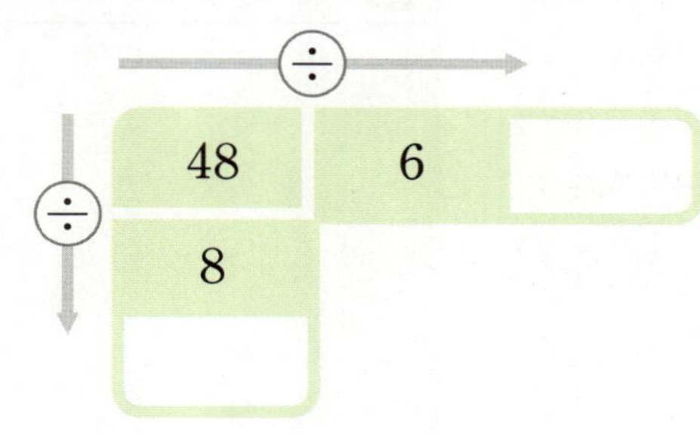

12 몫의 크기를 비교하여 ◯ 안에 >, =, < 중 알맞은 것을 써넣으세요.

$$32 \div 4 \;\bigcirc\; 72 \div 9$$

13 $12 \div 3$과 몫이 같은 나눗셈을 모두 찾아 기호를 써 보세요.

㉠ $15 \div 3$	㉡ $16 \div 4$
㉢ $20 \div 4$	㉣ $36 \div 9$

( )

14 배 21개를 3봉지에 똑같이 나누어 담으려고 합니다. 한 봉지에 배를 몇 개씩 담아야 할까요?

( )

15 64쪽짜리 위인전을 하루에 8쪽씩 읽으려고 합니다. 위인전을 모두 읽는 데 며칠이 걸릴까요?

( )

16 미연이네 모둠 6명이 귤 42개와 사과 30개를 각각 똑같이 나누어 가지려고 합니다. 한 명이 가질 수 있는 귤과 사과는 각각 몇 개일까요?

귤 (   )
사과 (   )

☑ 잘 틀리는 문제

17 보기 의 수 중에서 ☐ 안에 들어갈 수 있는 수를 모두 구해 보세요.

보기

| 4 | 5 | 6 | 7 | 8 | 9 |

$$36 \div 6 < \boxed{}$$

(   )

18 수 카드 5장 중에서 3장을 뽑아 곱셈식을 만들고, 만든 곱셈식을 나눗셈식 2개로 나타내 보세요.

4   5   9   45   54

곱셈식 _______________

나눗셈식 ___________ , ___________

19 $36 \div 9$의 몫을 구하는 데 필요한 곱셈식을 쓰고, 그 이유를 써 보세요.

답 _______________

____

20 몫이 가장 큰 나눗셈을 찾아 기호를 쓰려고 합니다. 풀이 과정을 쓰고 답을 구해 보세요.

㉠ $16 \div 2$ ㉡ $30 \div 5$ ㉢ $42 \div 6$

❶ 나눗셈의 몫을 각각 구하기

풀이 _______________

____

❷ 몫이 가장 큰 나눗셈 찾기

풀이 _______________

____

답 _______________

다른 부분 5곳을 찾고, 재미있게 색칠해 보세요!

4

곱셈

2-1 곱셈

1 딸기의 수를 덧셈식과 곱셈식으로 나타내 보세요.

덧셈식 $\square + \square + \square + \square = \square$

곱셈식 $3 \times \square = \square$

2-2 곱셈구구

2 계산해 보세요.

(1) 5×7　　　　　　　　(2) 4×8

(3) 7×3　　　　　　　　(4) 6×0

2-2 곱셈구구

3 곱셈표를 완성해 보세요.

×	1	3	5	7	9
2		6		14	18
3	3		15	21	
4	4	12			36

2-2 곱셈구구

4 계산 결과가 같은 것끼리 선으로 이어 보세요.

2×8　•　　　　　•　3×8

6×4　•　　　　　•　4×4

(몇십)×(몇)을 구해 볼까요

▶▶ 20×4의 계산

▍ 뛰어 세기로 알아보기

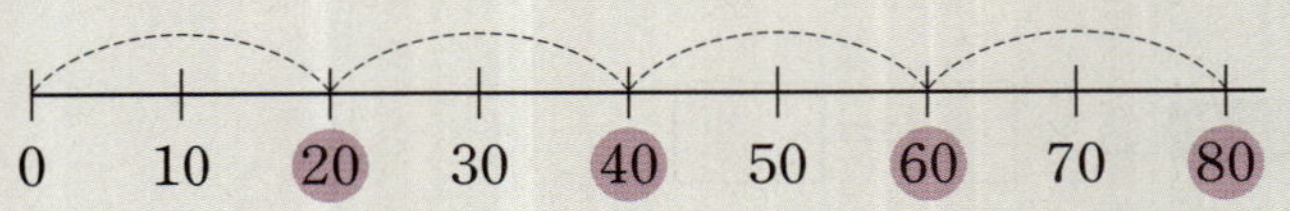

20씩 4번 뛰어 세어 보면 20, 40, 60, 80이므로
20×4＝80입니다.

▍ 덧셈으로 알아보기

20×4＝20＋20＋20＋20＝80

▍ 수 모형으로 알아보기

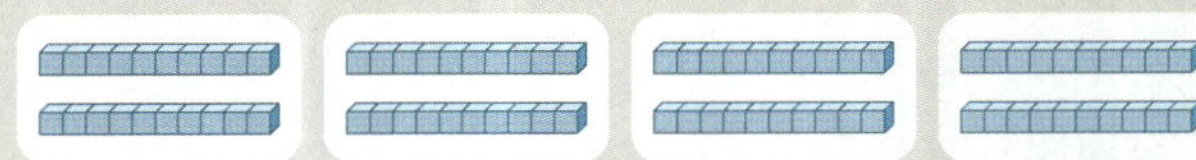

❶ 십 모형의 수를 곱셈식으로 나타내면
2×4＝8입니다.
❷ 십 모형 8개는 80을 나타내므로 20×4＝80
입니다.

▍ 계산 방법 알아보기

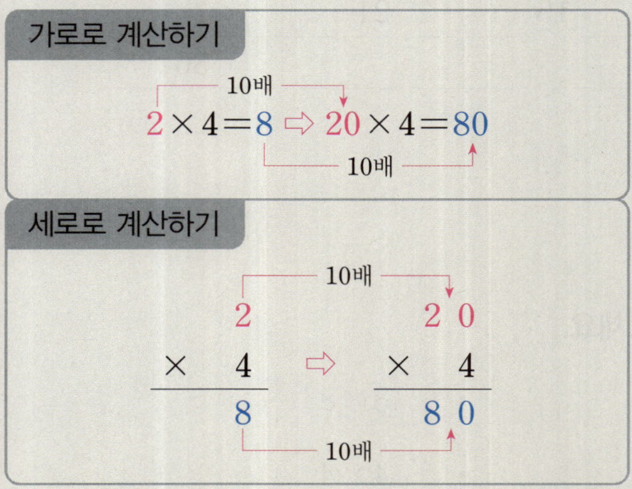

(몇십)×(몇)의 계산은 (몇)×(몇)의
계산에 **10배**를 하여 구합니다.

---

1 30×2를 어떻게 계산하는지 여러 가지 방법
으로 알아보세요.

(1) 뛰어 세기로 계산해 보세요.

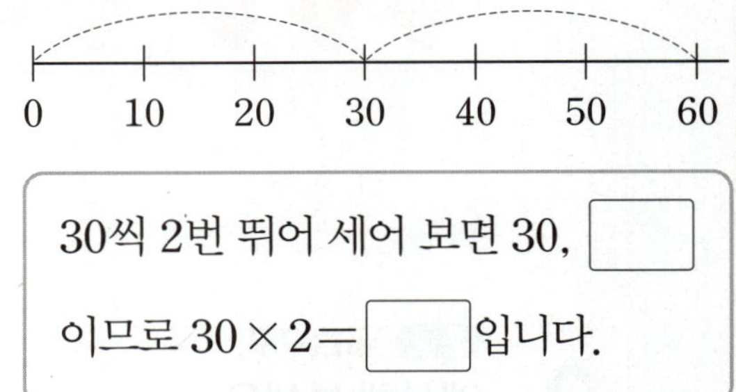

30씩 2번 뛰어 세어 보면 30, ☐
이므로 30×2＝☐입니다.

(2) 덧셈으로 계산해 보세요.

$$30×2＝30＋\boxed{}＝\boxed{}$$

(3) 수 모형으로 계산해 보세요.

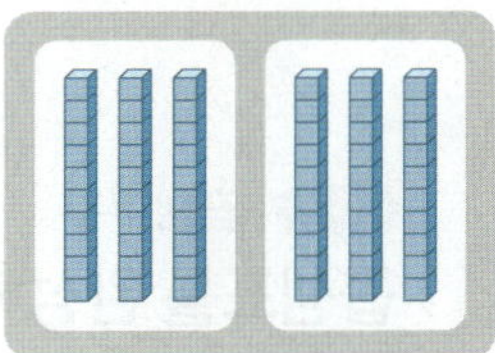

십 모형의 수를 곱셈식으로 나타내면
3×2＝☐이므로 30×2＝☐
입니다.

(4) 가로와 세로로 각각 계산해 보세요.

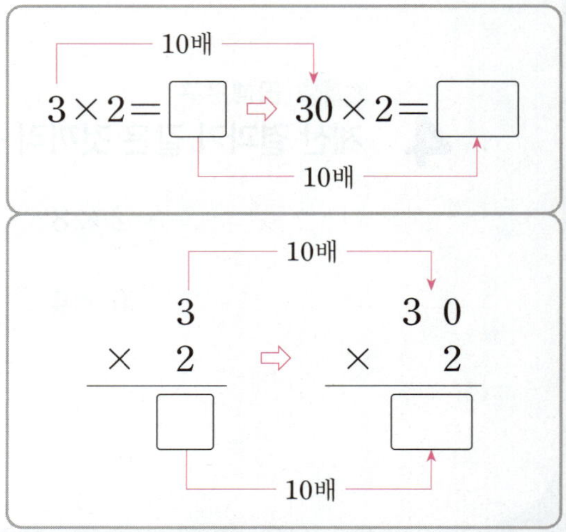

2 10×5를 10씩 뛰어 세어 보고 계산해 보세요.

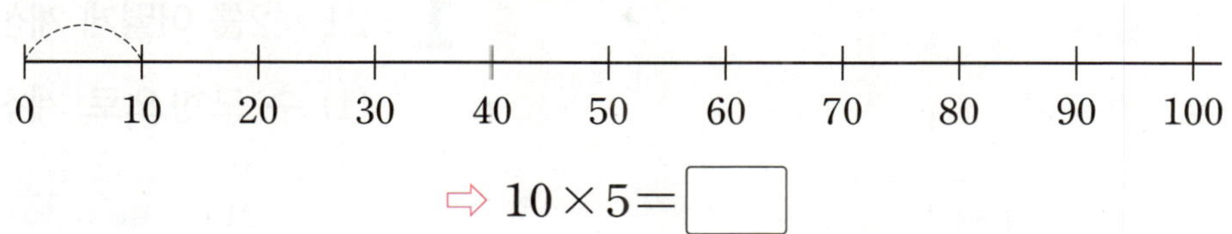

$$\Rightarrow 10 \times 5 = \boxed{}$$

3 계산해 보세요.

(1)
$$\begin{array}{r} 1\ 0 \\ \times\ \ 9 \\ \hline \end{array}$$

(2)
$$\begin{array}{r} 4\ 0 \\ \times\ \ 1 \\ \hline \end{array}$$

(3) 20×2

(4) 30×3

4 빈칸에 알맞은 수를 써넣으세요.

(1)　80　$\times 1$　□

(2)　20　$\times 3$　□

5 계산 결과를 찾아 선으로 이어 보세요.

10×7　　40×2

90　　80　　70

올림이 없는 (몇십몇)×(몇)을 구해 볼까요

▶▶ 13×3의 계산

┃ 수 모형으로 알아보기

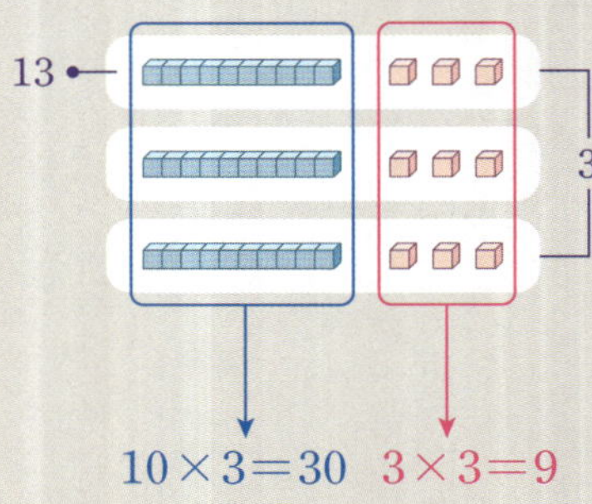

$10 \times 3 = 30 \qquad 3 \times 3 = 9$

- 십 모형이 나타내는 수: $10 \times 3 = 30$
- 일 모형이 나타내는 수: $3 \times 3 = 9$

➡ $13 \times 3 = 30 + 9 = 39$

┃ 계산 방법 알아보기

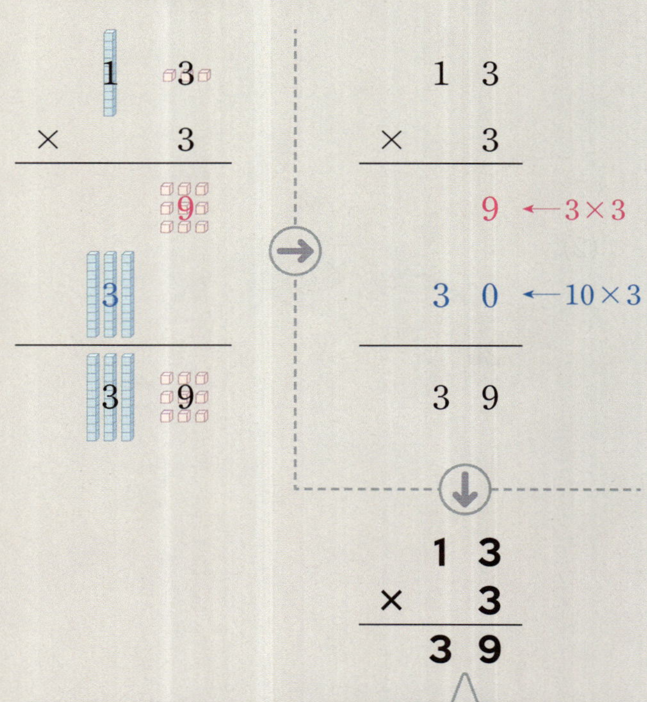

$$\begin{array}{r} 1\ 3 \\ \times\quad 3 \\ \hline 9 \end{array} \leftarrow 3 \times 3$$
$$3\ 0 \leftarrow 10 \times 3$$
$$3\ 9$$

$$\begin{array}{r} 1\ 3 \\ \times\quad 3 \\ \hline 3\ 9 \end{array}$$

- $3 \times 3 = 9$에서 9를 일의 자리에 씁니다.
- $1 \times 3 = 3$에서 3을 십의 자리에 씁니다.

1 21×2를 어떻게 계산하는지 알아보세요.

(1) 수 모형으로 계산해 보세요.

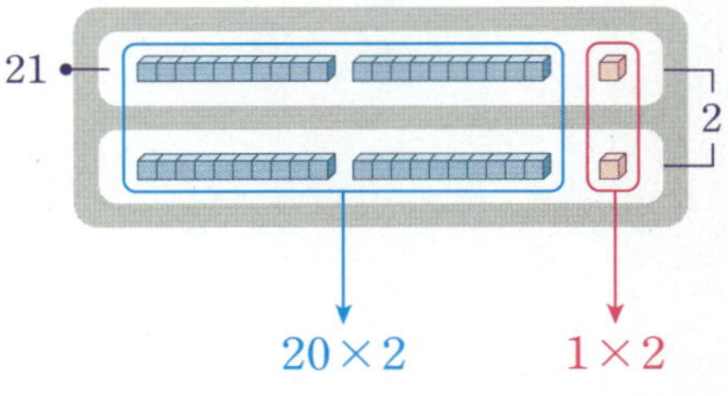

$20 \times 2 \qquad 1 \times 2$

- 십 모형이 나타내는 수:

$$20 \times 2 = \boxed{}$$

- 일 모형이 나타내는 수:

$$1 \times 2 = \boxed{}$$

➡ $21 \times 2 = \boxed{} + \boxed{} = \boxed{}$

(2) 세로로 계산해 보세요.

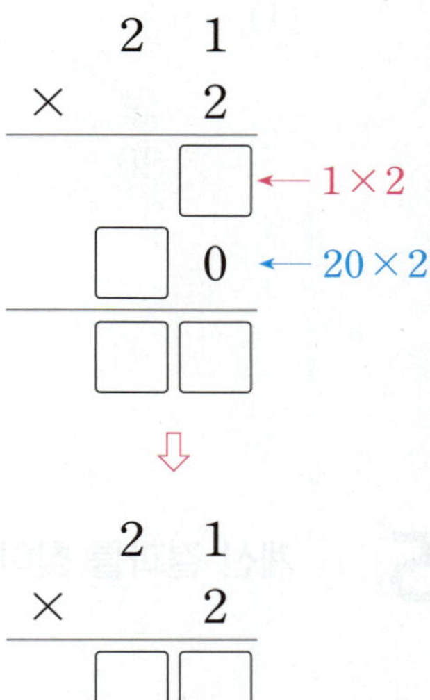

$$\begin{array}{r} 2\ 1 \\ \times\quad 2 \\ \hline \boxed{} \leftarrow 1 \times 2 \\ \boxed{}\ 0 \leftarrow 20 \times 2 \\ \boxed{}\boxed{} \end{array}$$

⇩

$$\begin{array}{r} 2\ 1 \\ \times\quad 2 \\ \hline \boxed{}\boxed{} \end{array}$$

2 ☐ 안에 알맞은 수를 써넣으세요.

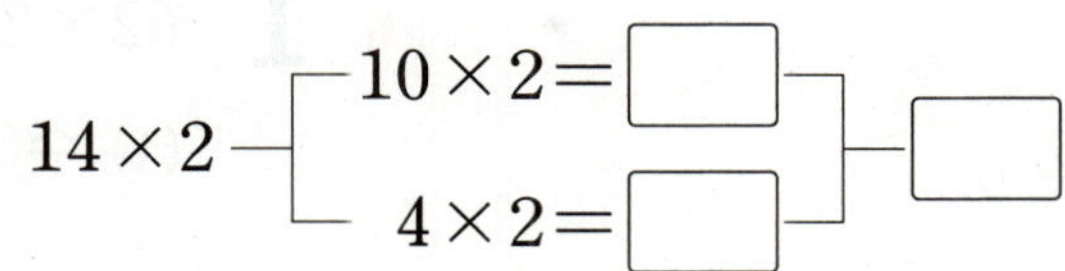

$$14 \times 2 \begin{cases} 10 \times 2 = \boxed{} \\ 4 \times 2 = \boxed{} \end{cases} \boxed{}$$

4단원
11강

3 계산해 보세요.

(1) $\begin{array}{r} 2\ 4 \\ \times\ \ \ 2 \\ \hline \end{array}$

(2) $\begin{array}{r} 3\ 1 \\ \times\ \ \ 3 \\ \hline \end{array}$

(3) 22×4

(4) 32×3

4 빈칸에 알맞은 수를 써넣으세요.

(1) $\boxed{12} \rightarrow \boxed{\times 2} \rightarrow \boxed{}$

(2) $\boxed{23} \rightarrow \boxed{\times 3} \rightarrow \boxed{}$

5 계산 결과를 찾아 선으로 이어 보세요.

31×2 23×2

46   56   62   64

십의 자리에서 올림이 있는 (몇십몇)×(몇)을 구해 볼까요

41×3의 계산

▎수 모형으로 알아보기

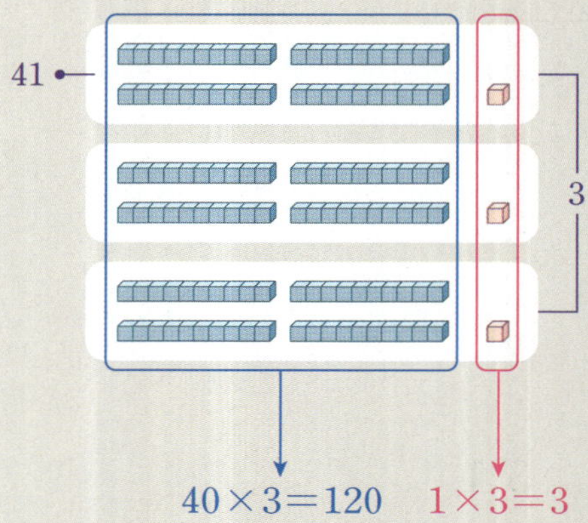

- 십 모형이 나타내는 수: $40×3=120$
- 일 모형이 나타내는 수: $1×3=3$
➡ $41×3=120+3=123$

▎계산 방법 알아보기

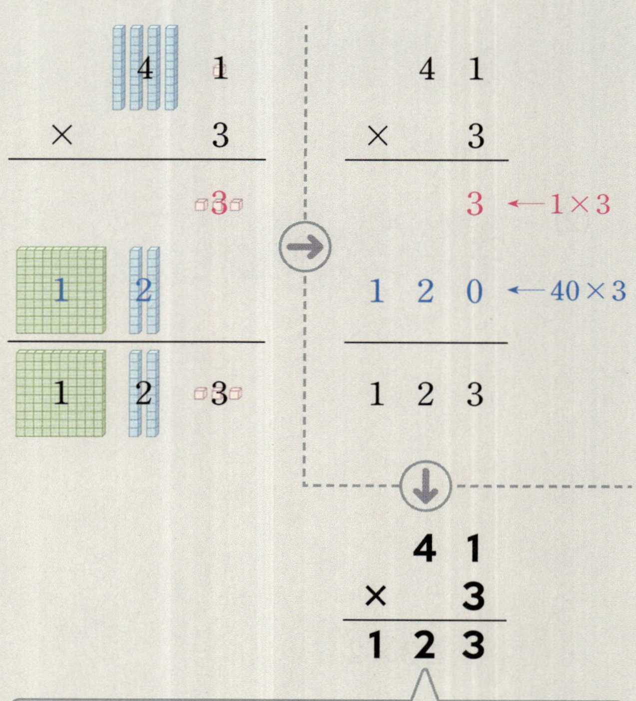

- $1×3=3$에서 3을 일의 자리에 씁니다.
- $4×3=12$에서 2를 십의 자리에 쓰고, 1을 백의 자리에 씁니다.

---

1 $62×2$를 어떻게 계산하는지 알아보세요.

(1) 수 모형으로 계산해 보세요.

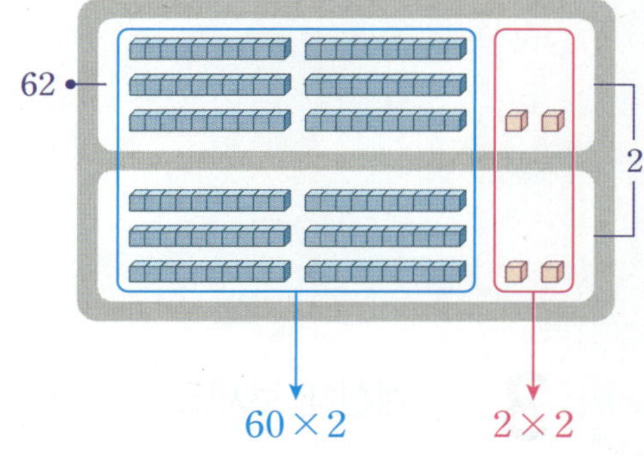

- 십 모형이 나타내는 수:
$$60×2=\boxed{}$$
- 일 모형이 나타내는 수:
$$2×2=\boxed{}$$

➡ $62×2=\boxed{}+\boxed{}=\boxed{}$

(2) 세로로 계산해 보세요.

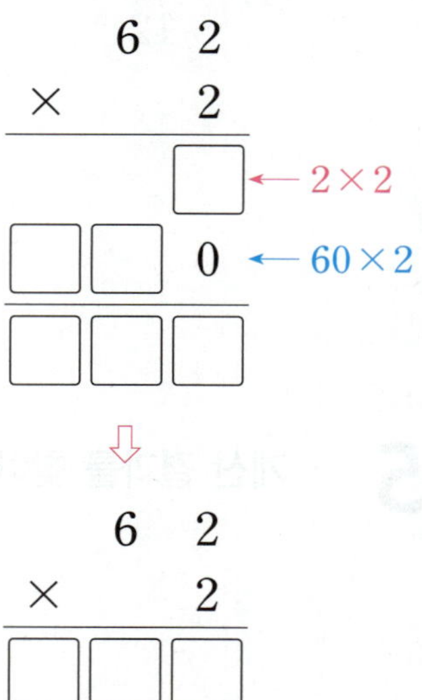

2 ☐ 안에 알맞은 수를 써넣으세요.

$$32 \times 4 \begin{cases} 30 \times 4 = \boxed{} \\ 2 \times 4 = \boxed{} \end{cases} \boxed{}$$

3 계산해 보세요.

(1)
$$\begin{array}{r} 6\ 2 \\ \times\quad 3 \\ \hline \end{array}$$

(2)
$$\begin{array}{r} 7\ 1 \\ \times\quad 5 \\ \hline \end{array}$$

(3) 52×4

(4) 83×2

4 빈칸에 알맞은 수를 써넣으세요.

(1) 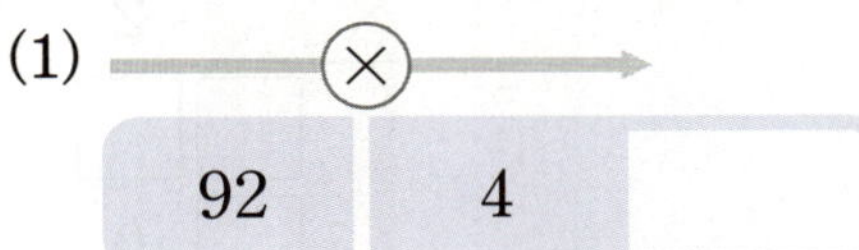

92	4	

(2) 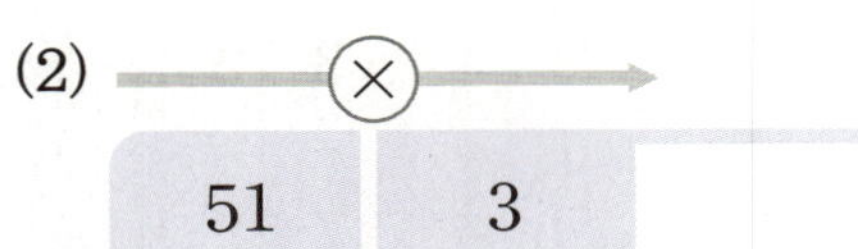

51	3	

5 계산 결과가 <u>다른</u> 하나를 찾아 ◯표 하세요.

82×2	73×2	41×4
(　　　)	(　　　)	(　　　)

일의 자리에서 올림이 있는 (몇십몇)×(몇)을 구해 볼까요

16×2의 계산

수 모형으로 알아보기

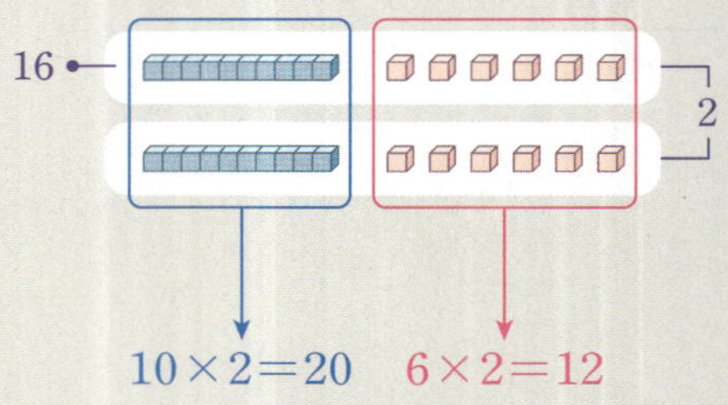

- 십 모형이 나타내는 수: $10 \times 2 = 20$
- 일 모형이 나타내는 수: $6 \times 2 = 12$
- ⇨ $16 \times 2 = 20 + 12 = 32$

계산 방법 알아보기

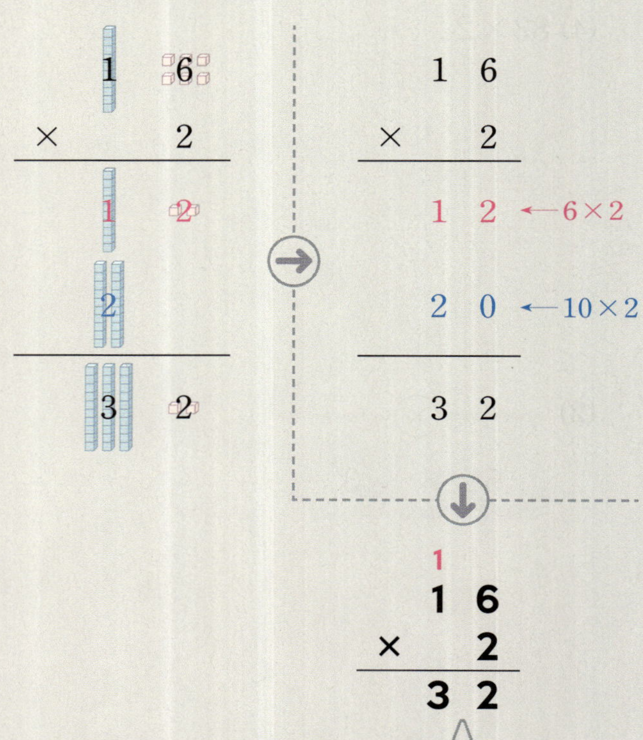

- $6 \times 2 = 12$에서 2를 일의 자리에 쓰고, 1을 올림하여 십의 자리 위에 작게 씁니다.
- $1 \times 2 = 2$에 올림한 수 1을 더하여 3을 십의 자리에 씁니다.

1 29×2를 어떻게 계산하는지 알아보세요.

(1) 수 모형으로 계산해 보세요.

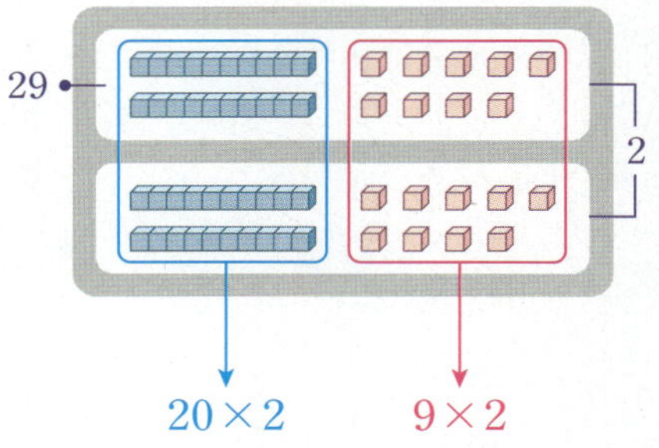

- 십 모형이 나타내는 수:
  $20 \times 2 = \boxed{}$
- 일 모형이 나타내는 수:
  $9 \times 2 = \boxed{}$

⇨ $29 \times 2 = \boxed{} + \boxed{} = \boxed{}$

(2) 세로로 계산해 보세요.

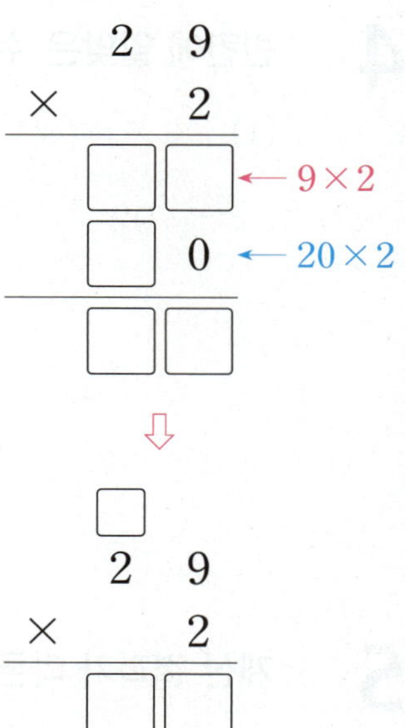

2 ☐ 안에 알맞은 수를 써넣으세요.

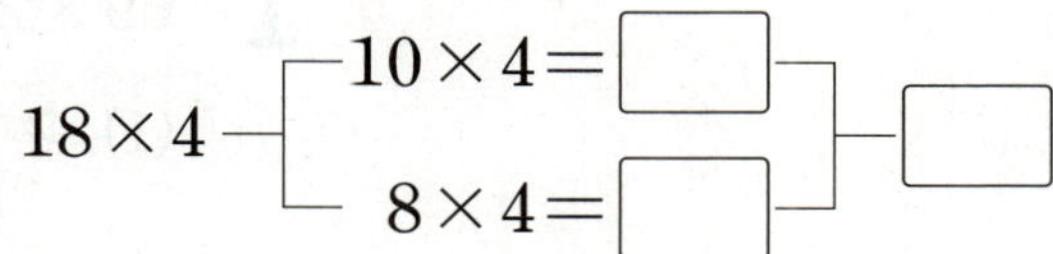

$$18 \times 4 \begin{cases} 10 \times 4 = \boxed{} \\ 8 \times 4 = \boxed{} \end{cases} \boxed{}$$

3 계산해 보세요.

(1)
$$\begin{array}{r} 2\,6 \\ \times\ \ 3 \\ \hline \end{array}$$

(2)
$$\begin{array}{r} 1\,4 \\ \times\ \ 4 \\ \hline \end{array}$$

(3) 24×3

(4) 47×2

4 빈칸에 알맞은 수를 써넣으세요.

(1)
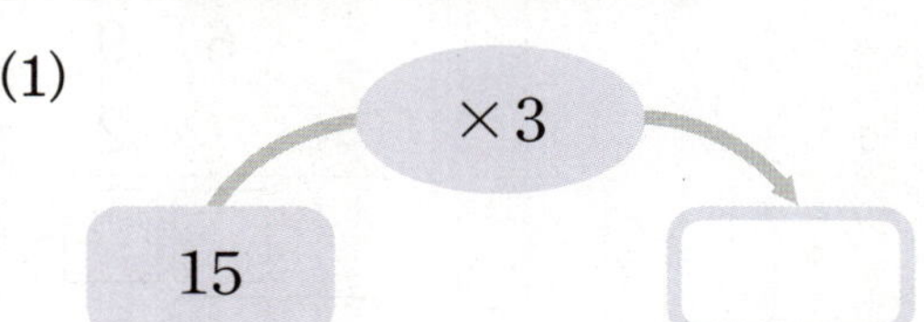

(2)

5 바르게 계산한 것을 모두 찾아 ◯표 하세요.

| $25 \times 3 = 75$ | $26 \times 2 = 42$ | $24 \times 4 = 96$ |

5

십, 일의 자리에서 올림이 있는 (몇십몇)×(몇)을 구해 볼까요

▶▶ 45×3의 계산

▌수 모형으로 알아보기

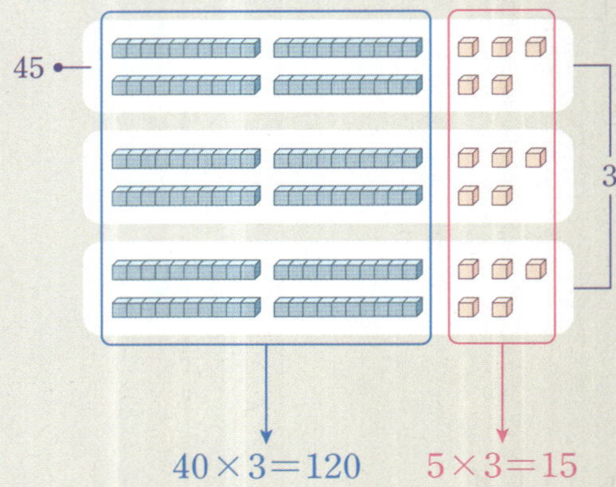

$40 \times 3 = 120$ $5 \times 3 = 15$

- 십 모형이 나타내는 수: $40 \times 3 = 120$
- 일 모형이 나타내는 수: $5 \times 3 = 15$

▷ $45 \times 3 = 120 + 15 = 135$

▌계산 방법 알아보기

$$
\begin{array}{r}
4\ 5 \\
\times\quad 3 \\
\hline
1\ 5 \quad \leftarrow 5 \times 3 \\
1\ 2\ 0 \quad \leftarrow 40 \times 3 \\
\hline
1\ 3\ 5
\end{array}
$$

$$
\begin{array}{r}
\overset{1}{4}\ 5 \\
\times\quad 3 \\
\hline
1\ 3\ 5
\end{array}
$$

- $5 \times 3 = 15$에서 5를 일의 자리에 쓰고, 1을 올림하여 십의 자리 위에 작게 씁니다.
- $4 \times 3 = 12$에 올림한 수 1을 더한 13을 백의 자리와 십의 자리에 차례대로 씁니다.

1 69×2를 어떻게 계산하는지 알아보세요.

(1) 수 모형으로 계산해 보세요.

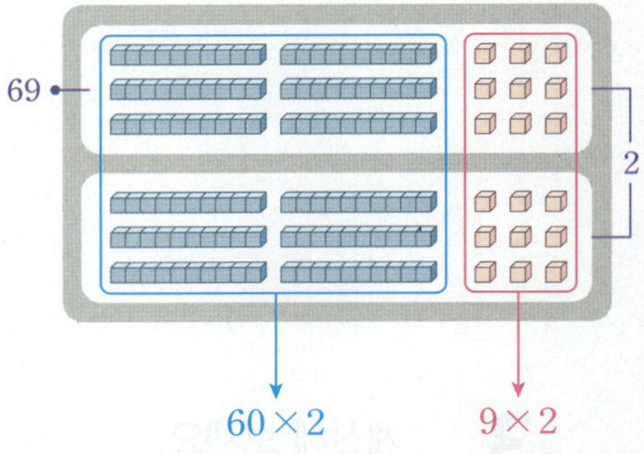

60×2 9×2

- 십 모형이 나타내는 수:

$$60 \times 2 = \boxed{}$$

- 일 모형이 나타내는 수:

$$9 \times 2 = \boxed{}$$

▷ $69 \times 2 = \boxed{} + \boxed{}$

$$= \boxed{}$$

(2) 세로로 계산해 보세요.

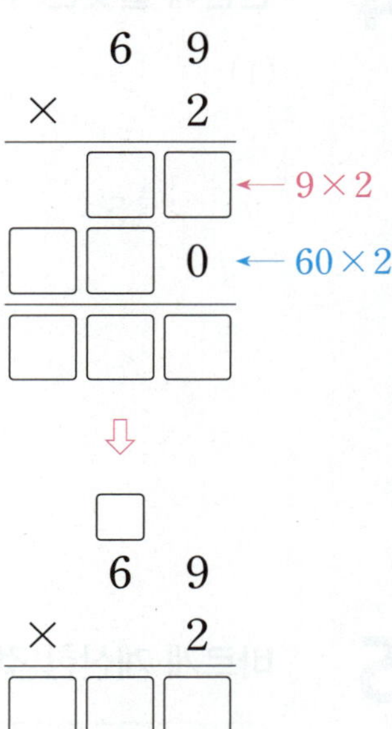

$$
\begin{array}{r}
6\ 9 \\
\times\quad 2 \\
\hline
\boxed{\ }\ \boxed{\ } \quad \leftarrow 9 \times 2 \\
\boxed{\ }\ \boxed{\ }\ 0 \quad \leftarrow 60 \times 2 \\
\hline
\boxed{\ }\ \boxed{\ }\ \boxed{\ }
\end{array}
$$

⇩

$$
\begin{array}{r}
\boxed{\ } \\
6\ 9 \\
\times\quad 2 \\
\hline
\boxed{\ }\ \boxed{\ }\ \boxed{\ }
\end{array}
$$

2 ⬜ 안에 알맞은 수를 써넣으세요.

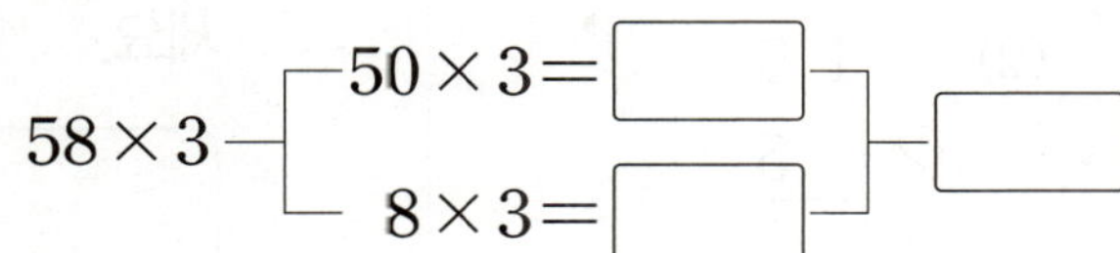

$$58 \times 3 \begin{cases} 50 \times 3 = \boxed{} \\ 8 \times 3 = \boxed{} \end{cases} \boxed{}$$

3 계산해 보세요.

(1)
$$\begin{array}{r} 4\ 7 \\ \times\quad 3 \\ \hline \end{array}$$

(2)
$$\begin{array}{r} 5\ 2 \\ \times\quad 6 \\ \hline \end{array}$$

(3) 29×5

(4) 68×4

4 빈칸에 알맞은 수를 써넣으세요.

(1) $36 \Rightarrow \times 5 \Rightarrow \boxed{}$

(2) $53 \Rightarrow \times 4 \Rightarrow \boxed{}$

5 바르게 계산한 것을 찾아 ◯표 하세요.

$$\begin{array}{r} 2\ 7 \\ \times\quad 5 \\ \hline 1\ 0\ 5 \end{array}$$

$$\begin{array}{r} 9\ 2 \\ \times\quad 6 \\ \hline 5\ 5\ 2 \end{array}$$

$$\begin{array}{r} 3\ 8 \\ \times\quad 6 \\ \hline 1\ 4\ 8 \end{array}$$

(　　　)　　　　(　　　)　　　　(　　　)

핵심 문제

1 계산해 보세요.

(1)
$$\begin{array}{r} 6\ 2 \\ \times\quad 3 \\ \hline \end{array}$$

(2)
$$\begin{array}{r} 1\ 5 \\ \times\quad 5 \\ \hline \end{array}$$

2 20×6과 계산 결과가 같은 것에 ◯표 하세요.

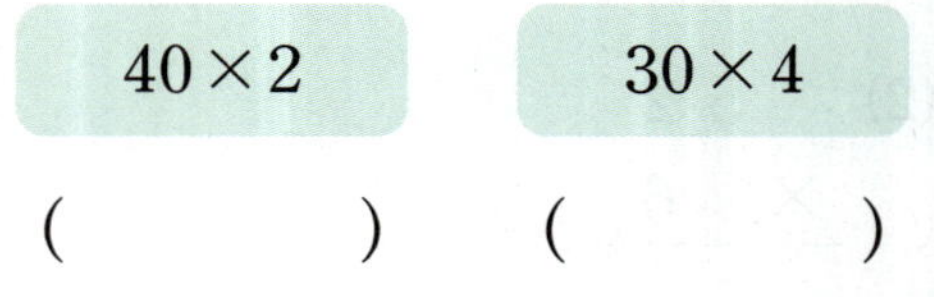

40×2 30×4

(   )   (   )

3 빈칸에 알맞은 수를 써넣으세요.

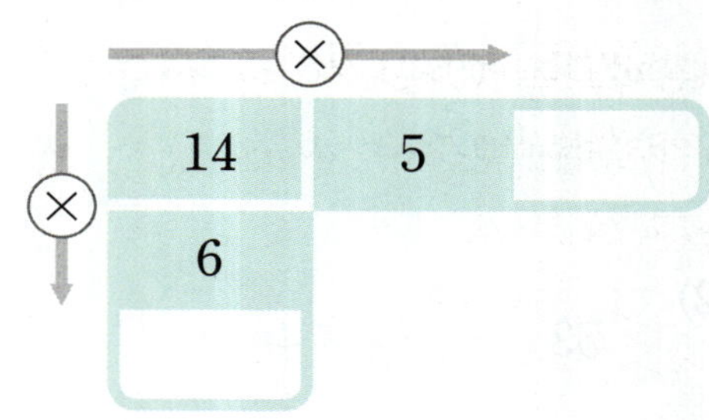

4 계산 결과를 찾아 선으로 이어 보세요.

20×5 ·

51×3 ·

· 153

· 123

· 100

5 가장 큰 수와 가장 작은 수의 곱을 구해 보세요.

6	23	10

(   )

6 계산 결과가 150보다 작은 것에 ◯표 하세요.

72×2 45×4

(   )   (   )

7 빈칸에 알맞은 수를 써넣으세요.

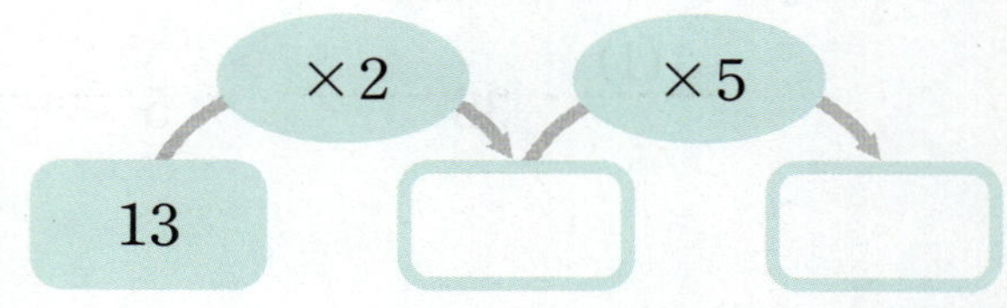

8 계산 결과의 크기를 비교하여 ◯ 안에 >, =, < 중 알맞은 것을 써넣으세요.

$11 \times 3 \bigcirc 23 \times 2$

9 잘못 계산한 곳을 찾아 바르게 계산해 보세요.

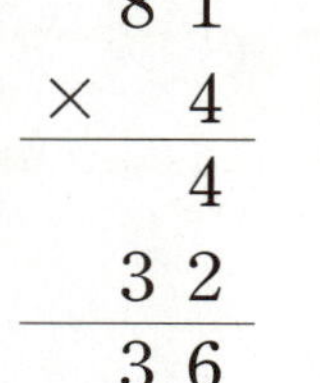

10 계산 결과가 가장 큰 것을 찾아 기호를 써 보세요.

> ㉠ 30 × 3
> ㉡ 32 × 4
> ㉢ 37 × 2

(   )

11 호두과자가 한 상자에 12개씩 7상자에 들어 있습니다. 호두과자는 모두 몇 개일까요?

식

답

12 화살이 꽂힌 곳에 적힌 수만큼 점수를 얻습 니다. 얻은 점수는 몇 점일까요?

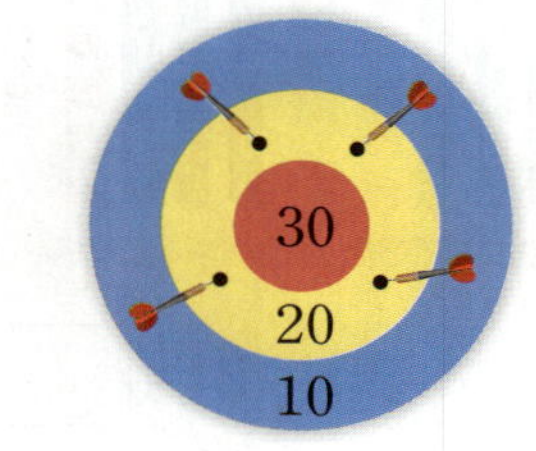

식

답

추론 정보처리

13 은희는 구슬을 24개 가지고 있습니다. 수지는 구슬을 몇 개 가지고 있을까요?

정우   수지

(   )

14 농장에서 딸기를 우주는 한 봉지에 25개씩 4봉지를 땄고, 은서는 한 봉지에 34개씩 3봉지를 땄습니다. 딸기를 더 많이 딴 사람 은 누구일까요?

➦ 우주와 은서가 딴 딸기 수를 각각 구하여 누가 딸기를 더 많 이 땄는지 비교합니다.

(   )

단원 마무리

1 수 모형을 보고 계산해 보세요.

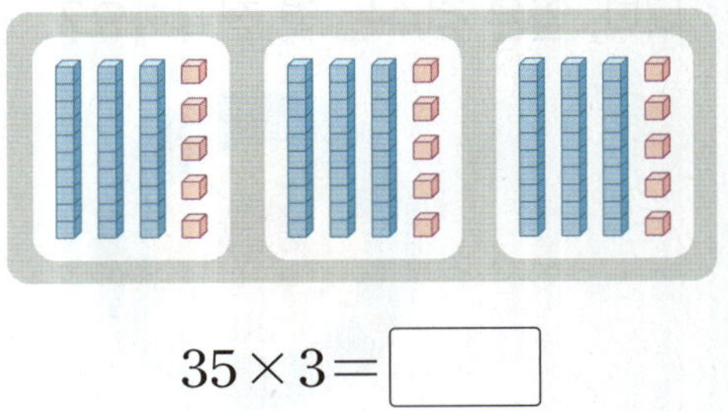

$$35 \times 3 = \boxed{}$$

2 ☐ 안에 알맞은 수를 써넣으세요.

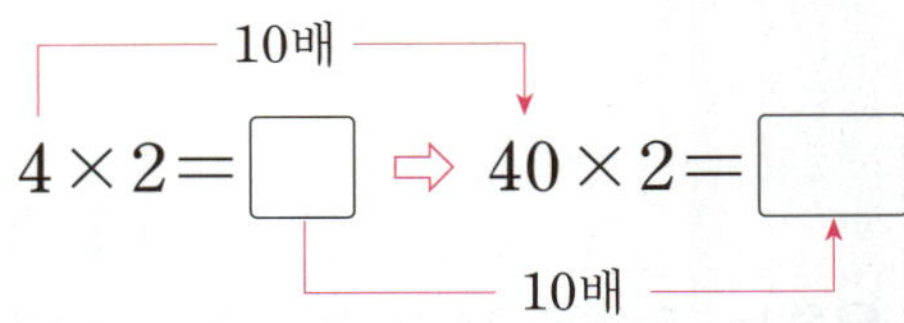

3 ☐ 안에 알맞은 것을 찾아 기호를 써넣으세요.

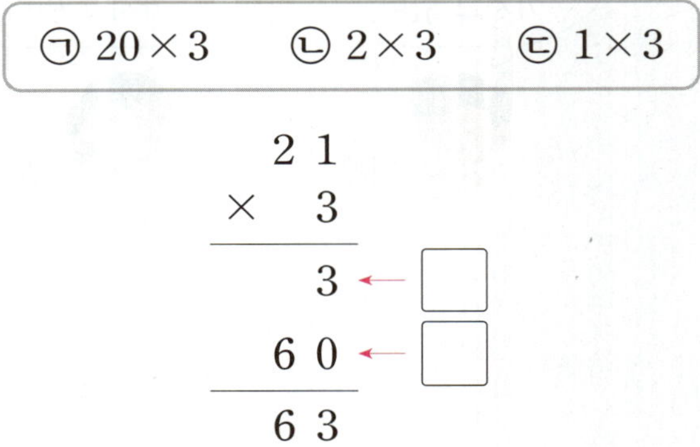

4 계산해 보세요.

$$\begin{array}{r} 4\ 2 \\ \times\quad 3 \\ \hline \end{array}$$

5 빈칸에 알맞은 수를 써넣으세요.

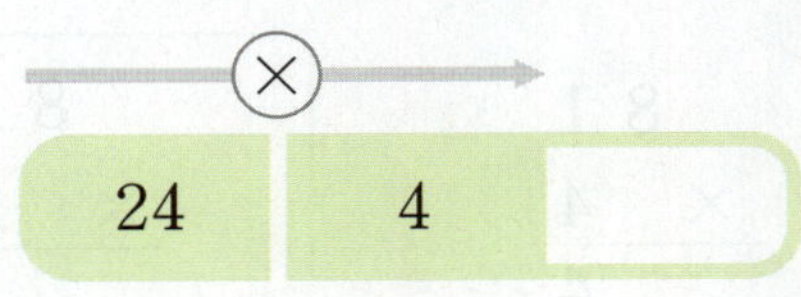

6 바르게 계산한 것에 ◯표 하세요.

$12 \times 9 = 108$	$39 \times 2 = 68$
( )	( )

7 계산 결과를 찾아 선으로 이어 보세요.

20×9 · · 104

    · 144

26×4 · · 180

8 가장 큰 수와 가장 작은 수의 곱을 구해 보세요.

3   80   46

( )

9 계산 결과가 200보다 큰 것에 ◯표 하세요.

95 × 2	77 × 3

( ) ( )

10 빈칸에 알맞은 수를 써넣으세요.

11 계산 결과의 크기를 비교하여 ◯ 안에 >, =, < 중 알맞은 것을 써넣으세요.

$$60 × 2 \bigcirc 52 × 3$$

12 계산 결과가 가장 작은 것을 찾아 기호를 써 보세요.

> ㉠ 32 × 2
> ㉡ 21 × 5
> ㉢ 49 × 2

( )

13 계산 결과가 나머지와 <u>다른</u> 하나는 어느 것일까요? ( )

① 24 × 3   ② 36 × 2
③ 18 × 4   ④ 12 × 6
⑤ 23 × 4

14 사과가 한 봉지에 10개씩 8봉지에 들어 있습니다. 사과는 모두 몇 개일까요?

( )

15 송편이 한 상자에 34개씩 6상자에 담겨 있습니다. 송편은 모두 몇 개일까요?

( )

16 정아는 사탕을 10개 가지고 있습니다. 유나가 가지고 있는 사탕은 몇 개일까요?

> • 승주: 나는 정아가 가지고 있는 사탕 수보다 6개 더 많이 가지고 있어.
> • 유나: 나는 승주가 가지고 있는 사탕 수의 4배만큼 가지고 있어.

(   )

17 배가 110개 있었습니다. 배를 한 봉지에 13개씩 담아 8봉지 팔았다면 남은 배는 몇 개일까요?

(   )

잘 틀리는 문제

18 수아와 재석이 중에서 구슬을 더 많이 가지고 있는 사람은 누구일까요?

> • 수아: 나는 한 통에 21개씩 들어 있는 구슬을 6통 가지고 있어.
> • 재석: 나는 한 통에 12개씩 들어 있는 구슬을 8통 가지고 있어.

(   )

19 잘못 계산한 곳을 찾아 이유를 쓰고, 바르게 계산해 보세요.

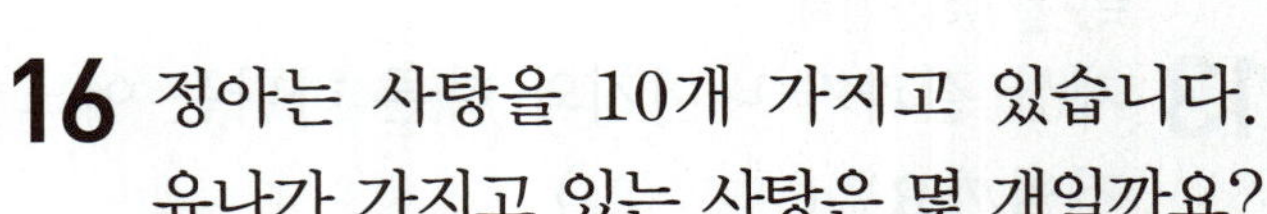

$$\begin{array}{r} 4\,6 \\ \times\ \ 2 \\ \hline 8\,2 \end{array} \quad \Rightarrow \quad \begin{array}{r} 4\,6 \\ \times\ \ 2 \\ \hline \end{array}$$

❶ 잘못 계산한 이유 쓰기
❷ 바르게 계산하기

이유

____

____

20 세은이 언니의 나이는 13살이고, 어머니의 나이는 언니의 나이의 3배입니다. 세은이 언니와 어머니의 나이를 더하면 몇 살인지 풀이 과정을 쓰고 답을 구해 보세요.

❶ 어머니의 나이 구하기

풀이

____

____

❷ 세은이 언니와 어머니의 나이의 합 구하기

풀이

____

____

답 _______________

물감, 연필, 우산, 팽이, 장갑을 찾고, 재미있게 색칠해 보세요!

5

길이와 시간

5
단원
14강

1 ²⁻¹ 길이 재기
색연필의 길이는 몇 cm인지 써 보세요.

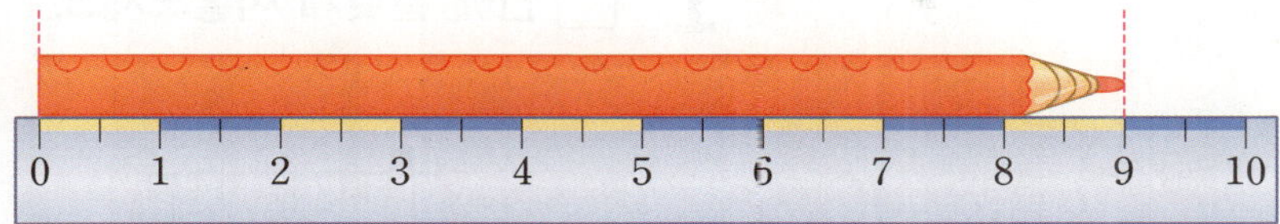

□ cm

2 ²⁻¹ 길이 재기
□ 안에 알맞은 수를 써넣으세요.

(1) 2 m = □ cm

(2) 450 cm = □ m 50 cm

3 ²⁻² 시각과 시간
시각을 읽어 보세요.

(1) 

□ 시 □ 분

(2) 

8시 □ 분 전

4 ²⁻² 시각과 시간
□ 안에 알맞은 수를 써넣으세요.

(1) 1시간 25분 = □ 분

(2) 80분 = □ 시간 □ 분

cm보다 작은 단위를 알아볼까요

≫ cm보다 작은 단위

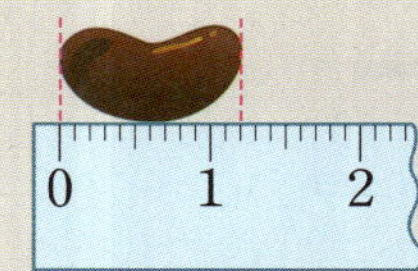

강낭콩의 길이를 더 정확하게 재려면 cm보다 작은 단위가 필요합니다.

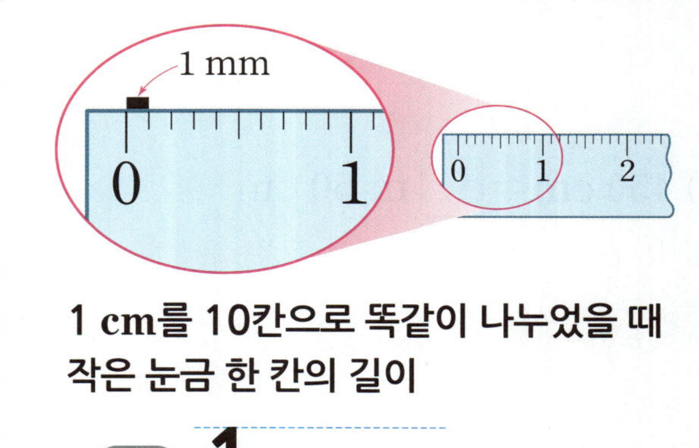

1 cm를 10칸으로 똑같이 나누었을 때 작은 눈금 한 칸의 길이

쓰기	$1\,\text{mm}$
읽기	1 밀리미터

$$1\,\text{cm}=10\,\text{mm}$$

≫ '몇 cm 몇 mm'와 '몇 mm'로 나타내기

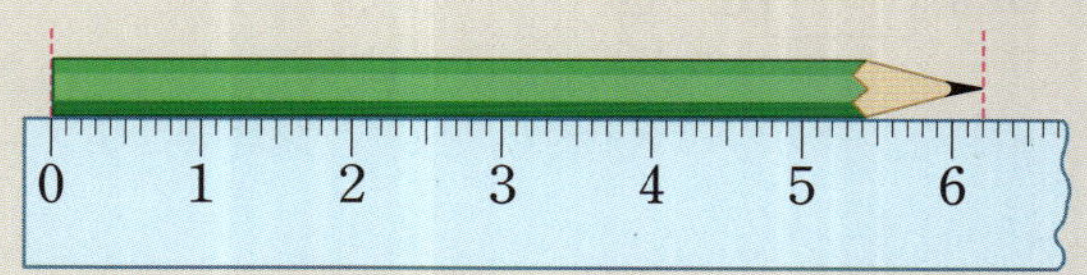

연필의 길이는 6 cm보다 2 mm 더 깁니다.

6 cm보다 2 mm 더 긴 길이

쓰기	$6\,\text{cm}\ 2\,\text{mm}$
읽기	6 센티미터 2 밀리미터

$$6\,\text{cm}\ 2\,\text{mm}=62\,\text{mm}$$

$6\,\text{cm}+2\,\text{mm}=60\,\text{mm}+2\,\text{mm}$
$=62\,\text{mm}$

1 ☐ 안에 알맞게 써넣으세요.

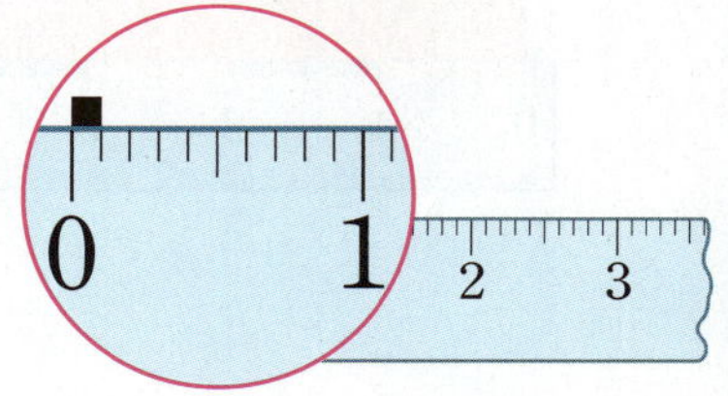

1 cm를 10칸으로 똑같이 나누었을 때 작은 눈금 한 칸의 길이를 ☐ mm라 쓰고 [   ](이)라고 읽습니다.

2 주어진 길이를 쓰고 읽어 보세요.

9 cm 7 mm

쓰기

읽기 (   )

3 크레파스의 길이를 써 보세요.

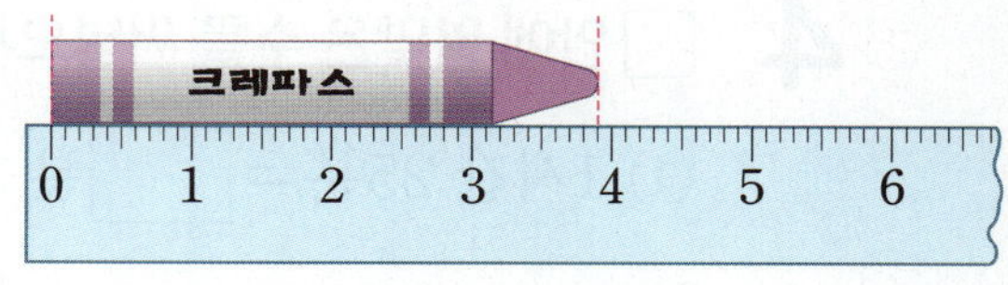

크레파스의 길이는
3 cm보다 9 mm 더 깁니다.

⇨ 3 cm ☐ mm = ☐ mm

4 씨앗의 길이를 써 보세요.

씨앗의 길이는 작은 눈금 8칸이므로 ☐ mm입니다.

5 자를 이용하여 주어진 길이만큼 선을 그어 보세요.

(1) 9 mm ⇨ |---

(2) 2 cm 3 mm ⇨ |---

6 ☐ 안에 알맞은 수를 써넣으세요.

(1) 7 cm = ☐ mm　　　　(2) 50 mm = ☐ cm

(3) 1 cm 6 mm = ☐ mm　　　　(4) 84 mm = ☐ cm ☐ mm

7 길이가 같은 것끼리 선으로 이어 보세요.

4 cm	5 cm 3 mm

53 mm	40 mm	35 mm

m보다 큰 단위를 알아볼까요

» m보다 큰 단위

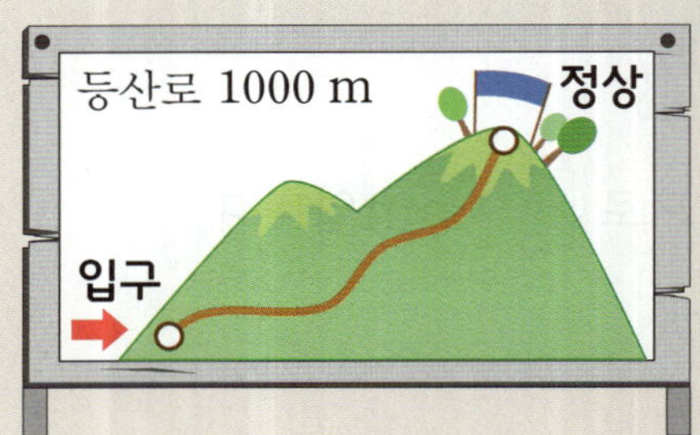

등산로의 길이를 더 간단하게 나타내려면
m보다 큰 단위가 필요합니다.

1000 m와 같은 길이

쓰기 **1km**

읽기 **1 킬로미터**

1000 m=1 km

» '몇 km 몇 m'와 '몇 m'로 나타내기

다리의 길이는 1 km보다 400 m 더 깁니다.

1 km보다 400 m 더 긴 길이

쓰기 **1km 400m**

읽기 **1 킬로미터 400 미터**

1 km 400 m=1400 m

$1 km+400 m=1000 m+400 m$
$=1400 m$

---

1 ☐ 안에 알맞게 써넣으세요.

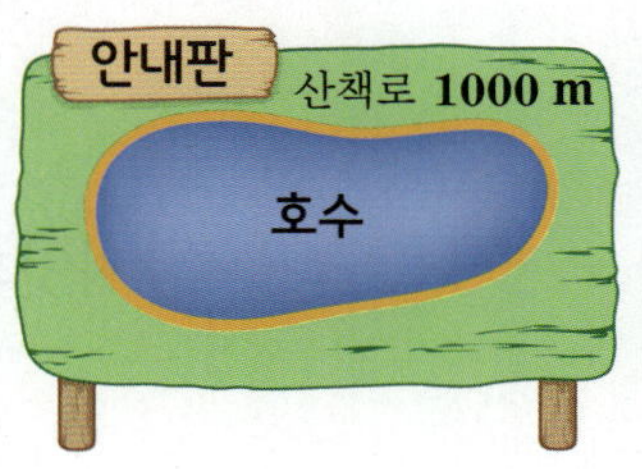

산책로 1000 m를 ☐ km라 쓰고

☐ (이)라고 읽습니다.

2 주어진 길이를 쓰고 읽어 보세요.

5 km 600 m

쓰기 ________________

읽기 (   )

3 집에서 서점까지의 거리를 써 보세요.

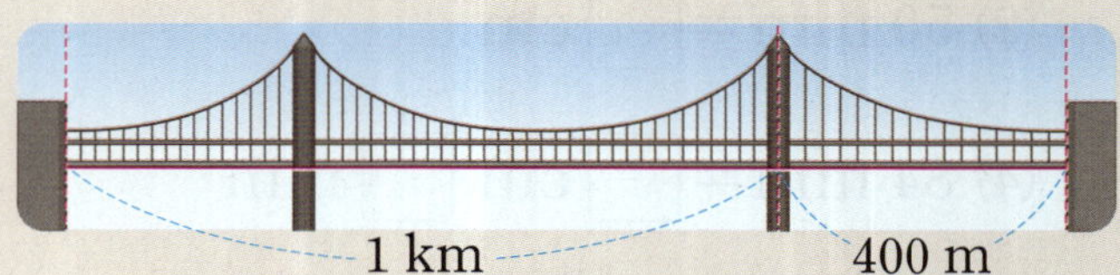

집에서 서점까지의 거리는
1 km보다 300 m 더 멉니다.

⇨ 1 km ☐ m = ☐ m

4 ☐ 안에 알맞은 수를 써넣으세요.

(1) 4 km보다 230 m 더 먼 거리 ⇨ ☐ km ☐ m

(2) 7 km보다 109 m 더 먼 거리 ⇨ ☐ km ☐ m

5 수직선을 보고 ☐ 안에 알맞은 수를 써넣으세요.

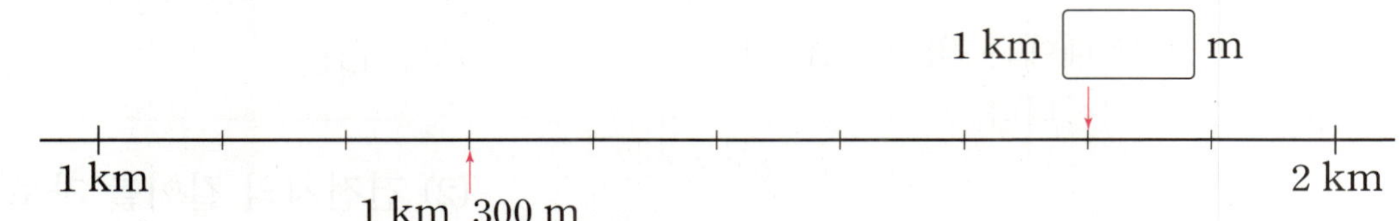

6 ☐ 안에 알맞은 수를 써넣으세요.

(1) 2000 m = ☐ km

(2) 6 km = ☐ m

(3) 4 km 700 m = ☐ m

(4) 9100 m = ☐ km ☐ m

7 길이가 같은 것끼리 선으로 이어 보세요.

8 km	2 km 500 m

8000 m	5200 m	2500 m

길이와 거리를 어림하고 재어 볼까요

>> **옷핀의 길이를 어림하고 자로 재어 보기**

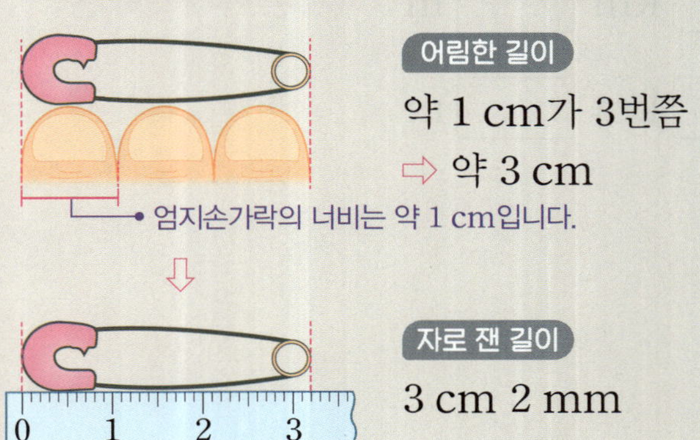

> 길이를 어림하여 말할 때에는 '**약** 몇 cm' 또는 '**약** 몇 mm'라고 표현합니다.

>> **지도를 보고 거리 어림하기**

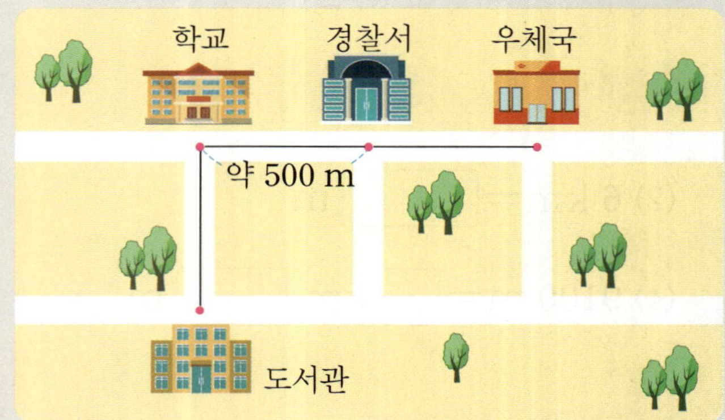

- 학교에서 우체국까지의 거리:
  학교에서 경찰서까지의 거리의 약 2배입니다.
  ⇨ 약 1000 m, 또는 약 1 km로 어림할 수 있습니다.
- 학교에서 약 500 m 떨어진 곳에 있는 장소:
  학교에서 경찰서까지의 거리가 약 500 m이므로 비슷한 거리에 있는 장소를 찾습니다.
  ⇨ 경찰서, 도서관

---

1 건전지의 길이를 어림하고, 자로 재어 보세요.

(1) 건전지의 길이를 엄지손가락의 너비를 이용하여 어림해 보세요.

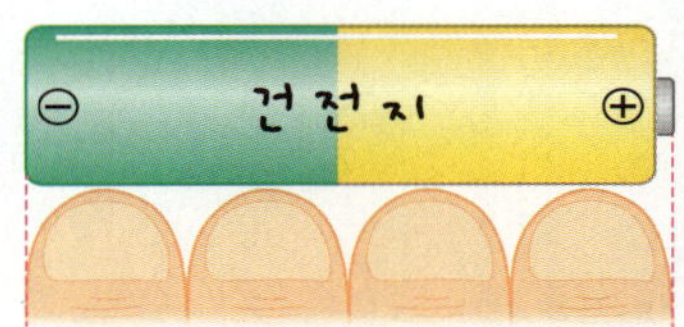

> 엄지손가락의 너비는 약 1 cm이므로 건전지의 길이는 약 ☐ cm입니다.

(2) 건전지의 길이를 자로 재어 보세요.

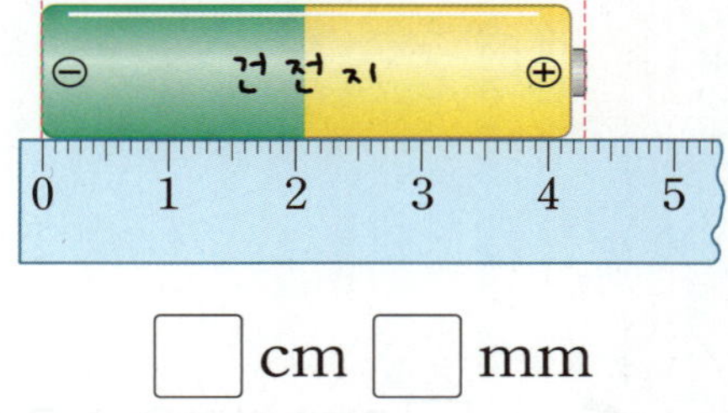

☐ cm ☐ mm

2 지도를 보고 거리를 어림해 보세요.

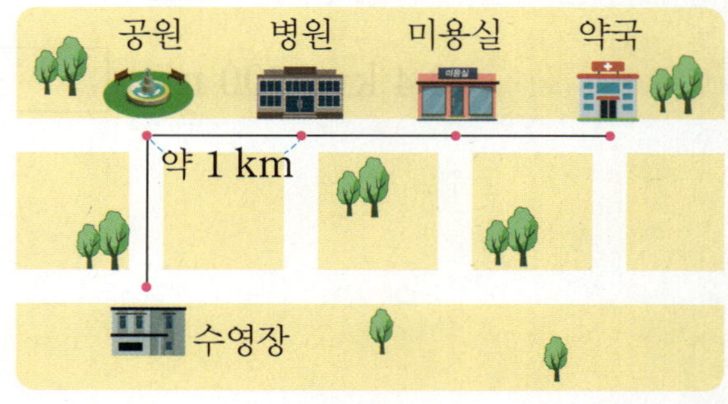

(1) 공원에서 미용실까지의 거리는 약 몇 km일까요?

( )

(2) 공원에서 약 1 km 떨어진 곳에 있는 장소를 찾아 ◯표 하세요.

(미용실 , 약국 , 수영장)

3 물감의 길이를 어림하고, 자로 재어 보세요.

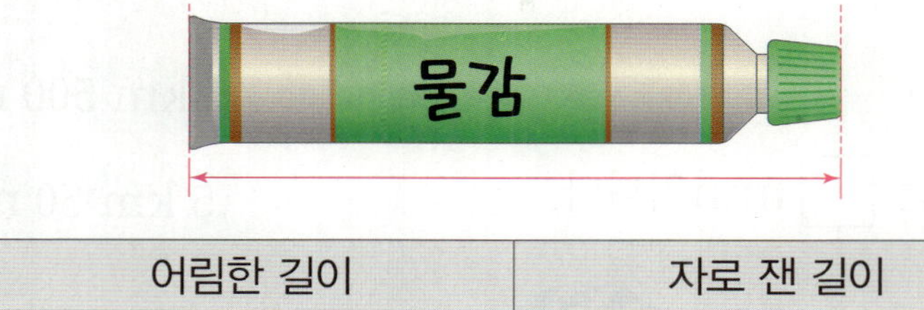

어림한 길이	자로 잰 길이
약 ☐ cm	☐ cm ☐ mm

4 주어진 길이만큼 어림하여 선을 그어 보세요.

3 cm 4 mm ⇨

5 길이가 1 km보다 긴 것을 찾아 기호를 써 보세요.

> ㉠ 학교 건물의 높이   ㉡ 서울에서 대전까지의 거리
> ㉢ 버스의 길이   ㉣ 농구 골대의 높이

(   )

6 보기 에서 알맞은 단위를 골라 ☐ 안에 써넣으세요.

보기
mm   cm   m   km

(1) 리코더의 길이: 약 30 ☐   (2) 터널의 길이: 약 2 ☐

(3) 알약의 길이: 약 10 ☐   (4) 자동차의 길이: 약 5 ☐

핵심 문제

1 물건의 길이를 자로 재어 보세요.

(1) 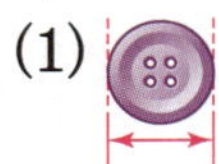

단추의 길이는 ☐ mm입니다.

(2) 

막대 사탕의 길이는

☐ cm ☐ mm입니다.

2 ☐ 안에 알맞은 수를 써넣으세요.

(1) 84 mm = ☐ cm ☐ mm

(2) 7 cm 3 mm = ☐ mm

3 보기 에서 알맞은 단위를 골라 ☐ 안에 써넣으세요.

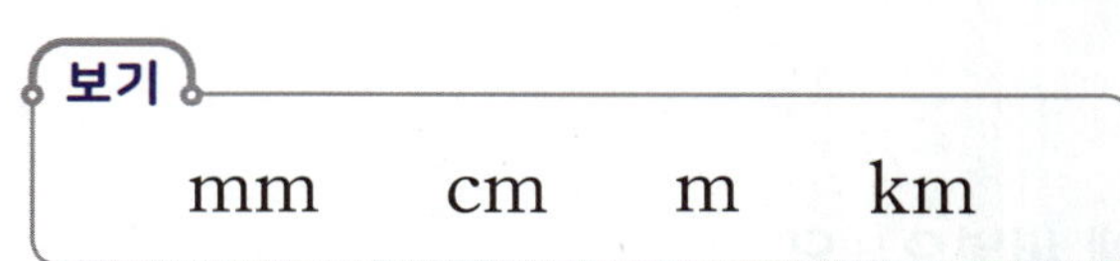

(1) 공책의 두께: 약 5 ☐

(2) 숟가락의 길이: 약 15 ☐

(3) 버스의 길이: 약 12 ☐

4 길이가 같은 것끼리 선으로 이어 보세요.

5 km 500 m ·

5 km 50 m ·

· 5500 m

· 5050 m

· 5000 m

5 길이를 비교하여 ◯ 안에 >, =, < 중 알맞은 것을 써넣으세요.

(1) 8 cm 5 mm ◯ 83 mm

(2) 6190 m ◯ 6 km 900 m

6 길이가 1 cm보다 짧은 것을 찾아 기호를 써 보세요.

㉠ 책상의 짧은 쪽의 길이
㉡ 볼펜의 길이
㉢ 500원짜리 동전의 두께

(   )

7 수직선을 보고 ☐ 안에 알맞은 수를 써넣으세요.

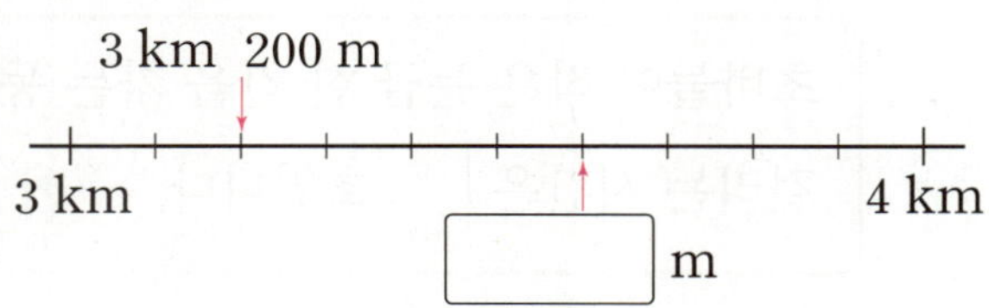

☐ m

8 보기 에서 알맞은 길이를 골라 문장을 완성해 보세요.

보기

8 mm   1 km 250 m   1 m 80 cm

(1) 냉장고의 높이는

약 ☐ 입니다.

(2) 개미의 길이는

약 ☐ 입니다.

(3) 공원을 한 바퀴 도는 거리는

약 ☐ 입니다.

9 지우개의 길이는 몇 cm 몇 mm일까요?

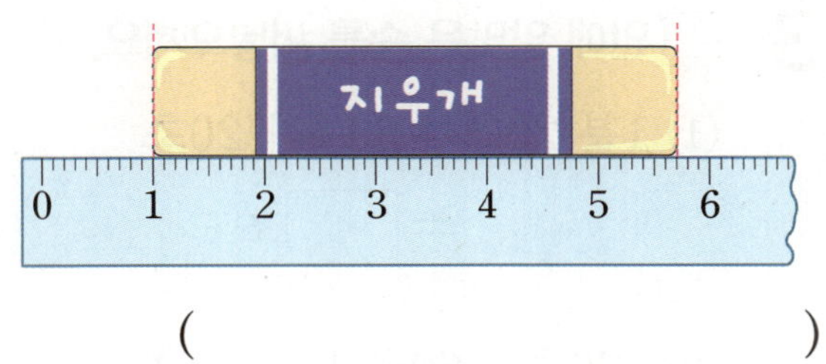

(   )

10 잘못 말한 사람을 찾아 이름을 써 보세요.

- 기태: 84 cm는 840 mm야.
- 다은: 52 mm는 5 cm 2 mm야.
- 현서: 150 cm는 15 mm야.

(   )

연결 정보처리

11 학교에서 각 장소까지의 거리를 나타낸 것입니다. 학교에서 가까운 곳부터 차례대로 써 보세요.

수영장	볼링장	편의점
1100 m	1 km 10 m	1110 m

(,   ,   )

12 집에서 약 1 km 떨어진 곳에는 어떤 장소가 있는지 써 보세요.

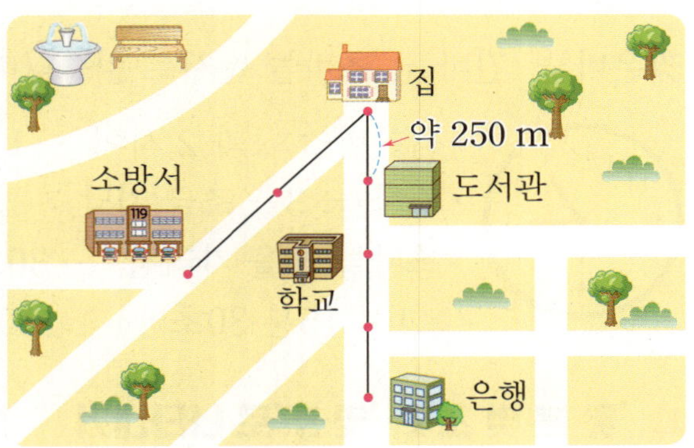

➤ 집에서 약 1 km＝1000 m 떨어진 곳에 있는 장소는 집에서 도서관까지 거리의 약 몇 배만큼 떨어진 곳인지 생각하여 어림해 봅니다.

(   )

분보다 작은 단위를 알아볼까요

>> **분보다 작은 단위**

초바늘이 작은 눈금 한 칸을 가는 동안
걸리는 시간: **1초**
작은 눈금 한 칸＝1초

2시 30분 → 2시 30분 1초

초바늘이 시계를 한 바퀴 도는 데
걸리는 시간: **60초**   └● 작은 눈금 60칸
60초＝1분

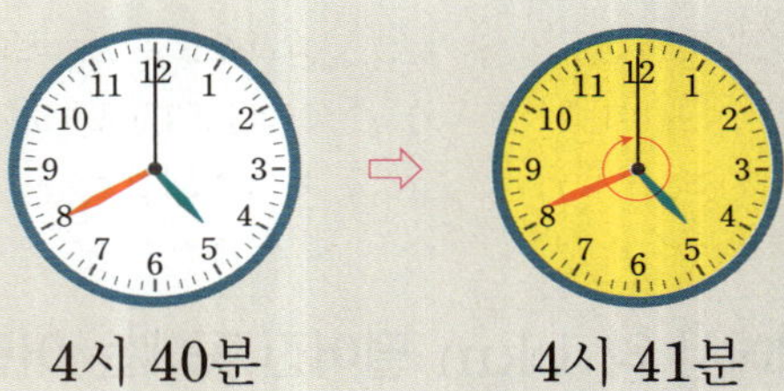

4시 40분 → 4시 41분

>> **시각을 읽는 방법**

짧은바늘, 긴바늘, 초바늘 순서로 읽습니다.

- 짧은바늘: 1과 2 사이 → 1시
- 긴바늘: 3을 조금 지남. → 15분
- 초바늘: 6을 가리킴. → 30초
⇨ 1시 15분 30초

>> **'몇 분 몇 초'와 '몇 초'로 나타내기**

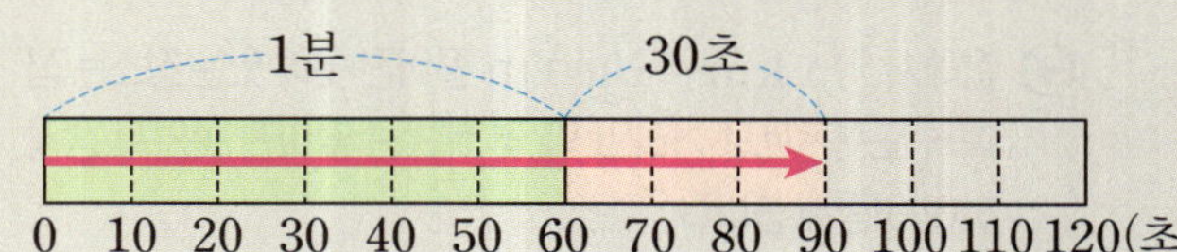

- 1분 30초＝60초＋30초＝90초
- 90초＝60초＋30초＝1분 30초

---

1 ☐ 안에 알맞은 수를 써넣으세요.

> 초바늘이 작은 눈금 한 칸을 가는 동안
> 걸리는 시간은 ☐초입니다.

2 시각을 읽어 보세요.

(1)

9시 20분 ☐초

(2)

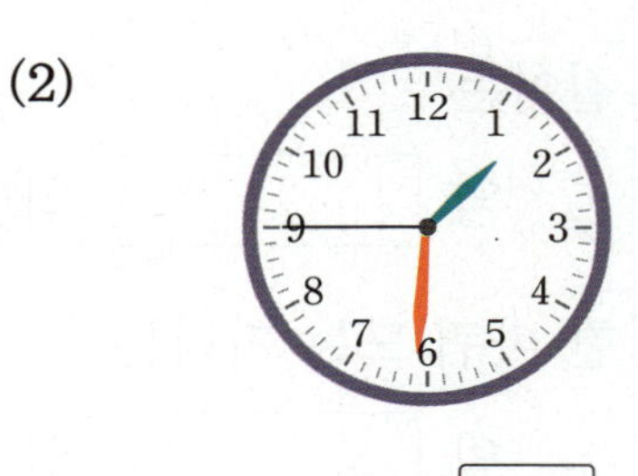

1시 30분 ☐초

3 ☐ 안에 알맞은 수를 써넣으세요.

(1) 1분 20초＝60초＋20초
　　　＝☐초

(2) 120초＝60초＋☐초
　　　＝☐분

4 시계를 보고 □ 안에 알맞은 수를 써넣으세요.

초바늘이 시계를 한 바퀴 도는 데 걸리는 시간은
□초=□분입니다.

5 1초 동안 할 수 있는 일을 찾아 ○표 하세요.

| 50 m 달리기 | 양치질하기 | 박수 한 번 치기 |

(　　　)　　　　(　　　)　　　　(　　　)

6 시각을 읽어 보세요.

(1)

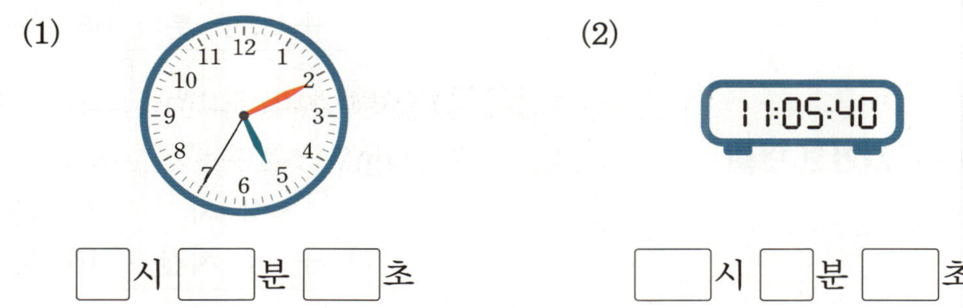

□시 □분 □초

(2)

11:05:40

□시 □분 □초

7 □ 안에 알맞은 수를 써넣으세요.

(1) 3분 = □초

(2) 1분 45초 = □초

(3) 70초 = □분 □초

(4) 200초 = □분 □초

시간의 덧셈을 해 볼까요

›› 받아올림이 없는 시간의 덧셈

현우가 1시 20분 10초부터 달리기를 했습니다.
4분 25초 동안 달렸다면 달리기를 마친 시각은
몇 시 몇 분 몇 초일까요?

$$\begin{array}{r} 1\text{시} \ \ 20\text{분} \ \ 10\text{초} \\ + \ \ \ \ \ \ 4\text{분} \ \ 25\text{초} \\ \hline 1\text{시} \ \ 24\text{분} \ \ 35\text{초} \end{array}$$

⇨ 달리기를 마친 시각은 1시 24분 35초입니다.

> 초 단위의 수끼리, 분 단위의 수끼리, 시 단위의
> 수끼리 더합니다.

›› 받아올림이 있는 시간의 덧셈

$$\begin{array}{r} \overset{1}{} \ \ \ \ \ \ \ \ \ \ \ \\ 1\text{시간} \ \ 35\text{분} \ \ 50\text{초} \\ + \ 1\text{시간} \ \ 12\text{분} \ \ 30\text{초} \\ \hline 2\text{시간} \ \ 48\text{분} \ \ 20\text{초} \end{array}$$

50초＋30초
＝80초＝60초＋20초
＝1분＋20초

> 같은 단위 수끼리 합이 60이거나 60보다 크면
> **60초를 1분으로, 60분을 1시간으로** 받아올림
> 합니다.

1 받아올림이 없는 시간의 덧셈을 계산해 보
세요.

(1)
$$\begin{array}{r} 10 \text{ 분} \ \ \ \ 18 \text{ 초} \\ + \ 22 \text{ 분} \ \ \ \ 40 \text{ 초} \\ \hline \boxed{} \text{분} \ \ \boxed{} \text{초} \end{array}$$

(2)
$$\begin{array}{r} 5 \text{ 시} \ \ \ 15 \text{ 분} \ \ \ 20 \text{ 초} \\ + \ \ \ \ \ \ \ 30 \text{ 분} \ \ \ 32 \text{ 초} \\ \hline \boxed{} \text{시} \ \boxed{} \text{분} \ \boxed{} \text{초} \end{array}$$

2 받아올림이 있는 시간의 덧셈을 계산해 보
세요.

(1)
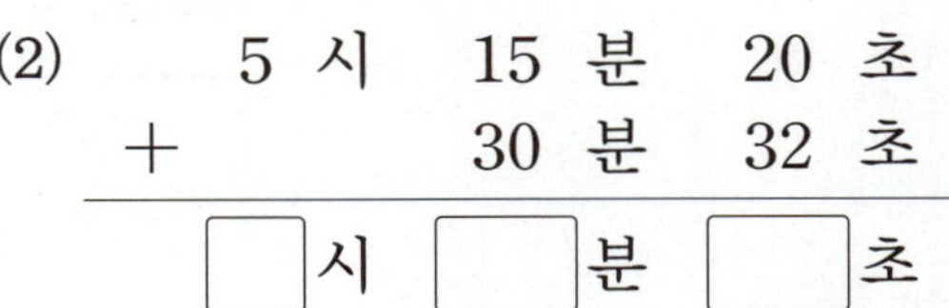

$$\begin{array}{r} \boxed{} \ \ \ \ \ \ \ \ \ \ \\ 16 \text{ 분} \ \ \ 42 \text{ 초} \\ + \ 34 \text{ 분} \ \ \ 56 \text{ 초} \\ \hline \boxed{} \text{분} \ \ \boxed{} \text{초} \end{array}$$

(2)
$$\begin{array}{r} \boxed{} \ \ \ \ \ \ \ \ \ \ \ \ \\ 2 \text{ 시} \ \ \ \ 35 \text{ 분} \ \ \ 15 \text{ 초} \\ + \ 1 \text{ 시간} \ \ 46 \text{ 분} \ \ \ 30 \text{ 초} \\ \hline \boxed{} \text{시} \ \boxed{} \text{분} \ \boxed{} \text{초} \end{array}$$

3 시계를 보고 10분 30초 후의 시각을 구해 보세요.

$$9\text{시 } 10\text{분 } 25\text{초} + 10\text{분 } 30\text{초} = \boxed{}\text{시 } \boxed{}\text{분 } \boxed{}\text{초}$$

4 계산해 보세요.

(1)
$$\begin{array}{rrrr} & 3\ \text{시} & 25\ \text{분} & 17\ \text{초} \\ + & 1\ \text{시간} & 5\ \text{분} & 41\ \text{초} \\ \hline & \boxed{}\text{시} & \boxed{}\text{분} & \boxed{}\text{초} \end{array}$$

(2)
$$\begin{array}{rrrr} & 8\ \text{시간} & 22\ \text{분} & 38\ \text{초} \\ + & & 32\ \text{분} & 52\ \text{초} \\ \hline & \boxed{}\text{시간} & \boxed{}\text{분} & \boxed{}\text{초} \end{array}$$

5 ☐ 안에 알맞은 수를 써넣으세요.

6 시계가 나타내는 시각에서 2시간 58분 15초 후의 시각은 몇 시 몇 분 몇 초일까요?

(   )

시간의 뺄셈을 해 볼까요

▶▶ 받아내림이 없는 시간의 뺄셈

선아가 8시 55분 20초에 숙제를 마쳤습니다.
40분 10초 동안 숙제를 했다면 숙제를 시작한
시각은 몇 시 몇 분 몇 초일까요?

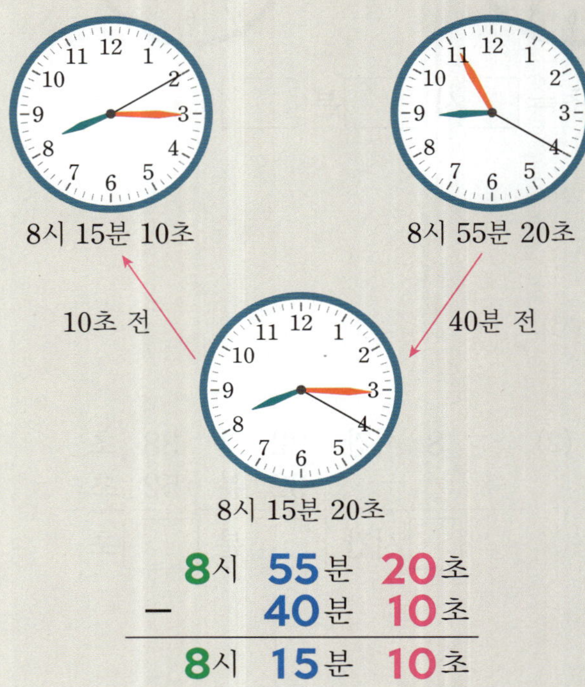

$$
\begin{array}{r}
8\text{시} \quad 55\text{분} \quad 20\text{초} \\
-\qquad\ 40\text{분} \quad 10\text{초} \\
\hline
8\text{시} \quad 15\text{분} \quad 10\text{초}
\end{array}
$$

➡ 숙제를 시작한 시각은 8시 15분 10초입니다.

> 초 단위의 수끼리, 분 단위의 수끼리, 시 단위의
> 수끼리 뺍니다.

▶▶ 받아내림이 있는 시간의 뺄셈

$$
\begin{array}{r}
\overset{23}{} \quad \overset{60}{} \\
5\text{시} \quad 24\text{분} \quad 15\text{초} \\
-4\text{시} \quad 15\text{분} \quad 40\text{초} \\
\hline
1\text{시간} \quad 8\text{분} \quad 35\text{초}
\end{array}
$$

60초＋15초－40초
＝75초－40초
＝35초

> 같은 단위 수끼리 뺄 수 없을 때에는 **1분을
> 60초로, 1시간을 60분으로** 받아내림합니다.

---

1 받아내림이 없는 시간의 뺄셈을 계산해 보
세요.

(1)
$$
\begin{array}{r}
3\text{ 시} \quad 51\text{ 분} \\
-\ 1\text{ 시간} \quad 20\text{ 분} \\
\hline
\boxed{}\text{시} \quad \boxed{}\text{분}
\end{array}
$$

(2)
$$
\begin{array}{r}
4\text{ 시} \quad 30\text{ 분} \quad 50\text{ 초} \\
-\ 2\text{ 시} \quad 20\text{ 분} \quad 30\text{ 초} \\
\hline
\boxed{}\text{시간} \quad \boxed{}\text{분} \quad \boxed{}\text{초}
\end{array}
$$

2 받아내림이 있는 시간의 뺄셈을 계산해 보
세요.

(1)
$$
\begin{array}{r}
\boxed{} \qquad \boxed{} \\
\cancel{7}\text{ 시} \quad 20\text{ 분} \\
-\ 2\text{ 시} \quad 30\text{ 분} \\
\hline
\boxed{}\text{시간} \quad \boxed{}\text{분}
\end{array}
$$

(2)
$$
\begin{array}{r}
\boxed{} \qquad \boxed{} \\
\cancel{3}\text{ 시} \quad 10\text{ 분} \quad 30\text{ 초} \\
-\qquad\ 50\text{ 분} \quad 10\text{ 초} \\
\hline
\boxed{}\text{시} \quad \boxed{}\text{분} \quad \boxed{}\text{초}
\end{array}
$$

3 시계를 보고 5분 20초 전의 시각을 구해 보세요.

현재 시각

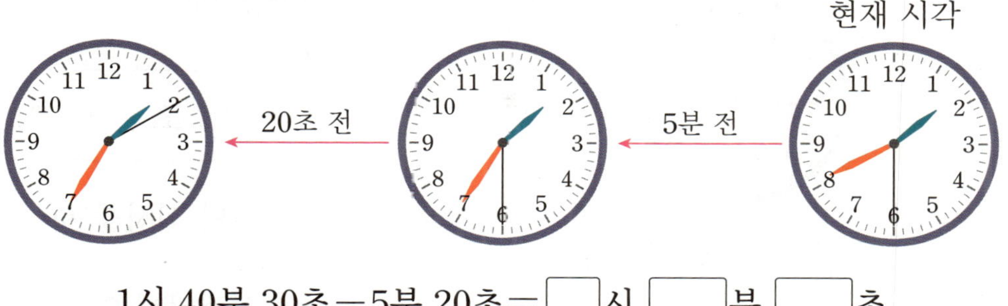

1시 40분 30초 − 5분 20초 = ☐시 ☐분 ☐초

4 계산해 보세요.

(1)
```
    10 시   40 분  28 초
 −   3 시간  15 분  20 초
```
☐시 ☐분 ☐초

(2)
```
    11 시간  30 분  15 초
 −  10 시간  26 분  40 초
```
☐시간 ☐분 ☐초

5 ☐ 안에 알맞은 수를 써넣으세요.

−30분 5초

5시간 55분 10초 → ☐시간 ☐분 ☐초

6 시계가 나타내는 시각에서 1시간 10분 35초 전의 시각은 몇 시 몇 분 몇 초일까요?

(   )

핵심 문제

1 시각을 읽어 보세요.

◯ 시 ◯ 분 ◯ 초

2 ◯ 안에 알맞은 수를 써넣으세요.

(1) 2분 20초 = ◯ 초

(2) 85초 = ◯ 분 ◯ 초

3 시각에 맞게 초바늘을 그려 보세요.

9시 10분 30초

4 보기 에서 알맞은 단위를 골라 ◯ 안에 써넣으세요.

보기

초   분   시간

(1) 저녁 식사를 하는 시간: 40 ◯

(2) 선생님께 인사하는 시간: 3 ◯

(3) 등산을 한 시간: 2 ◯

5 시간을 바르게 나타낸 것을 찾아 기호를 써 보세요.

> ㉠ 3분 40초＝200초
> ㉡ 5분 10초＝310초
> ㉢ 4분 30초＝250초

(   )

6 시간이 긴 것부터 차례대로 기호를 써 보세요.

> ㉠ 82초   ㉡ 110초
> ㉢ 1분 40초   ㉣ 2분 5초

(   )

7 계산해 보세요.

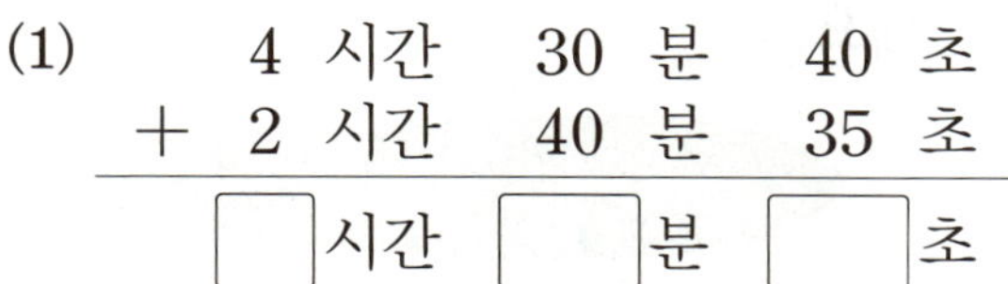

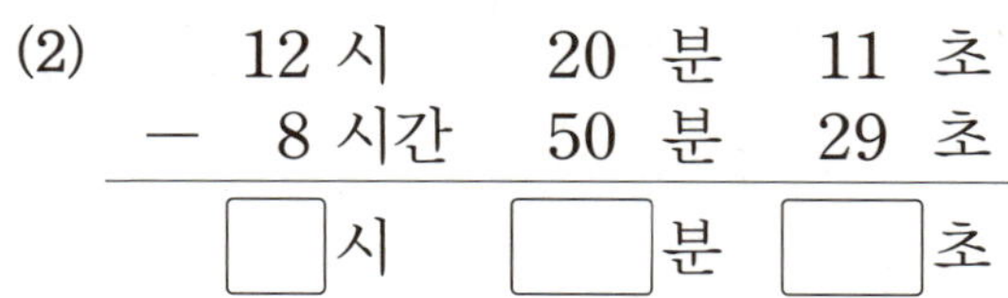

10 인영이가 할머니 댁에 가는 데 3시간 25분이 걸렸습니다. 1시간 50분은 기차를 타고, 나머지는 버스를 타고 갔을 때 인영이가 버스를 타고 간 시간은 몇 시간 몇 분일까요?

8 진주가 세수를 하는 데 330초가 걸렸습니다. 진주가 세수를 하는 데 걸린 시간은 몇 분 몇 초일까요?

(   )

11 솔아가 4시 30분 10초부터 운동을 하기 시작했습니다. 운동을 1시간 5분 30초 동안 했다면 운동을 끝낸 시각은 몇 시 몇 분 몇 초일까요?

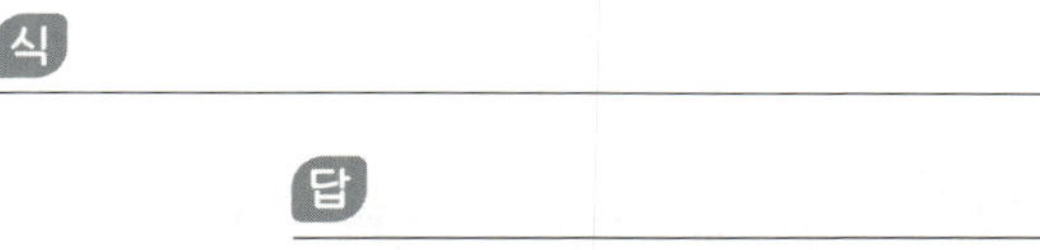

9 보라와 승협이의 400 m 달리기 기록입니다. 기록이 더 짧은 사람은 누구일까요?

이름	기록
보라	1분 45초
승협	122초

(   )

문제해결 정보처리

12 준규가 농구를 시작한 시각과 끝낸 시각을 나타낸 것입니다. 준규가 농구를 한 시간은 몇 시간 몇 분 몇 초일까요?

➤ 시작한 시각과 끝낸 시각을 각각 구한 뒤 농구를 한 시간을 구합니다.

(   )

단원 마무리

1 ☐ 안에 알맞은 단위를 써넣으세요.

> 1 cm를 10칸으로 똑같이 나누었을 때 작은 눈금 한 칸의 길이를 1 ☐ 라고 씁니다.

2 바르게 쓴 것에 ○표 하세요.

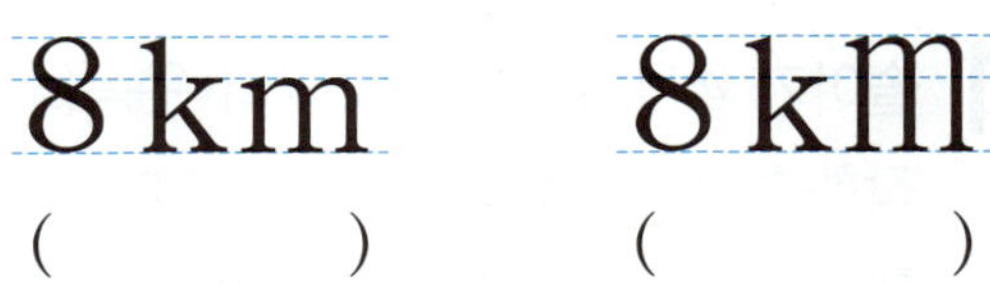

(   )   (   )

3 ☐ 안에 알맞은 수를 써넣으세요.

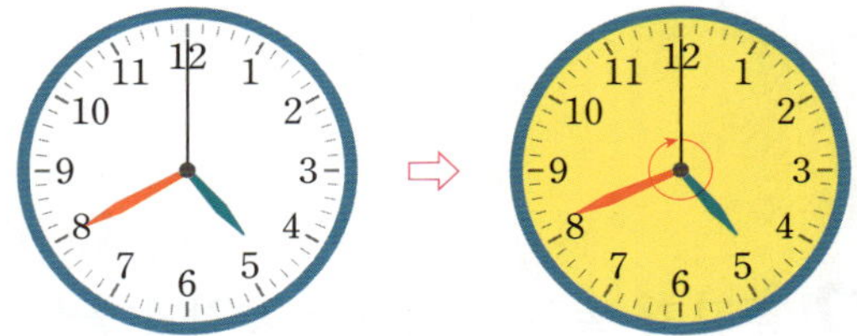

초바늘이 시계를 한 바퀴 도는 데 걸리는 시간은 ☐ 초입니다.

4 길이를 읽어 보세요.

3 mm

(   )

5 자를 이용하여 나뭇잎의 길이를 재어 보세요.

☐ cm ☐ mm

6 시각을 읽어 보세요.

(   )

7 ☐ 안에 알맞은 수를 써넣으세요.

$$7 \text{ cm } 2 \text{ mm} = \boxed{} \text{ mm}$$

8 ☐ 안에 알맞은 수를 써넣으세요.

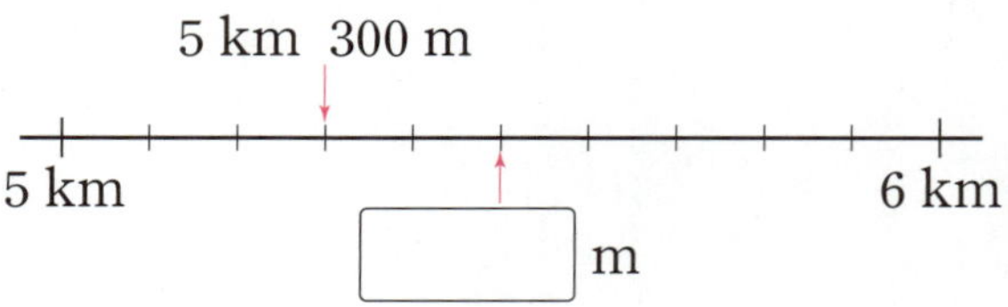

9 시각에 맞게 초바늘을 그려 보세요.

6시 20분 40초

10 알맞은 단위를 골라 ○표 하세요.

빨대의 길이는 197 (mm , cm , m) 입니다.

11 시간을 바르게 나타낸 것의 기호를 써 보세요.

⊙ 5분 40초＝540초
ⓒ 600초＝10분

(　　　　　　　)

12 계산해 보세요.

$$\begin{array}{rrrr} & 6\ 시 & 40\ 분 & 13\ 초 \\ +\ & 3\ 시간 & 15\ 분 & 35\ 초 \\ \hline & \boxed{\ }\ 시 & \boxed{\ }\ 분 & \boxed{\ }\ 초 \end{array}$$

13 보기 에서 알맞은 길이를 골라 문장을 완성해 보세요.

보기

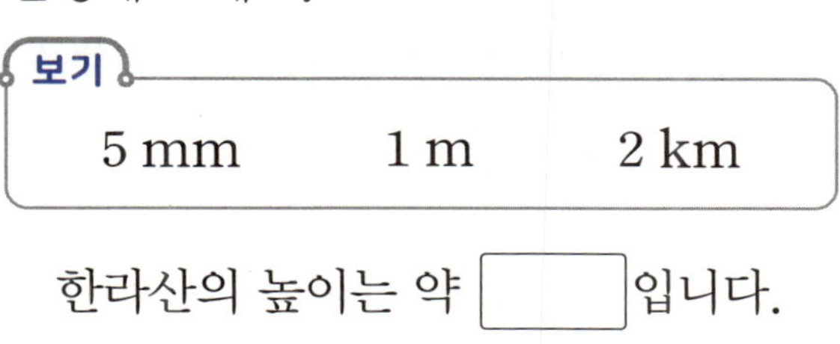

한라산의 높이는 약 □ 입니다.

14 머리핀의 길이는 몇 cm 몇 mm일까요?

(　　　　　　　)

✓ 잘 틀리는 문제

15 기차역에서 약 1 km 500 m 떨어진 곳에 있는 장소를 써 보세요.

(　　　　　　　)

16 주혁이가 운동장을 1분 35초 동안 달렸습니다. 달리기를 마친 시각이 7시 50분 40초라면 달리기를 시작한 시각은 몇 시 몇 분 몇 초일까요?

(   )

17 라희가 집에서 7시 50분 20초에 나와서 15분 50초 후에 학교에 도착했습니다. 라희가 학교에 도착한 시각은 몇 시 몇 분 몇 초일까요?

(   )

〘 잘 틀리는 문제 〙

18 영화가 시작한 시각과 끝난 시각을 나타낸 것입니다. 영화의 상영 시간은 몇 시간 몇 분 몇 초일까요?

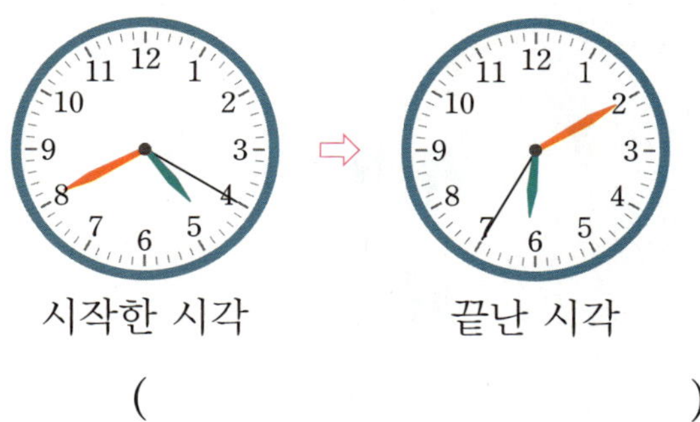

(   )

19 길이가 긴 것부터 차례대로 기호를 쓰려고 합니다. 풀이 과정을 쓰고 답을 구해 보세요.

> ㉠ 3 km   ㉡ 2080 m   ㉢ 3006 m

❶ 몇 km를 몇 m로 나타내기

〔풀이〕

❷ 길이가 긴 것부터 차례대로 기호 쓰기

〔풀이〕

〔답〕

20 소라와 기태가 양치하는 데 걸린 시간입니다. 양치하는 데 걸린 시간이 더 긴 사람은 누구인지 풀이 과정을 쓰고 답을 구해 보세요.

소라	200초
기태	3분 15초

❶ 기태가 양치하는 데 걸린 시간을 몇 초로 구하기

〔풀이〕

❷ 양치하는 데 걸린 시간이 더 긴 사람은 누구인지 구하기

〔풀이〕

〔답〕

다른 부분 5곳을 찾고, 재미있게 색칠해 보세요!

6

분수와 소수

1 2-1 여러 가지 도형

색종이를 점선을 따라 잘라서 크기가 같은 조각을 만들었습니다. 크기가 같은 조각이 몇 개 만들어질까요?

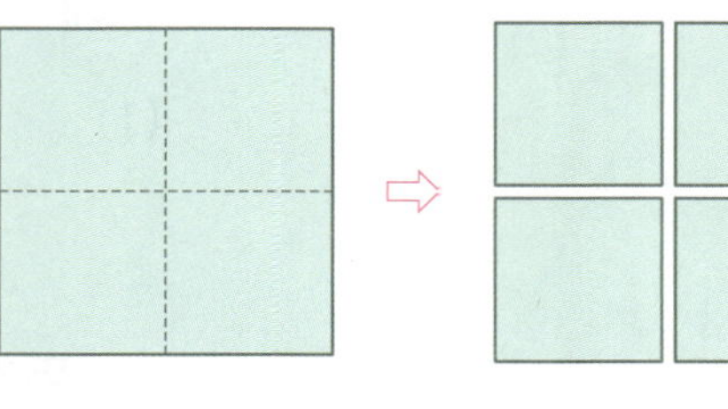

(   )

2 2-1 여러 가지 도형

파란색 조각으로 주황색 모양을 빈틈없이 덮으려고 합니다. 파란색 조각이 몇 개 필요한지 ☐ 안에 알맞은 수를 써넣으세요.

(1)   (2) 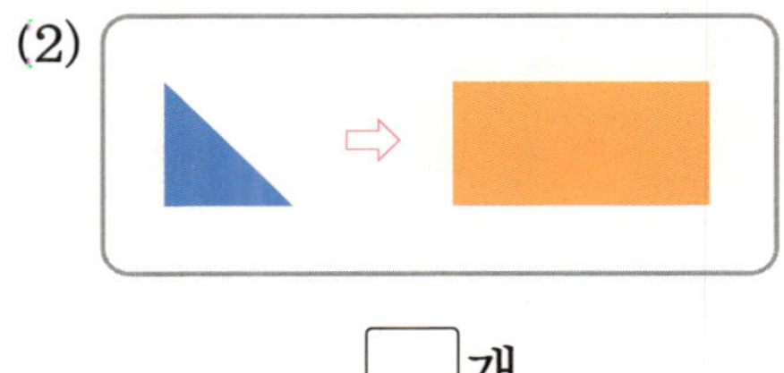

(1) ☐ 개   (2) ☐ 개

3 3-1 길이와 시간

☐ 안에 알맞은 수를 써넣으세요.

(1) 1 cm = ☐ mm   (2) 5 cm = ☐ mm

(3) 8 cm 4 mm = ☐ mm   (4) 72 mm = ☐ cm ☐ mm

똑같이 나누어 볼까요

똑같이 나누기

똑같이 둘로 나누기

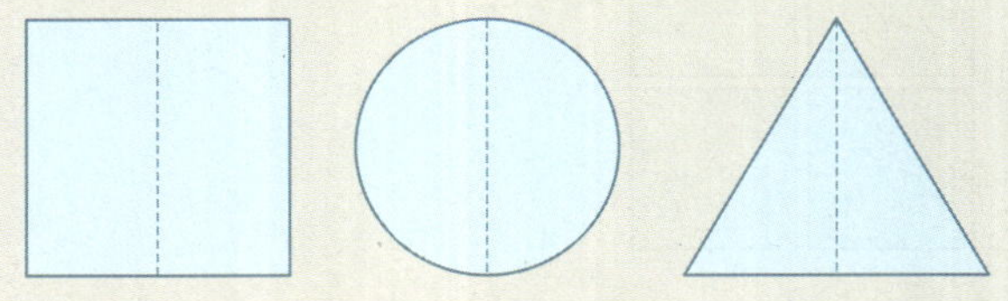

똑같이 셋으로 나누기

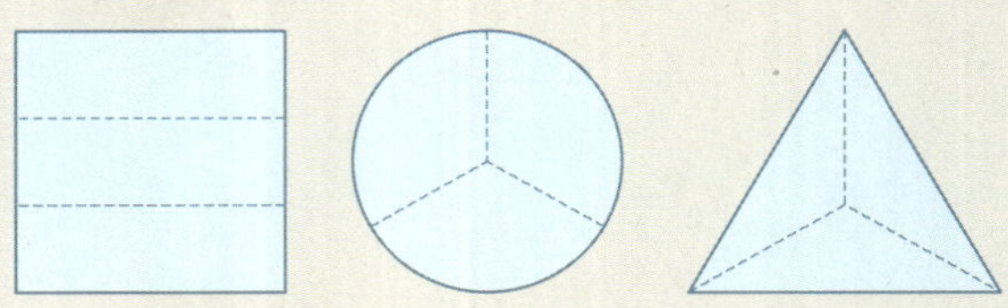

똑같이 나누어진 도형 찾기

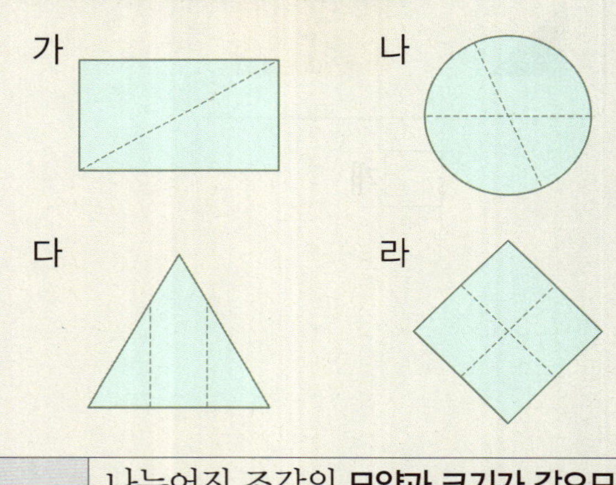

가, 라	나누어진 조각의 **모양과 크기가 같으므로** 똑같이 나누어진 도형입니다.
나, 다	나누어진 조각의 **모양과 크기가 다르므로** 똑같이 나누어진 도형이 아닙니다.

도형을 똑같이 나누면 나누어진 조각의 **모양과 크기가 같고**, 서로 겹쳤을 때 **완전히 겹쳐집니다.**

1 도형을 똑같이 몇으로 나눈 것인지 알맞은 말에 ◯표 하세요.

(1)
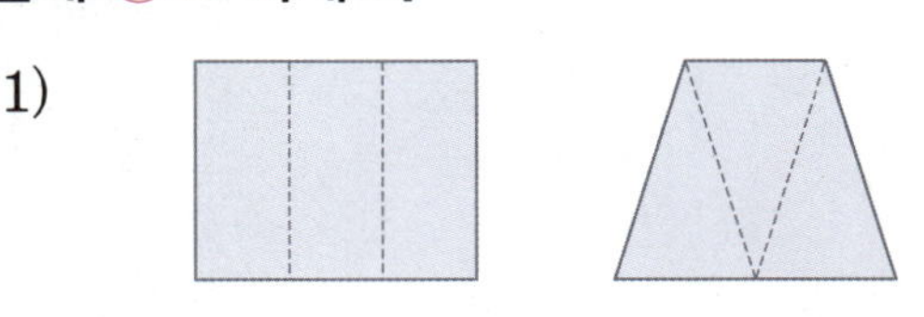

똑같이 (셋 , 넷)으로 나누었습니다.

(2)
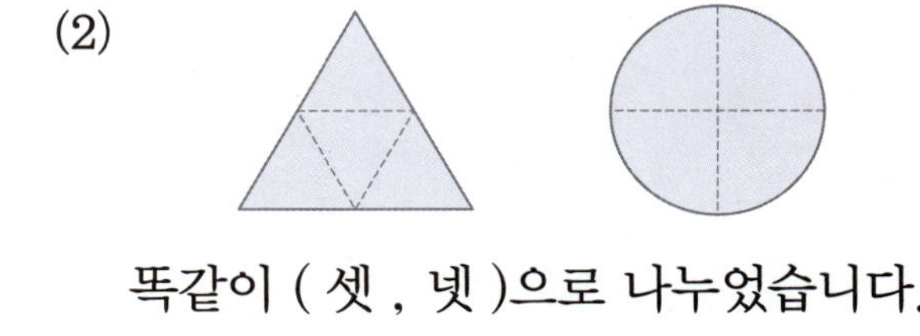

똑같이 (셋 , 넷)으로 나누었습니다.

2 똑같이 나누어진 도형을 모두 찾아 ◯표 하세요.

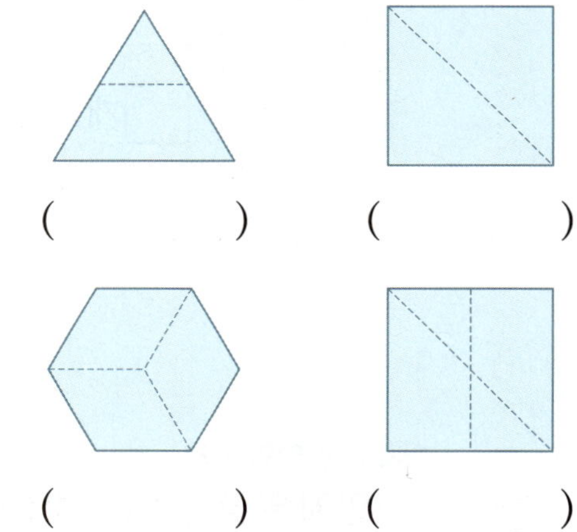

(　　　　)　　(　　　　)

(　　　　)　　(　　　　)

3 똑같이 나누어진 피자를 모두 찾아 기호를 써 보세요.

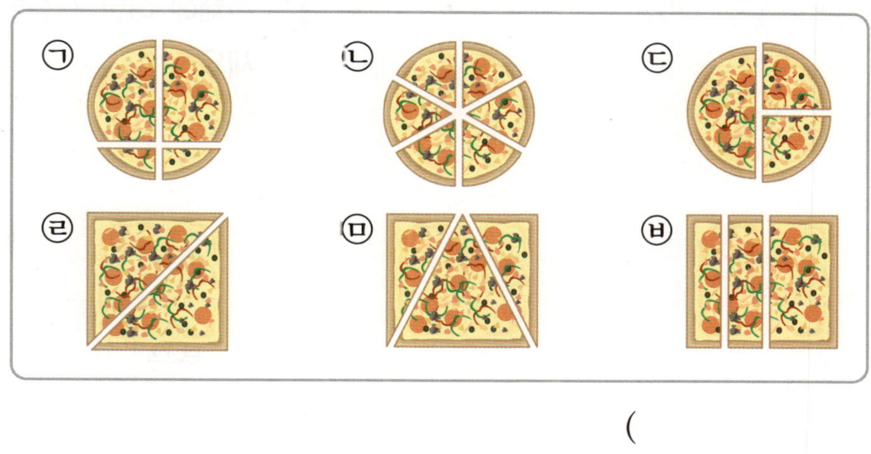

(   )

4 똑같이 몇 조각으로 나누었는지 ☐ 안에 알맞은 수를 써넣으세요.

(1) 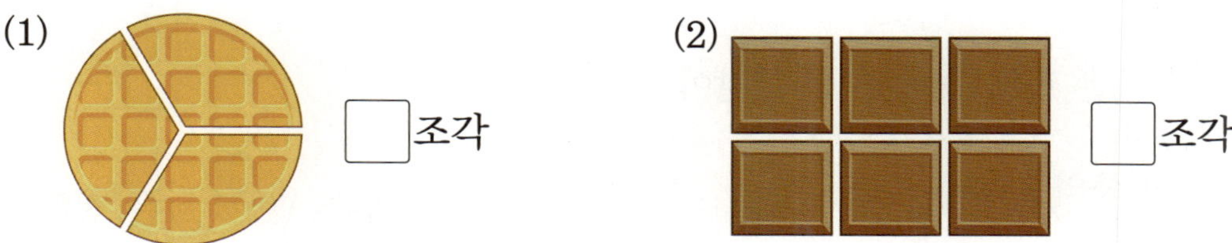 ☐조각

(2) ☐조각

5 똑같이 넷으로 나누어진 도형을 찾아 써 보세요.

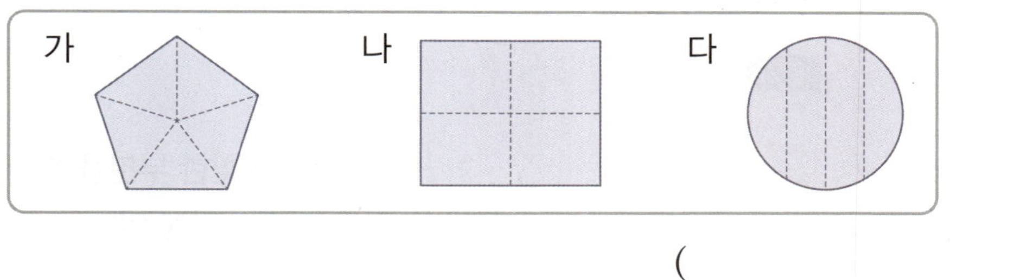

(   )

6 도형을 주어진 수만큼 똑같이 나누어 보세요.

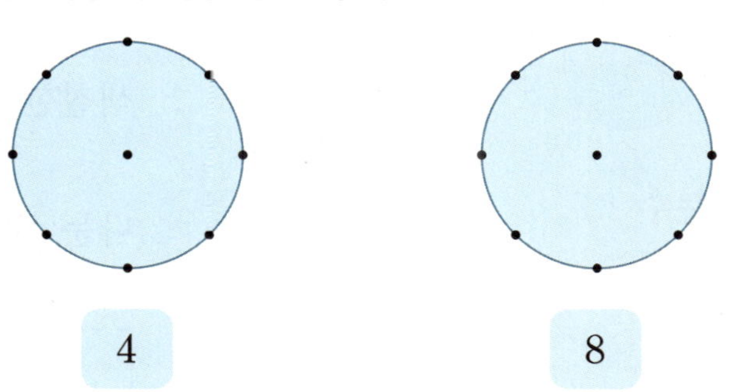

2 분수를 알아볼까요

>> **전체에 대한 부분의 크기**

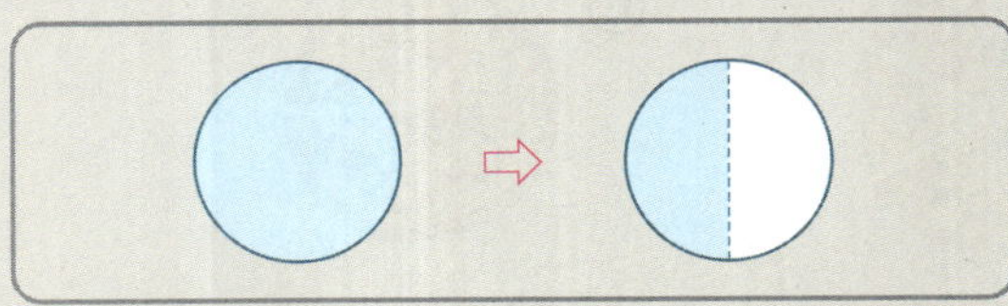

부분   은 전체   를 똑같이 2로 나눈 것 중의 1입니다.

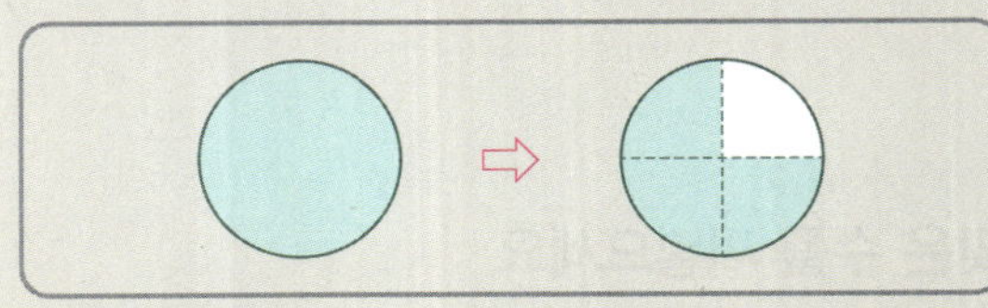

부분   은 전체   를 똑같이 4로 나눈 것 중의 3입니다.

>> **분수**

- 전체를 똑같이 2로 나눈 것 중의 1

  쓰기 $\dfrac{1}{2}$ 읽기 **2분의 1**

- 전체를 똑같이 4로 나눈 것 중의 3

  쓰기 $\dfrac{3}{4}$ 읽기 **4분의 3**

  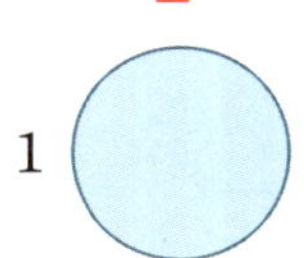

- $\dfrac{1}{2}$, $\dfrac{3}{4}$ 과 같은 수: **분수**

- 

  $\dfrac{1}{2}$ ← 분자 → $\dfrac{3}{4}$

      ← 분모 →

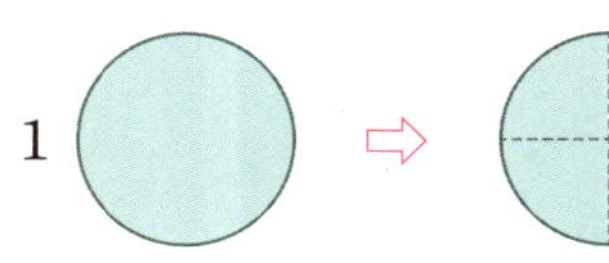

1 전체에 대한 색칠한 부분의 크기를 알아보세요.

(1)

부분   은 전체   를 똑같이 □로 나눈 것 중의 □입니다.

(2)

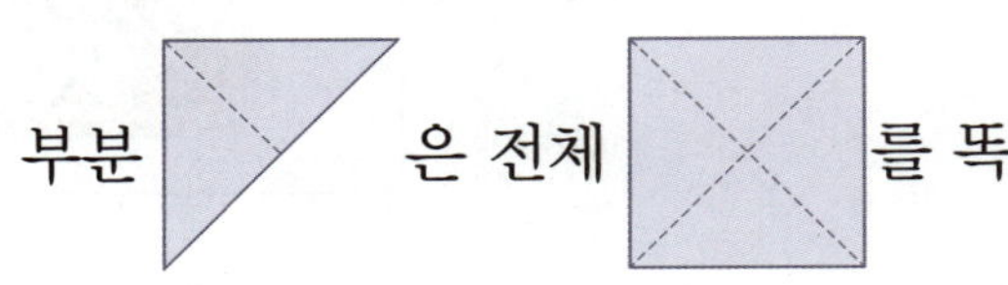

부분   은 전체   를 똑같이 □로 나눈 것 중의 □입니다.

2 색칠한 부분을 분수로 나타내려고 합니다. □ 안에 알맞은 수나 말을 써넣으세요.

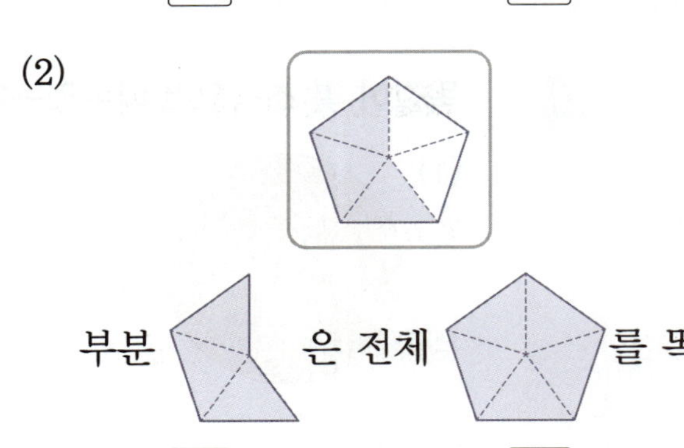

색칠한 부분은 전체를 똑같이 □으로 나눈 것 중의 □이므로 $\dfrac{□}{□}$ 라 쓰고

□□□□ 라고 읽습니다.

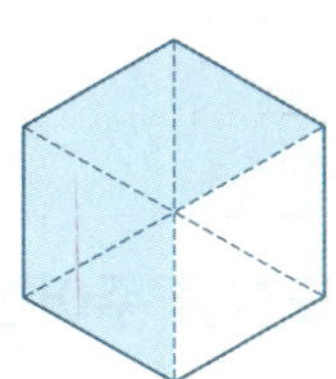

3 색칠한 부분을 분수로 쓰고 읽어 보세요.

(1) 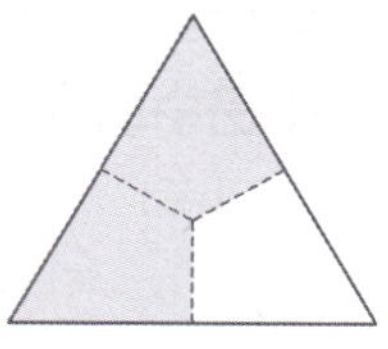

쓰기 (   )
읽기 (   )

(2) 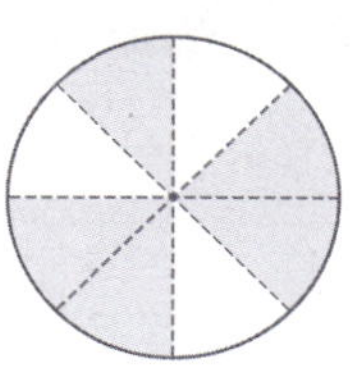

쓰기 (   )
읽기 (   )

4 분모가 5인 분수에 ◯표, 분자가 5인 분수에 △표 하세요.

$$\frac{5}{9} \qquad \frac{2}{5} \qquad \frac{5}{7}$$

5 $\frac{4}{5}$ 만큼 색칠한 것을 모두 찾아 써 보세요.

(   )

6 주어진 분수만큼 색칠해 보세요.

(1) 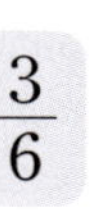 $\frac{3}{6}$ 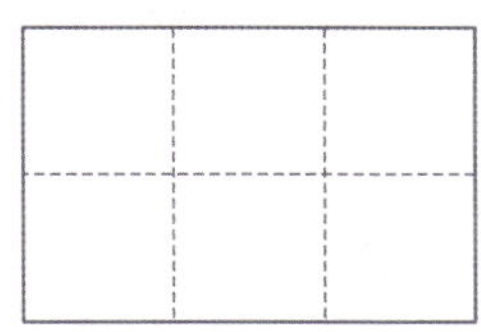

(2) $\frac{4}{9}$ 

3

부분을 보고 전체를 알아볼까요

》 색종이의 사용한 부분과 남은 부분을 분수로 나타내기

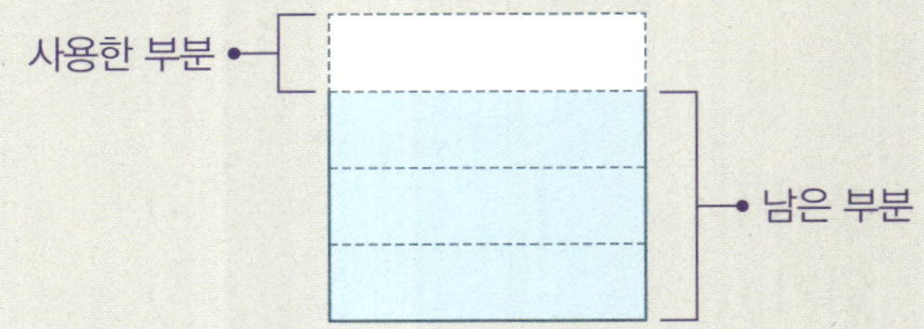

사용한 부분

> 전체를 똑같이 4로 나눈 것 중의 1
> ⇨ 전체의 $\frac{1}{4}$

남은 부분

> 전체를 똑같이 4로 나눈 것 중의 3
> ⇨ 전체의 $\frac{3}{4}$

》 부분을 보고 전체 알아보기

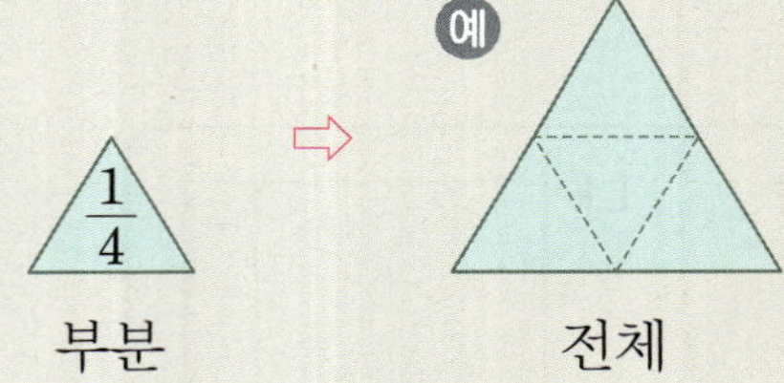

$\frac{1}{4}$은 전체를 똑같이 4로 나눈 것 중의 1이므로 전체는 부분이 4개 있어야 합니다.

⇨ $\frac{1}{4}$을 3개 더 그립니다.

참고 부분을 보고 전체를 그릴 때, 전체 모양은 다양하게 나타낼 수 있습니다.

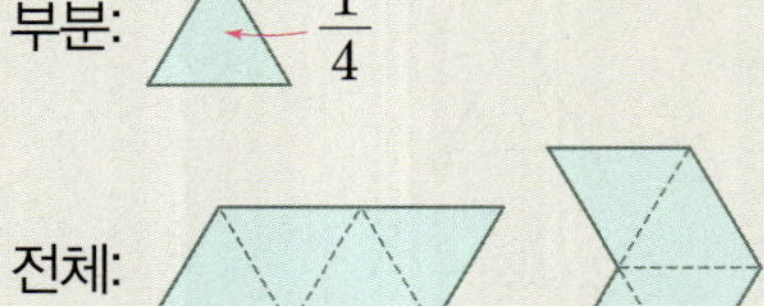

1 먹은 부분과 남은 부분은 각각 전체의 얼마인지 분수로 나타내 보세요.

8조각 중 ☐조각을 먹었으므로 먹은 부분은 전체의 $\frac{\Box}{8}$이고, ☐조각이 남았으므로 남은 부분은 전체의 $\frac{\Box}{8}$입니다.

2 부분을 보고 전체를 나타낸 것입니다. ☐ 안에 알맞은 수를 써넣으세요.

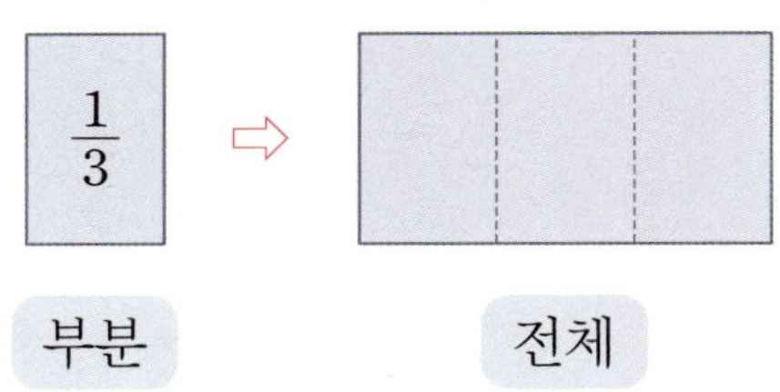

(1) $\frac{1}{3}$은 전체를 똑같이 ☐으로 나눈 것 중의 ☐입니다.

(2) $\frac{1}{3}$을 나타낸 부분이 1칸이므로 전체를 나타낸 도형은 ☐칸입니다.

3 색칠한 부분과 색칠하지 <u>않은</u> 부분을 분수로 나타내 보세요.

(1)

(2)

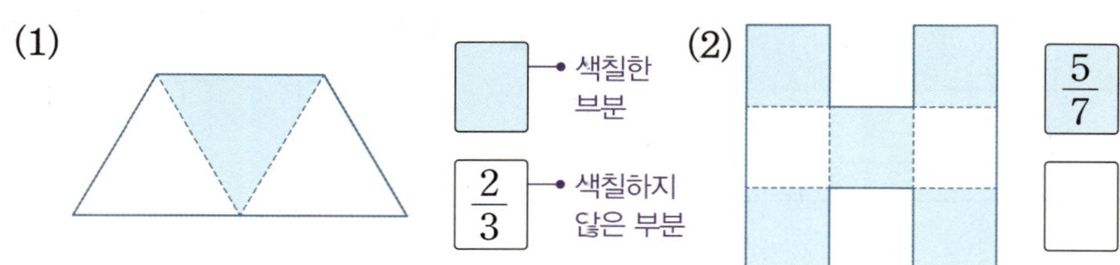

4 전체의 $\dfrac{1}{6}$ 이 나타내는 부분을 보고 전체에 알맞은 도형에 ◯표 하세요.

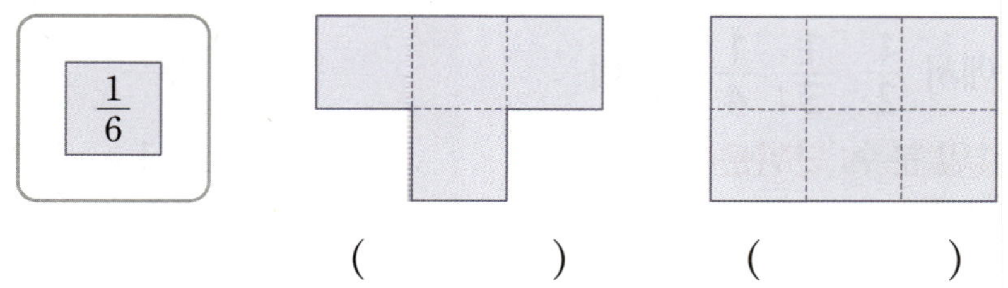

(   )   (   )

5 전체의 $\dfrac{7}{10}$ 은 노란색, $\dfrac{3}{10}$ 은 초록색으로 칠해 보세요.

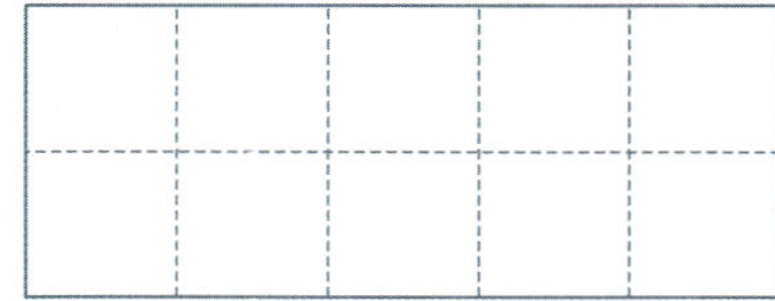

6 보기 와 같이 부분을 보고 전체를 완성해 보세요.

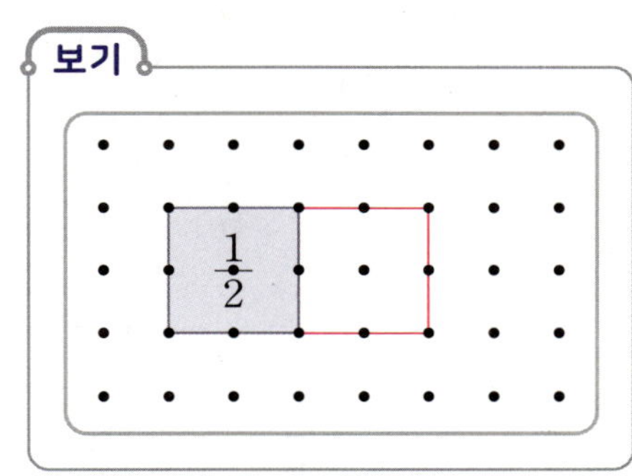

단위분수를 알아볼까요

》》 단위분수

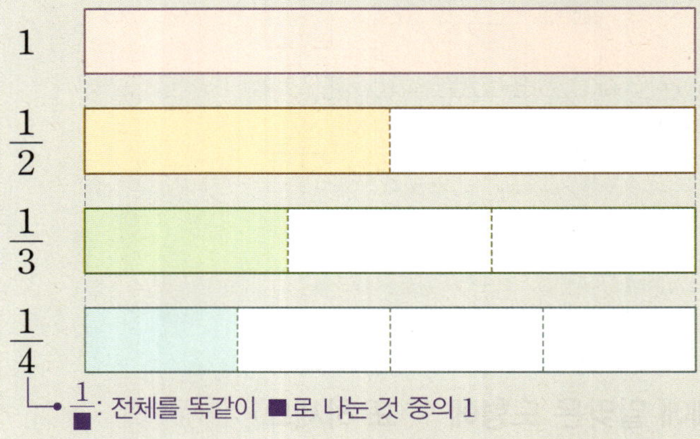

1

$\dfrac{1}{2}$

$\dfrac{1}{3}$

$\dfrac{1}{4}$

$\dfrac{1}{\blacksquare}$: 전체를 똑같이 ■로 나눈 것 중의 1

분수 중에서 $\dfrac{1}{2}$, $\dfrac{1}{3}$, $\dfrac{1}{4}$과 같이
분자가 1인 분수: **단위분수**

》》 주어진 분수는 단위분수가 몇 개인지 알아보기

$\dfrac{2}{3}$ | $\dfrac{1}{3}$ | $\dfrac{1}{3}$ | $\dfrac{1}{3}$

⇨ $\dfrac{2}{3}$는 $\dfrac{1}{3}$이 2개입니다.

$\dfrac{5}{6}$ | $\dfrac{1}{6}$ | $\dfrac{1}{6}$ | $\dfrac{1}{6}$ | $\dfrac{1}{6}$ | $\dfrac{1}{6}$ | $\dfrac{1}{6}$

⇨ $\dfrac{5}{6}$는 $\dfrac{1}{6}$이 5개입니다.

$\dfrac{\blacksquare}{\blacksquare}$는 $\dfrac{1}{\blacksquare}$이 ▲개입니다.

1 색칠한 부분을 단위분수로 나타내 보세요.

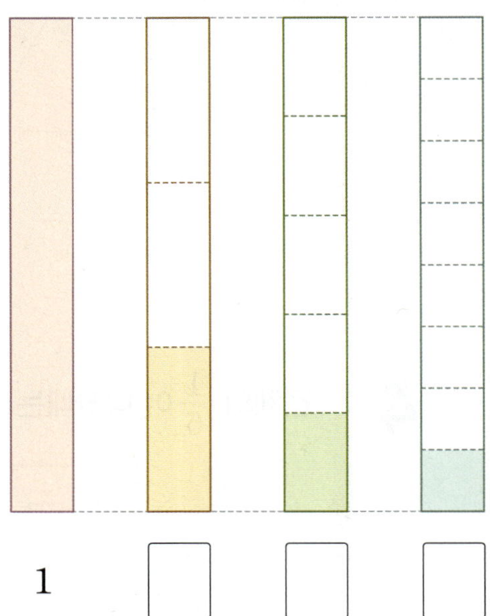

1

2 주어진 분수는 단위분수가 몇 개인지 구해 보세요.

(1)

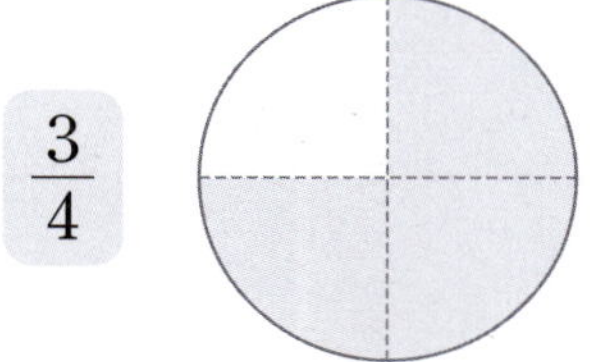

$\dfrac{3}{4}$

$\dfrac{3}{4}$은 $\dfrac{1}{4}$이 ☐개입니다.

(2)

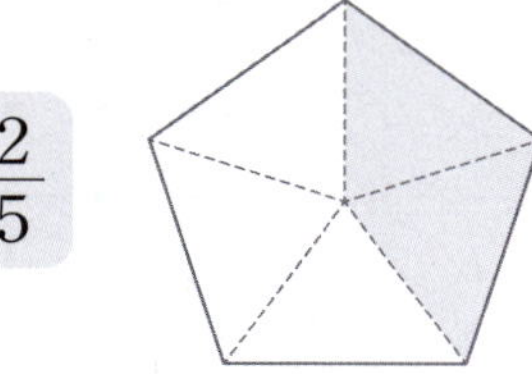

$\dfrac{2}{5}$

$\dfrac{2}{5}$는 $\dfrac{1}{5}$이 ☐개입니다.

3 단위분수를 모두 찾아 ◯표 하세요.

$$\frac{2}{3} \qquad \frac{1}{2} \qquad \frac{5}{7} \qquad \frac{1}{10} \qquad \frac{3}{9}$$

4 주어진 단위분수만큼 색칠해 보세요.

(1) $\dfrac{1}{3}$ 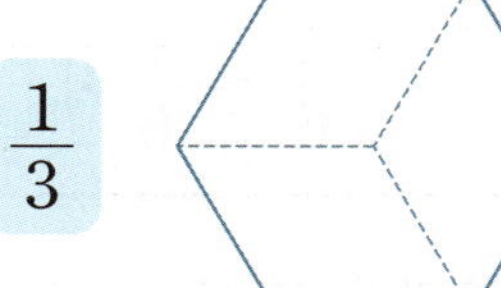

(2) $\dfrac{1}{6}$ 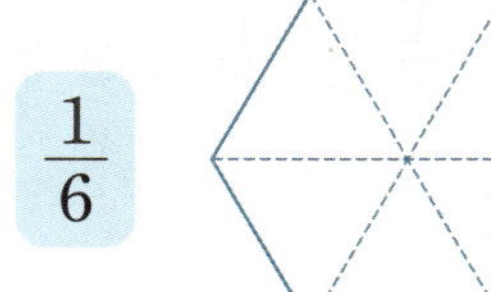

5 주어진 분수만큼 색칠하고 ☐ 안에 알맞은 수를 써넣으세요.

(1) $\dfrac{2}{4}$ 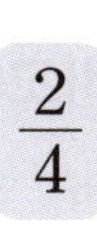

$\dfrac{1}{4}$이 ☐개

(2) $\dfrac{6}{8}$ 

$\dfrac{1}{8}$이 ☐개

6 ☐ 안에 알맞은 수를 써넣으세요.

(1) $\dfrac{3}{7}$은 $\dfrac{1}{7}$이 ☐개입니다.

(2) $\dfrac{9}{12}$는 $\dfrac{1}{12}$이 ☐개입니다.

(3) $\dfrac{5}{9}$는 ☐이 5개입니다.

(4) $\dfrac{7}{11}$은 ☐이 7개입니다.

5

분수의 크기를 비교해 볼까요

≫ 분모가 같은 분수의 크기 비교

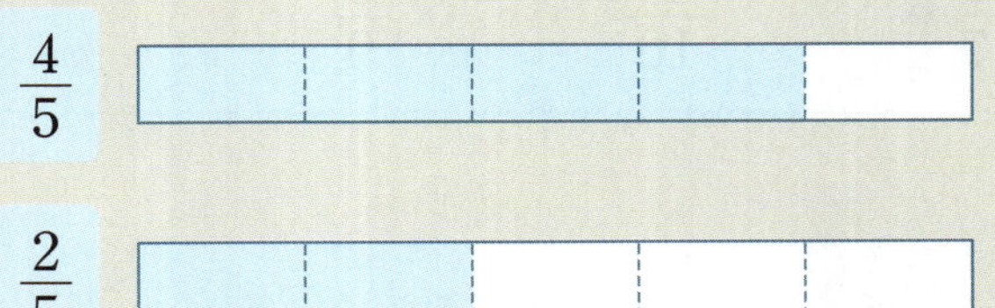

- 색칠한 부분의 넓이를 비교하면 $\dfrac{4}{5}$가 $\dfrac{2}{5}$보다 더 넓으므로 $\dfrac{4}{5}$가 $\dfrac{2}{5}$보다 더 큽니다.

- $\dfrac{4}{5}$는 $\dfrac{1}{5}$이 4개이고, $\dfrac{2}{5}$는 $\dfrac{1}{5}$이 2개이므로 $\dfrac{4}{5}$가 $\dfrac{2}{5}$보다 더 큽니다.

$$\overset{\llcorner 4>2 \lrcorner}{\dfrac{4}{5} > \dfrac{2}{5}}$$

> 분모가 같은 분수는
> 분자가 클수록 더 큰 분수입니다.

≫ 단위분수의 크기 비교

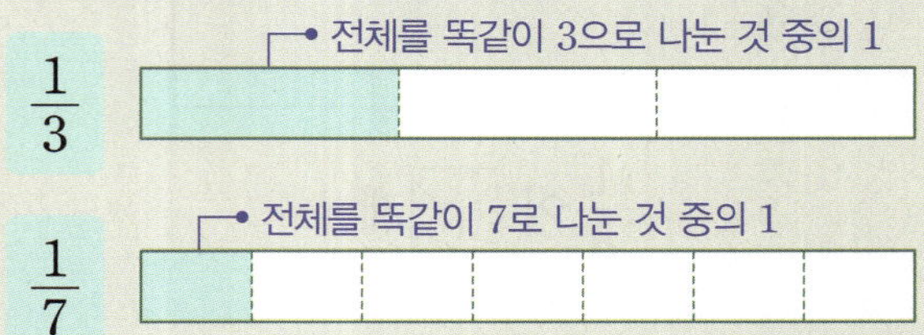

색칠한 부분의 넓이를 비교하면 $\dfrac{1}{3}$이 $\dfrac{1}{7}$보다 더 넓으므로 $\dfrac{1}{3}$이 $\dfrac{1}{7}$보다 더 큽니다.

$$\underset{\llcorner 3<7 \lrcorner}{\dfrac{1}{3} > \dfrac{1}{7}}$$

> 단위분수는
> 분모가 작을수록 더 큰 분수입니다.

---

1 $\dfrac{2}{6}$와 $\dfrac{5}{6}$의 크기를 비교해 보세요.

(1) ☐ 안에 알맞은 수를 써넣으세요.

> $\dfrac{2}{6}$는 $\dfrac{1}{6}$이 ☐개이고,
>
> $\dfrac{5}{6}$는 $\dfrac{1}{6}$이 ☐개입니다.

(2) 알맞은 말에 ○표 하세요.

> $\dfrac{2}{6}$는 $\dfrac{5}{6}$보다 더
> (작습니다 , 큽니다).

2 $\dfrac{1}{2}$과 $\dfrac{1}{5}$의 크기를 비교해 보세요.

(1) $\dfrac{1}{2}$과 $\dfrac{1}{5}$만큼 각각 색칠해 보세요.

$\dfrac{1}{2}$

$\dfrac{1}{5}$

(2) 알맞은 말에 ○표 하세요.

> $\dfrac{1}{2}$은 $\dfrac{1}{5}$보다 더
> (작습니다 , 큽니다).

3 주어진 분수만큼 색칠하고, ◯ 안에 >, =, < 중 알맞은 것을 써넣으세요.

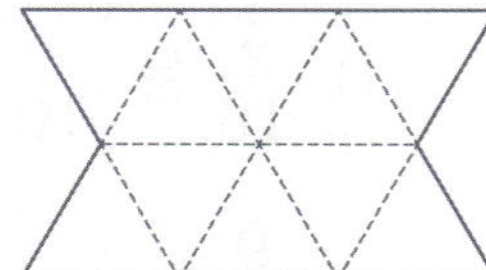 $\dfrac{7}{10}$ ◯ $\dfrac{5}{10}$

4 두 분수의 크기를 비교하여 ◯ 안에 >, =, < 중 알맞은 것을 써넣으세요.

(1) $\dfrac{1}{3}$ ◯ $\dfrac{2}{3}$ (2) $\dfrac{4}{9}$ ◯ $\dfrac{2}{9}$

(3) $\dfrac{1}{7}$ ◯ $\dfrac{1}{8}$ (4) $\dfrac{1}{14}$ ◯ $\dfrac{1}{6}$

5 더 큰 수의 기호를 써 보세요.

> ㉠ $\dfrac{1}{8}$이 4개인 수
>
> ㉡ $\dfrac{1}{8}$이 5개인 수

(   )

6 가장 큰 분수를 찾아 ◯표 하세요.

$\dfrac{1}{13}$ $\dfrac{1}{7}$ $\dfrac{1}{9}$

핵심 문제

1 똑같이 나누어진 도형을 찾아 ◯표 하세요.

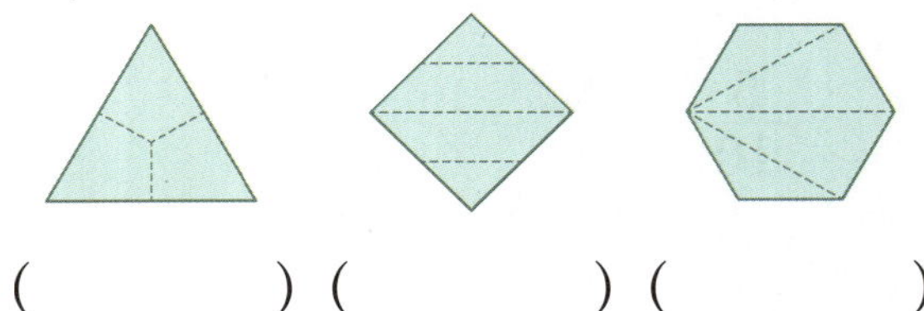

(   ) (   ) (   )

2 모리셔스 국기에서 빨간색 부분은 전체의 얼마인지 분수로 쓰고 읽어 보세요.

쓰기 (   )

읽기 (   )

3 색칠한 부분과 색칠하지 <u>않은</u> 부분을 분수로 나타내 보세요.

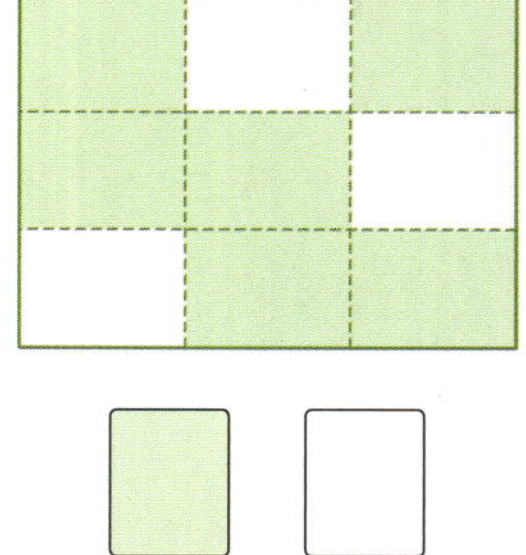

4 ☐ 안에 알맞은 수를 써넣으세요.

(1) $\dfrac{4}{10}$ 는 $\dfrac{1}{10}$ 이 ☐ 개입니다.

(2) $\dfrac{9}{15}$ 는 ☐ 이 9개입니다.

5 두 분수의 크기를 비교하여 ◯ 안에 >, =, < 중 알맞은 것을 써넣으세요.

(1) $\dfrac{2}{7}$ ◯ $\dfrac{6}{7}$

(2) $\dfrac{1}{6}$ ◯ $\dfrac{1}{11}$

6 사각형을 두 가지 방법으로 똑같이 여덟으로 나누어 보세요.

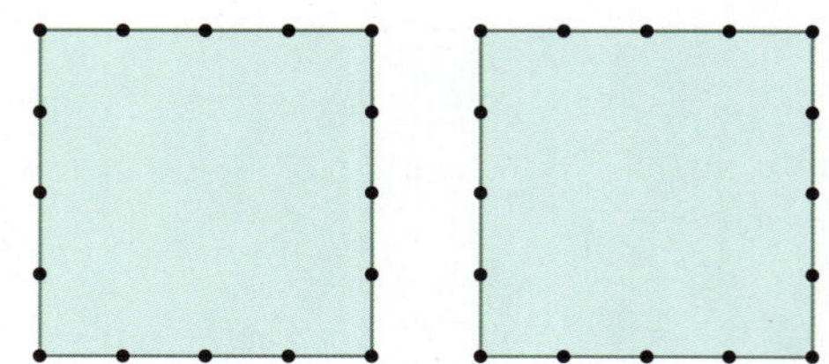

7 색칠한 부분이 나타내는 분수가 다른 것을 찾아 써 보세요.

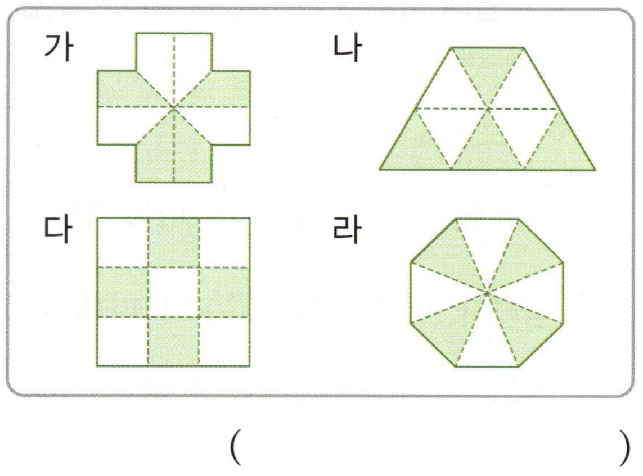

(   )

8 부분을 보고 전체를 찾아 선으로 이어 보세요.

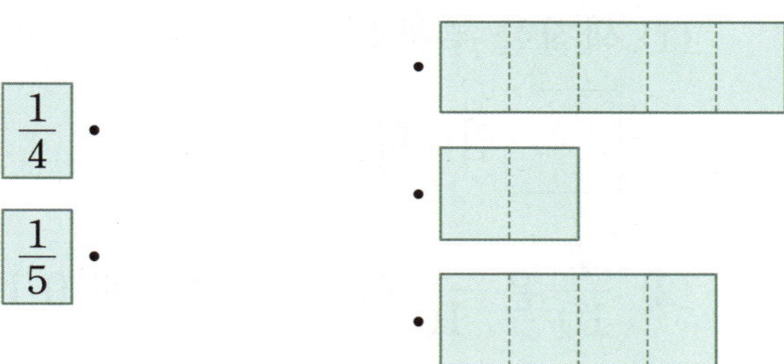
$\dfrac{1}{4}$

$\dfrac{1}{5}$

9 분모가 17인 분수 중에서 $\dfrac{4}{17}$ 보다 크고 $\dfrac{10}{17}$ 보다 작은 분수를 모두 찾아 ○표 하세요.

$$\dfrac{2}{17} \qquad \dfrac{9}{17} \qquad \dfrac{7}{17} \qquad \dfrac{12}{17}$$

10 같은 양의 주스를 진우는 전체의 $\dfrac{6}{9}$ 만큼, 민아는 $\dfrac{1}{9}$ 만큼, 세호는 $\dfrac{7}{9}$ 만큼 마셨습니다. 주스를 많이 마신 사람부터 차례대로 이름을 써 보세요.

(   )

11 수 카드 4장 중에서 2장을 뽑아 한 번씩만 사용하여 단위분수를 만들려고 합니다. 만들 수 있는 단위분수는 모두 몇 개일까요?

(   )

12 ☐ 안에 들어갈 수 있는 수를 모두 찾아 ○표 하세요.

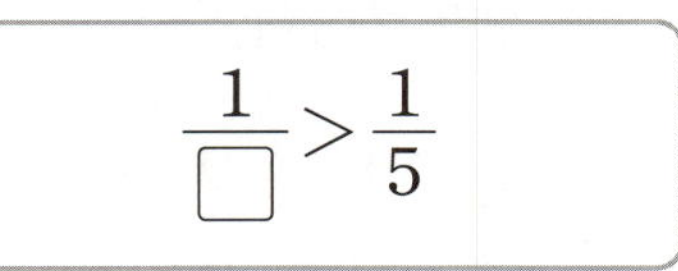
$$\dfrac{1}{\square} > \dfrac{1}{5}$$

➔ 단위분수는 분모가 작을수록 더 큰 분수이므로 분모를 비교합니다.

(2 , 3 , 4 , 5 , 6 , 7 , 8 , 9)

1보다 작은 소수를 알아볼까요

》》1보다 작은 소수

▌1 mm를 cm로 나타내기

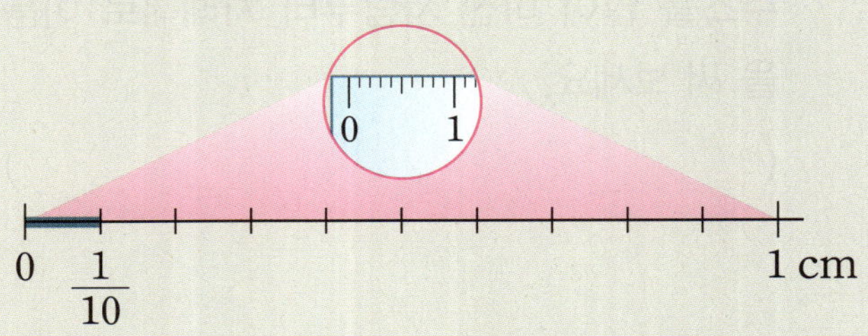

- 1 mm는 1 cm를 똑같이 10으로 나눈 것 중의 1이므로 $\frac{1}{10}$ cm입니다.

- $1\ \text{mm} = \frac{1}{10}\ \text{cm} \Rightarrow 1\ \text{mm} = 0.1\ \text{cm}$

분수 $\frac{1}{10}$을 0.1이라 쓰고 영 점 일이라고 읽습니다.

$$\frac{1}{10} = 0.1$$

▌9 mm를 cm로 나타내기

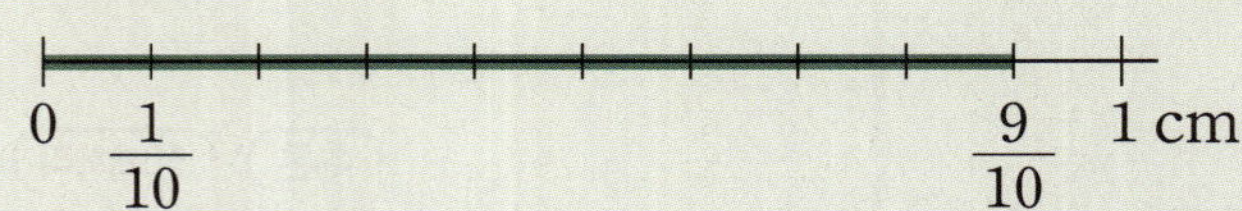

- 9 mm는 $\frac{9}{10}$ cm이고, $\frac{9}{10}$는 $\frac{1}{10}$이 9개이므로 0.1이 9개입니다.

- $9\ \text{mm} = \frac{9}{10}\ \text{cm} \Rightarrow 9\ \text{mm} = 0.9\ \text{cm}$

- 분수 $\frac{1}{10}, \frac{2}{10}, \frac{3}{10}, \dots, \frac{9}{10}$를 0.1, 0.2, 0.3, ..., 0.9라 쓰고, 영 점 일, 영 점 이, 영 점 삼, ..., 영 점 구라고 읽습니다.

- 0.1, 0.2, 0.3과 같은 수: 소수

  소수점

---

1 색칠한 부분을 소수로 나타내려고 합니다. ☐ 안에 알맞은 수나 말을 써넣으세요.

색칠한 부분을 분수로 나타내면 ☐ 입니다. 이 분수를 소수로 나타내면 ☐ 이고 ☐ 이라고 읽습니다.

2 색칠한 부분을 소수로 나타내고 읽어 보세요.

(1) 색칠한 부분을 분수로 나타내면 ☐ 입니다.

(2) $\frac{7}{10}$은 $\frac{1}{10}$이 ☐ 개이므로 0.1이 ☐ 개입니다.

(3) 색칠한 부분을 소수로 나타내면 ☐ 이고 ☐ 이라고 읽습니다.

3 0.6을 수직선에 ── 로 나타내고, ☐ 안에 알맞은 수를 써넣으세요.

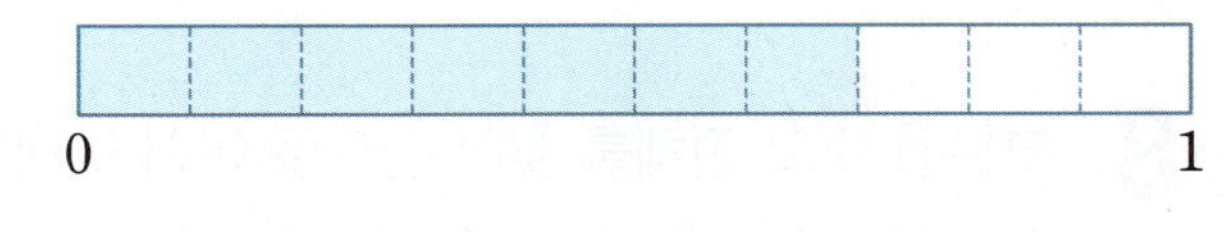

0.6은 0.1이 ☐ 개입니다.

4 ☐ 안에 알맞은 분수나 소수를 써넣으세요.

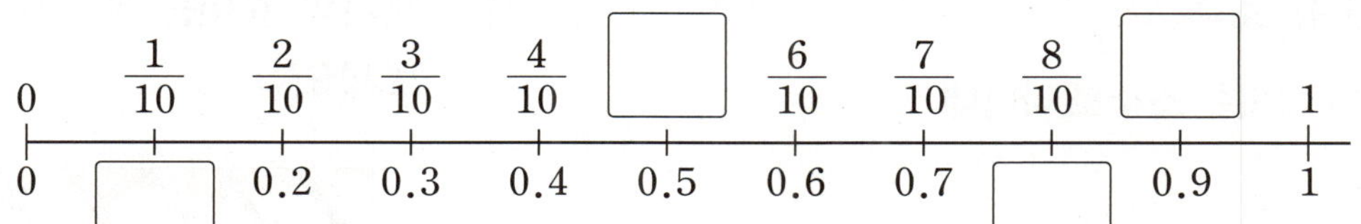

5 색칠한 부분을 분수와 소수로 각각 나타내 보세요.

(1)
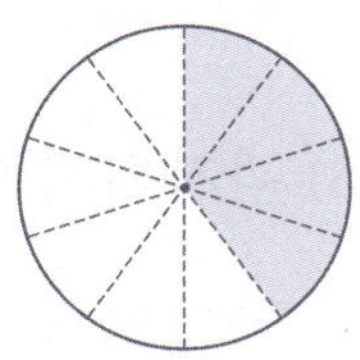

분수 (　　　　　　　　　　)
소수 (　　　　　　　　　　)

(2)
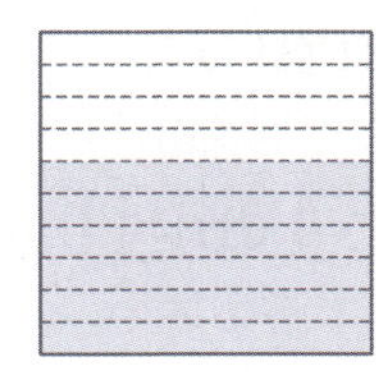

분수 (　　　　　　　　　　　　)
소수 (　　　　　　　　　　　　)

6 관계있는 것끼리 선으로 이어 보세요.

$\dfrac{5}{10}$ ·　　　· 0.5 ·　　　· 영 점 칠

$\dfrac{7}{10}$ ·　　　· 0.7 ·　　　· 영 점 오

7 ☐ 안에 알맞은 수를 써넣으세요.

(1) 0.3은 0.1이 ☐개입니다.　　(2) 0.8은 0.1이 ☐개입니다.

(3) 0.1이 2개이면 ☐입니다.　　(4) 0.1이 5개이면 ☐입니다.

1보다 큰 소수를 알아볼까요

1보다 큰 소수

지우개의 길이를 소수로 나타내기

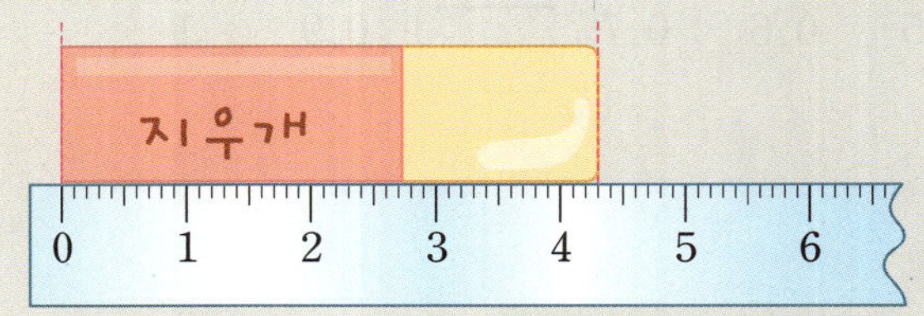

- 지우개의 길이는 4 cm보다 3 mm 더 깁니다.

- $1\ mm = \dfrac{1}{10}\ cm = 0.1\ cm$이므로
  $3\ mm = 0.3\ cm$입니다.
  └ 1 mm가 3개 → 0.1 cm가 3개

⇨ 지우개의 길이는 4 cm와 0.3 cm만큼이므로
4.3 cm입니다.

> **4와 0.3만큼인 수**
> 쓰기 **4.3**　　읽기 **사 점 삼**

색칠한 부분을 소수로 나타내기

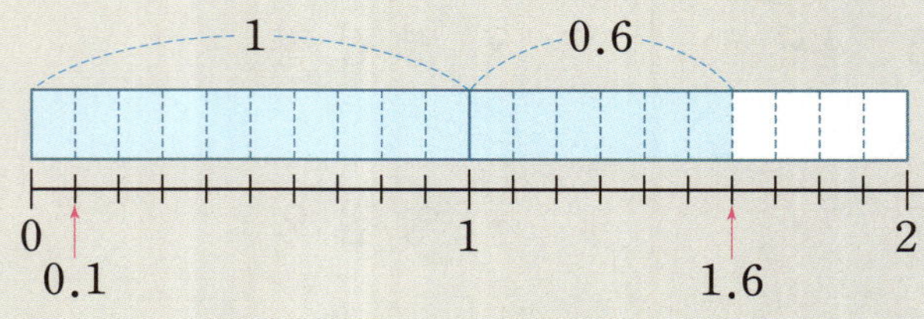

- 색칠한 부분은 0.1이 16개입니다.

- 0.1이 10개이면 1이고, 0.1이 6개이면 0.6이
므로 0.1이 16개이면 1.6입니다.

⇨ 색칠한 부분을 소수로 나타내면 1.6입니다.

참고 0.1이 ■▲개이면 ■.▲입니다.

---

1 과자의 길이는 몇 cm인지 소수로 나타내
보세요.

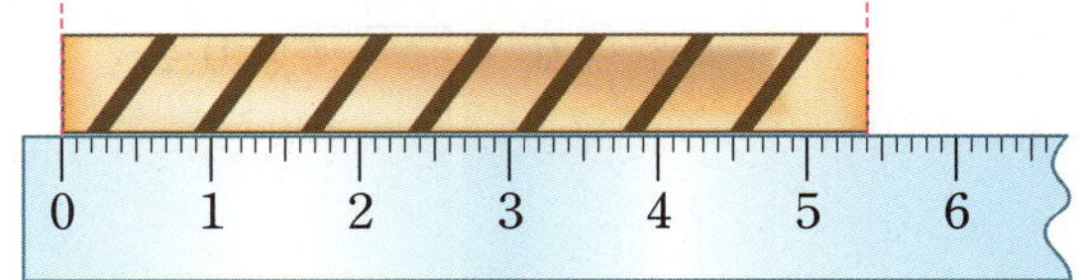

(1) 과자의 길이는 5 cm보다 ☐ mm
더 깁니다.

(2) 4 mm는 소수로 ☐ cm입니다.

(3) 과자의 길이는 5 cm와 ☐ cm만
큼이므로 ☐ cm입니다.

2 수직선에 ── 로 나타낸 부분을 소수로 쓰
고 읽어 보세요.

> ── 부분은 1과 ☐ 만큼이므로
> 소수로 나타내면 ☐ 라 쓰고
> ☐ 라고 읽습니다.

3 색칠한 부분을 소수로 나타내 보세요.

(1) 색칠한 부분은 1이 ☐ 개, 0.1이
☐ 개입니다.

(2) 색칠한 부분을 소수로 나타내면
☐ 입니다.

4 색연필의 길이를 소수로 나타내 보세요.

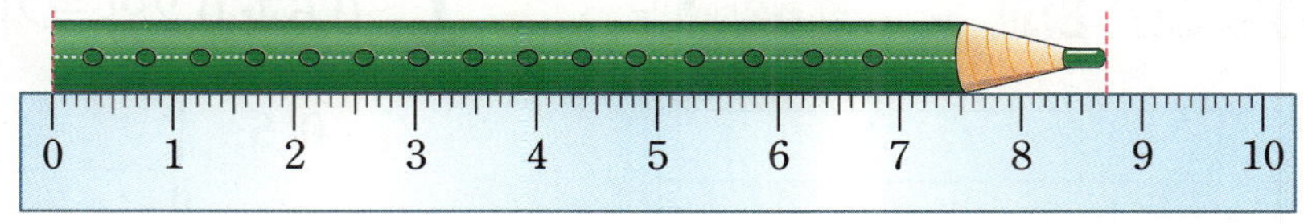

$$87 \text{ mm} = \boxed{} \text{ cm}$$

6 단원 / 19강

5 색칠한 부분을 소수로 쓰고 읽어 보세요.

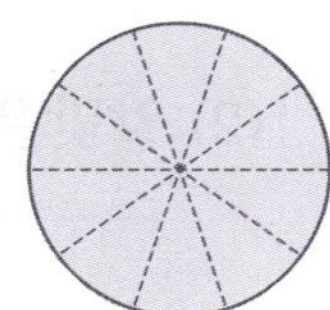 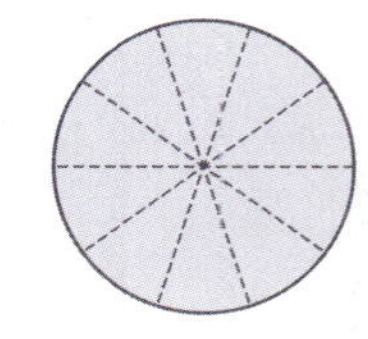 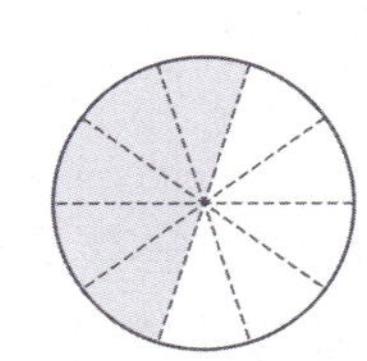

쓰기 (   )

읽기 (   )

6 주어진 소수를 수직선에 ↑로 나타내 보세요.

(1) **1.1**

(2) **2.8**

7 ☐ 안에 알맞은 수를 써넣으세요.

(1) 5.1은 0.1이 ☐ 개입니다.

(2) 7.3은 ☐ 이 73개입니다.

(3) 0.1이 88개이면 ☐ 입니다.

(4) 0.1이 ☐ 개이면 4.2입니다.

8

소수의 크기를 비교해 볼까요

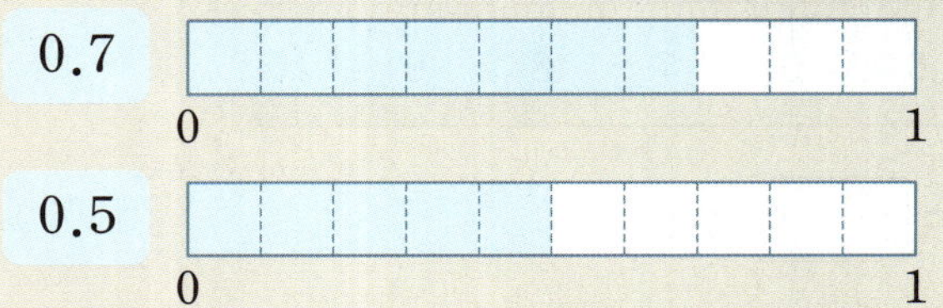

▶ 0.7과 0.5의 크기 비교 → 소수점 왼쪽에 있는 수가 같은 경우

0.7

| | | | | | | | |
0   1

0.5

- 색칠한 부분의 넓이를 비교하면 0.7이 0.5보다 더 넓으므로 0.7이 0.5보다 더 큽니다.
- 0.7은 0.1이 7개이고, 0.5는 0.1이 5개이므로 0.7이 0.5보다 더 큽니다.

$$0.7 > 0.5$$
$$\llcorner 7 > 5 \lrcorner$$

> 소수점 왼쪽에 있는 수가 **같을 때**,
> 소수점 오른쪽에 있는 수가 클수록
> 더 큰 소수입니다.

▶ 2.1과 1.3의 크기 비교 → 소수점 왼쪽에 있는 수가 다른 경우

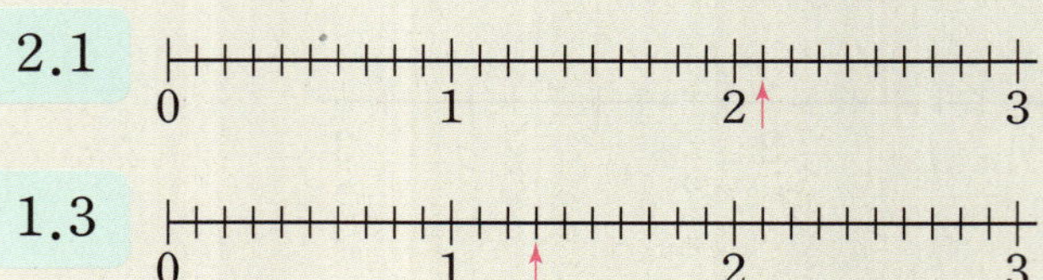

2.1

1.3

- 수직선에서 위치를 비교하면 2.1은 1.3보다 더 오른쪽에 있으므로 2.1이 1.3보다 더 큽니다.
- 2.1은 0.1이 21개이고, 1.3은 0.1이 13개이므로 2.1이 1.3보다 더 큽니다.

$$2.1 > 1.3$$
$$\llcorner 2 > 1 \lrcorner$$

> 소수점 왼쪽에 있는 수가 **다를 때**,
> 소수점 왼쪽에 있는 수가 클수록
> 더 큰 소수입니다.

---

1 0.6과 0.2의 크기를 비교해 보세요.

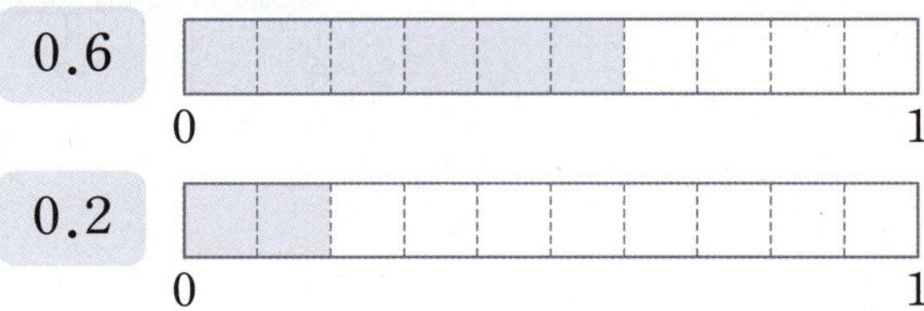

0.6

0.2

(1) ☐ 안에 알맞은 수를 써넣으세요.

> 0.6은 0.1이 ☐ 개이고,
> 0.2는 0.1이 ☐ 개입니다.

(2) 알맞은 말에 ◯표 하세요.

> 0.6은 0.2보다 더
> (작습니다 , 큽니다).

2 1.8과 2.4의 크기를 비교해 보세요.

(1) 1.8과 2.4를 수직선에 각각 ↑ 로 나타내 보세요.

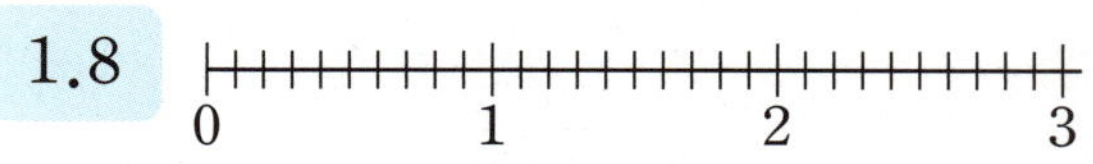

1.8

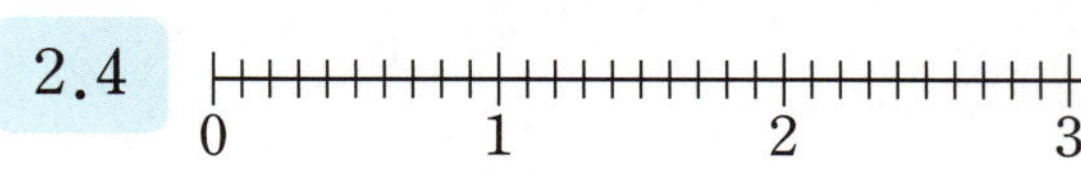

2.4

(2) 알맞은 말에 ◯표 하세요.

> 1.8은 2.4보다 더
> (작습니다 , 큽니다).

3 주어진 소수만큼 색칠하고, ◯ 안에 ＞, ＝, ＜ 중 알맞은 것을 써넣으세요.

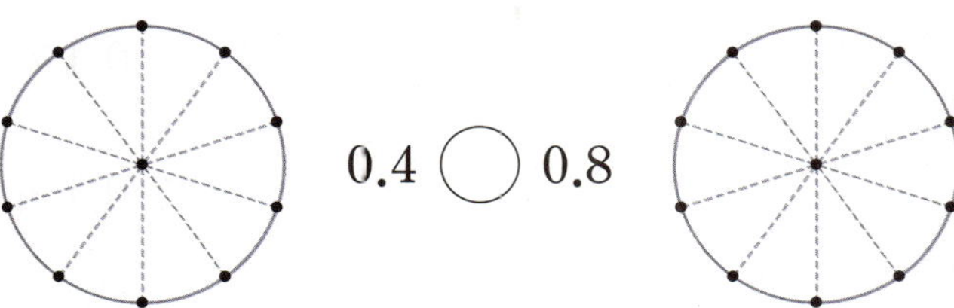

$$0.4 \ \bigcirc \ 0.8$$

4 두 소수의 크기를 비교하여 ◯ 안에 ＞, ＝, ＜ 중 알맞은 것을 써넣으세요.

(1) 0.9 ◯ 0.5　　　　　　(2) 2.2 ◯ 2.3

(3) 7.4 ◯ 6.7　　　　　　(4) 8.9 ◯ 9.6

5 더 작은 수의 기호를 써 보세요.

> ㉠ 0.1이 14개인 수
> ㉡ 0.1이 25개인 수

(　　　　　　　　　　　)

6 아기 펭귄이 엄마 펭귄에게 가려고 합니다. 갈림길에서 더 큰 소수를 따라 엄마 펭귄에게 가는 길을 그려 보세요.

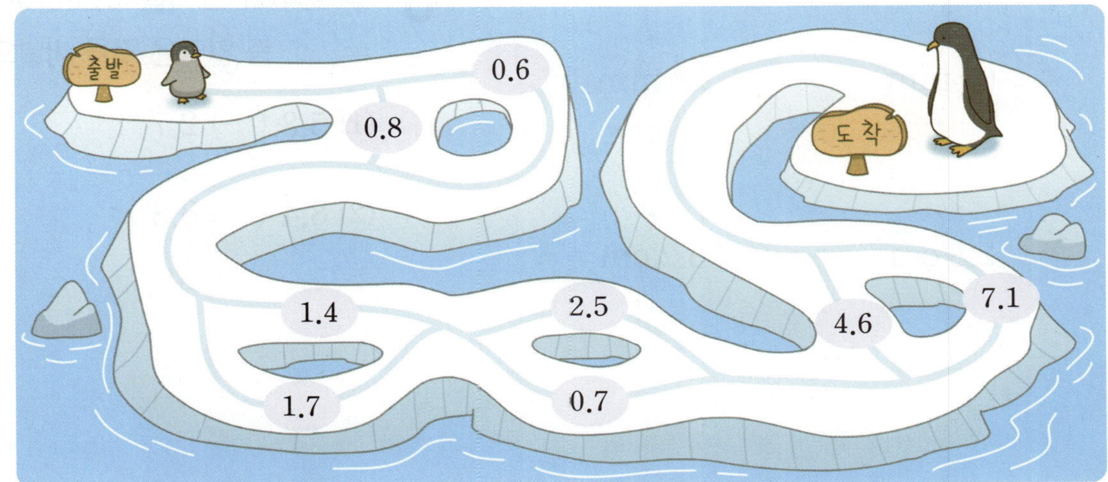

핵심 문제

1 ☐ 안에 알맞은 소수를 써넣고 읽어 보세요.

(   )

2 색칠한 부분을 분수와 소수로 각각 나타내 보세요.

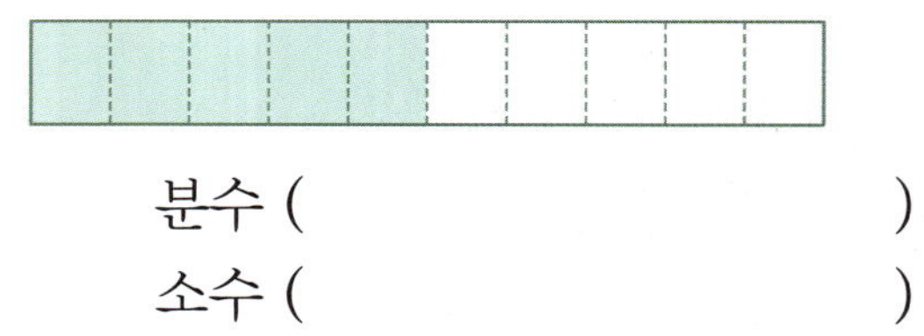

분수 (   )
소수 (   )

3 관계있는 것끼리 선으로 이어 보세요.

2 cm 8 mm	6 cm 2 mm
62 mm	28 mm
2.8 cm	6.2 cm

4 ☐ 안에 알맞은 수를 써넣으세요.

(1) 0.1이 9개이면 ☐ 입니다.

(2) 0.1이 ☐ 개이면 0.4입니다.

(3) $\frac{1}{10}$ 이 ☐ 개이면 0.2입니다.

5 우유는 모두 몇 컵인지 소수로 나타내 보세요.

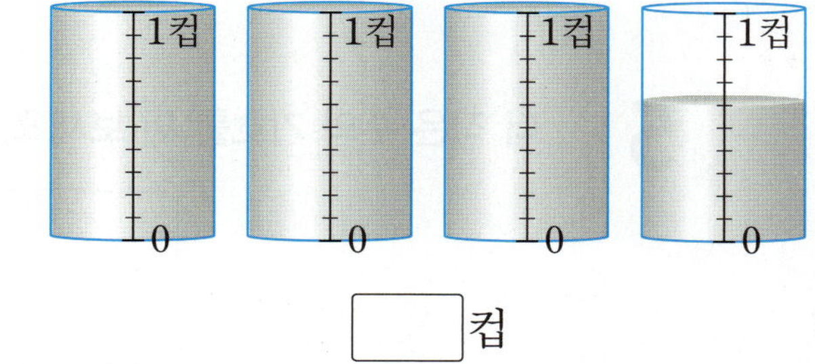

☐ 컵

6 두 소수의 크기를 비교하여 ◯ 안에 >, =, < 중 알맞은 것을 써넣으세요.

(1) 5.8 ◯ 2.7

(2) 8.4 ◯ 8.8

7 리본 1 m를 똑같이 10조각으로 나누어 그 중 희수가 6조각을, 준호가 4조각을 사용했습니다. 희수와 준호가 사용한 리본의 길이는 각각 몇 m인지 소수로 나타내 보세요.

1 m

희수 (　　　　　　　　　)

준호 (　　　　　　　　　)

(추론)

8 작은 수부터 차례대로 기호를 써 보세요.

> ㉠ 7과 0.5만큼인 수
>
> ㉡ 0.1이 66개인 수
>
> ㉢ $\frac{1}{10}$이 59개인 수

(　　　　　　　　　)

9 연아가 가지고 있는 연필의 길이는 9 cm보다 1 mm 더 깁니다. 연아가 가지고 있는 연필의 길이는 몇 cm인지 소수로 나타내 보세요.

(　　　　　　　　　)

10 현수와 민서가 50 m 달리기를 했습니다. 현수의 기록은 9.5초, 민서의 기록은 8.8초입니다. 더 빠른 사람은 누구일까요?

(　　　　　　　　　)

6
단원

20강

11 ☐ 안에 들어갈 수 있는 수를 모두 찾아 ○ 표 하세요.

$$0.\boxed{} > 0.6$$

(1 , 2 , 3 , 4 , 5 , 6 , 7 , 8 , 9)

12 지우, 해원, 윤아의 한 뼘의 길이입니다. 한 뼘의 길이가 긴 사람부터 차례대로 이름을 써 보세요.

이름	한 뼘의 길이
지우	14 cm 7 mm
해원	15.2 cm
윤아	156 mm

➤ 1 mm＝0.1 cm임을 이용하여 한 뼘의 길이를 소수로 나타냅니다.

(　　　　　　　　　)

단원 마무리

1 ☐ 안에 알맞은 수를 써넣으세요.

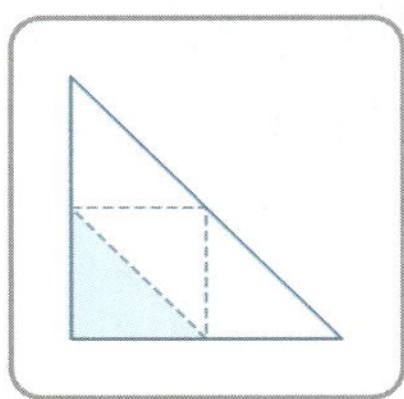

부분 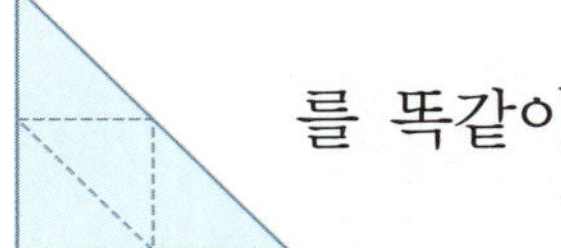 은 전체 ⬛ 를 똑같이

☐ 로 나눈 것 중의 ☐ 이므로 ☐ 입니다.

2 똑같이 나누어진 국기를 찾아 나라의 이름을 써 보세요.

체코　　　콜롬비아　　　네덜란드

(　　　　　　　　　　　　)

3 색칠한 부분을 소수로 나타내 보세요.

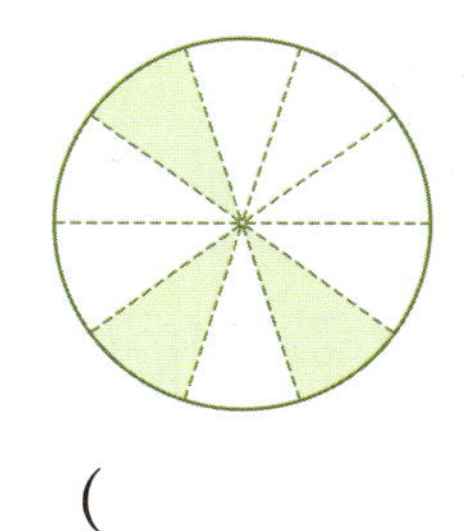

(　　　　　　　　　　　　)

4 단위분수를 찾아 써 보세요.

$$\frac{8}{14} \qquad \frac{1}{10} \qquad \frac{7}{9} \qquad \frac{2}{4}$$

(　　　　　　　　　　　　)

5 ☐ 안에 알맞은 수를 모두 고르세요.

(　　　　　　　　　　　　)

0.1이 7개이면 ☐입니다.

① 0.1　　② 0.7　　③ 7

④ $\frac{7}{10}$　　⑤ $\frac{1}{7}$

6 ☐ 안에 알맞은 소수를 써넣으세요.

95 mm ＝ ☐ cm

7 먹은 부분과 남은 부분을 분수로 나타내 보세요.

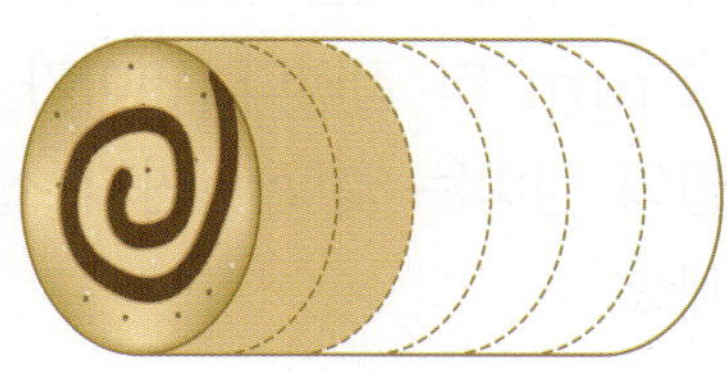

· 먹은 부분은 전체의 ☐

· 남은 부분은 전체의 ☐

8 주어진 분수만큼 색칠하고 분수를 읽어 보세요.

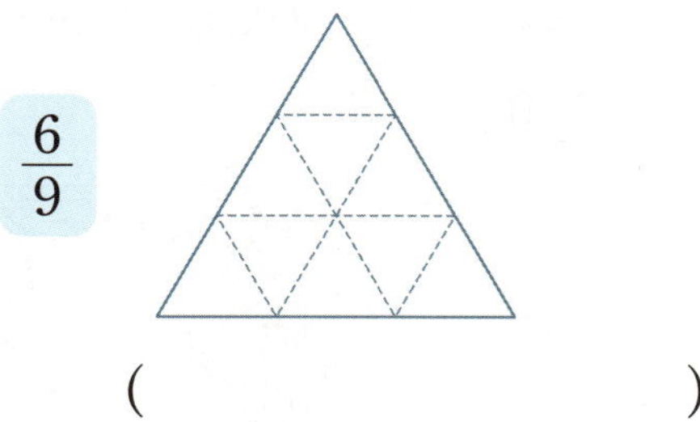

(　　　　　　　　)

9 목도리와 빵의 길이는 각각 몇 m인지 소수로 나타내 보세요.

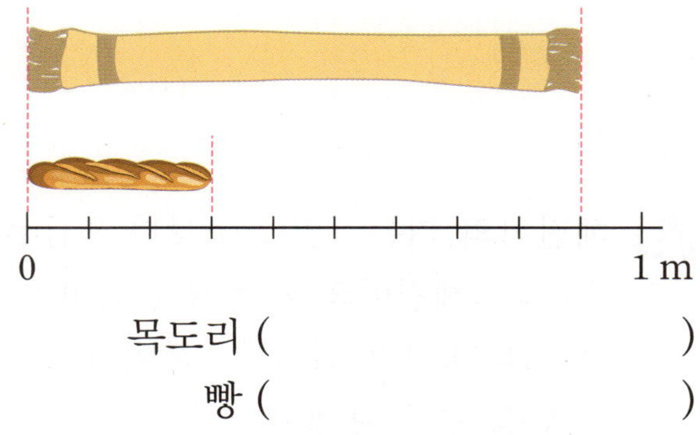

목도리 (　　　　　　　　)

빵 (　　　　　　　　)

[10~11] 두 수의 크기를 비교하여 ◯ 안에 >, =, < 중 알맞은 것을 써넣으세요.

10 $\dfrac{1}{8}$ ◯ $\dfrac{1}{4}$

11 4.1 ◯ 3.8

---

12 길이의 관계를 잘못 나타낸 것을 찾아 기호를 써 보세요.

㉠ 2 cm 1 mm＝2.1 cm

㉡ 18 mm＝10.8 cm

㉢ 45 mm＝4.5 cm

(　　　　　　　　)

13 색칠한 부분이 나타내는 분수가 다른 것을 찾아 기호를 써 보세요.

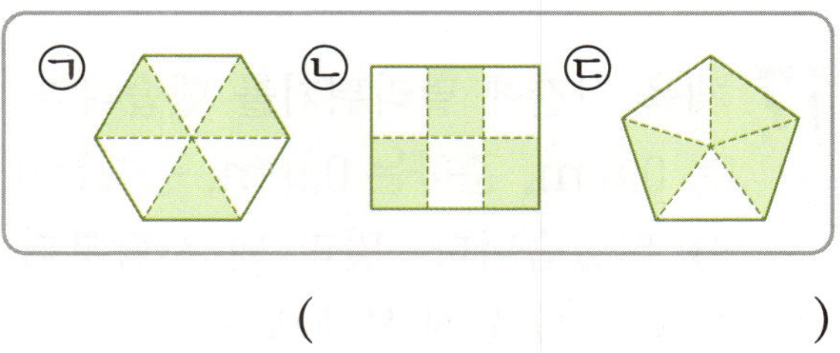

(　　　　　　　　)

14 부분을 보고 전체를 완성해 보세요.

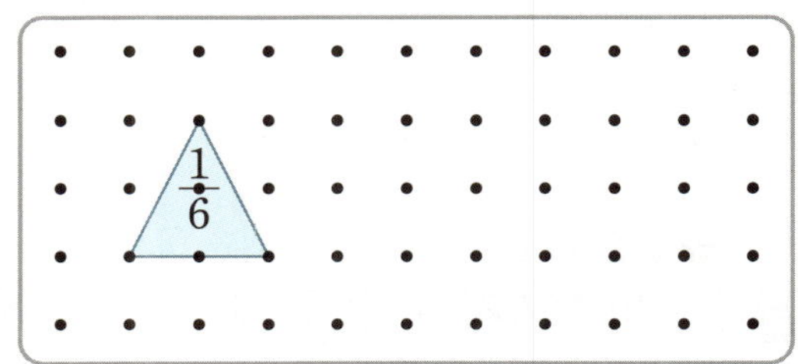

15 $\dfrac{1}{7}$ 보다 큰 분수를 모두 찾아 써 보세요.

| $\dfrac{1}{6}$ | $\dfrac{1}{11}$ | $\dfrac{1}{2}$ | $\dfrac{1}{14}$ |

(　　　　　　　　)

16 준우와 지나는 똑같은 수수깡을 한 개씩 가지고 있습니다. 준우는 수수깡 한 개의 $\frac{7}{13}$만큼, 지나는 수수깡 한 개의 $\frac{5}{13}$만큼 사용했습니다. 수수깡을 더 많이 사용한 사람은 누구일까요?

(   )

17 체육 시간에 멀리뛰기를 했습니다. 민지는 0.8 m, 준하는 0.9 m, 승재는 1.2 m를 뛰었습니다. 멀리 뛴 사람부터 차례대로 이름을 써 보세요.

(   )

▤✓ 잘 틀리는 문제

18 1부터 9까지의 수 중에서 ☐ 안에 들어갈 수 있는 수는 모두 몇 개일까요?

$$7.5 < 7.\boxed{}$$

(   )

19 아라가 그림과 같이 떡을 6조각으로 나누었습니다. 아라가 떡을 똑같이 나누었는지 쓰고, 그렇게 생각한 이유를 써 보세요.

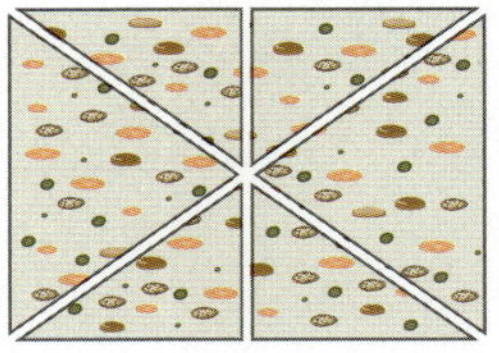

답 ______________________

____

____

20 혜진이의 키는 130 cm보다 8 mm 더 큽니다. 혜진이의 키는 몇 cm인지 소수로 나타내려고 합니다. 풀이 과정을 쓰고 답을 구해 보세요.

❶ 8 mm는 몇 cm인지 구하기

풀이 ______________________

____

❷ 혜진이의 키는 몇 cm인지 소수로 나타내기

풀이 ______________________

____

답 ______________________

교과서 개념 잡기

정답과 풀이

초등 수학

3·1

visang

교과서
개념잡기

정답과 풀이

초등 수학
3·1

정답과 풀이

1. 덧셈과 뺄셈

1 (1) 52 (2) 29 **2** (1) 24 (2) 70
3
4 (1) 19 / 12, 19
　　(2) 17 / 17, 43

2 (1) $25+16-17=41-17=24$
　　(2) $74-38+34=36+34=70$

1 예 310, 예 180, 예 490
2 (위에서부터) 287, 80, 7
3 558　　　　　　**4** 7 / 5, 7 / 7, 5, 7
5 (1) 588 (2) 866 (3) 778 (4) 898
6 (1) 348 (2) 886
7 (　) (○) (　)

3 같은 모형끼리 더하면 백 모형이 5개, 십 모형이 5개,
　일 모형이 8개입니다.
　　⇨ $315+243=558$

6 (1)
$$\begin{array}{r} 2\ 3\ 6 \\ +\ 1\ 1\ 2 \\ \hline 3\ 4\ 8 \end{array}$$
(2)
$$\begin{array}{r} 5\ 8\ 4 \\ +\ 3\ 0\ 2 \\ \hline 8\ 8\ 6 \end{array}$$

7
$$\begin{array}{r} 3\ 2\ 5 \\ +\ 2\ 7\ 3 \\ \hline 5\ 9\ 8 \end{array} \qquad \begin{array}{r} 1\ 4\ 2 \\ +\ 3\ 5\ 6 \\ \hline 4\ 9\ 8 \end{array} \qquad \begin{array}{r} 2\ 5\ 0 \\ +\ 2\ 2\ 8 \\ \hline 4\ 7\ 8 \end{array}$$
따라서 계산 결과가 498인 것은 $142+356$입니다.

1 예 190, 예 280, 예 470
2 (위에서부터) 793, 93
3 483
4 1, 3 / 1, 7, 3 / 1, 5, 7, 3
5 (1) 518 (2) 693 (3) 464 (4) 936
6 (1) 441 (2) 767　　**7**

3 같은 모형끼리 더하면 백 모형이 4개, 십 모형이 7개,
　일 모형이 13개이고, 일 모형 10개는 십 모형 1개로
　바꿀 수 있습니다.
　　⇨ $238+245=483$

5 (3)
$$\begin{array}{r} \overset{1}{2}\ 1\ 6 \\ +\ 2\ 4\ 8 \\ \hline 4\ 6\ 4 \end{array}$$
(4)
$$\begin{array}{r} \overset{1}{6}\ 8\ 5 \\ +\ 2\ 5\ 1 \\ \hline 9\ 3\ 6 \end{array}$$

6 (1)
$$\begin{array}{r} \overset{1}{1}\ 2\ 6 \\ +\ 3\ 1\ 5 \\ \hline 4\ 4\ 1 \end{array}$$
(2)
$$\begin{array}{r} \overset{1}{2}\ 9\ 3 \\ +\ 4\ 7\ 4 \\ \hline 7\ 6\ 7 \end{array}$$

7
$$\begin{array}{r} 4\ \overset{1}{3}\ 8 \\ +\ 1\ 5\ 9 \\ \hline 5\ 9\ 7 \end{array} \qquad \begin{array}{r} 3\ \overset{1}{8}\ 6 \\ +\ 3\ 4\ 1 \\ \hline 7\ 2\ 7 \end{array}$$

1 예 390, 예 590, 예 980
2 (위에서부터) 1252, 140, 12
3 512
4 1, 3 / 1, 1, 3, 3 / 1, 1, 1, 2, 3, 3
5 (1) 715 (2) 1320 (3) 727 (4) 1621
6 (1) 621 (2) 1032　　**7** ㉡

3 같은 모형끼리 더하면 백 모형이 4개, 십 모형이 10개,
　일 모형이 12개이고, 일 모형 10개는 십 모형 1개로,
　십 모형 10개는 백 모형 1개로 바꿀 수 있습니다.
　　⇨ $326+186=512$

5 (3)
$$\begin{array}{r} \overset{1\ 1}{5}\ 4\ 8 \\ +\ 1\ 7\ 9 \\ \hline 7\ 2\ 7 \end{array}$$
(4)
$$\begin{array}{r} \overset{1\ 1}{6}\ 6\ 8 \\ +\ 9\ 5\ 3 \\ \hline 1\ 6\ 2\ 1 \end{array}$$

6 (1)
$$\begin{array}{r} \overset{1\ 1}{3}\ 6\ 8 \\ +\ 2\ 5\ 3 \\ \hline 6\ 2\ 1 \end{array}$$
(2)
$$\begin{array}{r} \overset{1\ 1}{8}\ 7\ 7 \\ +\ 1\ 5\ 5 \\ \hline 1\ 0\ 3\ 2 \end{array}$$

7 ㉠
$$\begin{array}{r} \overset{1\ 1}{4}\ 7\ 5 \\ +\ 4\ 3\ 8 \\ \hline 9\ 1\ 3 \end{array}$$
㉡
$$\begin{array}{r} \overset{1\ 1}{7}\ 5\ 4 \\ +\ 2\ 8\ 9 \\ \hline 1\ 0\ 4\ 3 \end{array}$$
㉢
$$\begin{array}{r} \overset{1\ 1}{5}\ 2\ 6 \\ +\ 3\ 8\ 7 \\ \hline 9\ 1\ 3 \end{array}$$

1 (1) 864　(2) 795　　**2** 739
3 377　　　　　　　　**4** 541
5 (위에서부터) 635, 773, 479, 929
6 ⑩ 600, ⑩ 210, ⑩ 630
7 1421　　　　　　　　**8** <
9 4, 9, 5 / 2, 7, 1 / 수학은 즐거워
10 423＋315＝738(또는 423＋315) / 738명
11 626　　　　　　　　**12** 979
13 (위에서부터) 5, 6

2 백 모형이 1개, 십 모형이 4개, 일 모형이 5개이므로 수 모형이 나타내는 수는 145입니다.

$$\begin{array}{r} \overset{1}{}\ 1\ 4\ 5 \\ +\ 5\ 9\ 4 \\ \hline 7\ 3\ 9 \end{array}$$

5
$$\begin{array}{r} \overset{1}{}\overset{1}{}\ 3\ 4\ 7 \\ +\ 2\ 8\ 8 \\ \hline 6\ 3\ 5 \end{array} \qquad \begin{array}{r} 1\ 3\ 2 \\ +\ 6\ 4\ 1 \\ \hline 7\ 7\ 3 \end{array}$$

$$\begin{array}{r} 3\ 4\ 7 \\ +\ 1\ 3\ 2 \\ \hline 4\ 7\ 9 \end{array} \qquad \begin{array}{r} \overset{1}{}\ 2\ 8\ 8 \\ +\ 6\ 4\ 1 \\ \hline 9\ 2\ 9 \end{array}$$

6 소담이는 423을 400쯤, 211을 200쯤으로 생각했으므로 423＋211을 400쯤과 200쯤의 합인 600쯤으로 어림한 것입니다.
　채원이는 423을 420쯤으로 생각했으므로 211을 210쯤으로 어림하여 423＋211을 420쯤과 210쯤의 합인 630쯤으로 어림한 것입니다.

7 876＞752＞545
　가장 큰 수: 876, 가장 작은 수: 545
　⇨ 876＋545＝1421

8 577＋226＝803, 184＋699＝883
　⇨ 803＜883

9
$$\begin{array}{r} 1\ 2\ 4 \\ +\ 3\ 7\ 1 \\ \hline 4\ 9\ 5 \end{array} \qquad \begin{array}{r} \overset{1}{}\ 1\ 3\ 5 \\ +\ 1\ 3\ 6 \\ \hline 2\ 7\ 1 \end{array}$$

각 자리 수 4, 9, 5, 2, 7, 1에 알맞은 글자를 찾아 문장을 만들면 '수학은 즐거워'입니다.

10 (이틀 동안의 준서네 학교의 누리집 방문자 수)
　＝423＋315＝738(명)

11 100이 2개, 10이 3개, 1이 5개인 수는 235이고,
　100이 3개, 10이 9개, 1이 1개인 수는 391입니다.
　⇨ 235＋391＝626

12 7＞4＞1이므로 만들 수 있는 가장 큰 세 자리 수는 741입니다.
　⇨ 741＋238＝979

13 ・일의 자리 계산: □＋8＝13 ⇨ □＝5
　・십의 자리 계산: 1＋3＋□＝10 ⇨ □＝6

1 ⑩ 430, ⑩ 310, ⑩ 120
2 (위에서부터) 142, 146, 142
3 417　　　　　　　　**4** 2 / 5, 2 / 3, 5, 2
5 (1) 644　(2) 323　(3) 361　(4) 441
6 (1) 114　(2) 615
7 (○)(　　)(　　)

3 남은 수 모형을 세어 보면 백 모형이 4개, 십 모형이 1개, 일 모형이 7개입니다.
　⇨ 559－142＝417

6 (1)
$$\begin{array}{r} 2\ 4\ 6 \\ -\ 1\ 3\ 2 \\ \hline 1\ 1\ 4 \end{array}$$
　(2)
$$\begin{array}{r} 8\ 9\ 6 \\ -\ 2\ 8\ 1 \\ \hline 6\ 1\ 5 \end{array}$$

7
$$\begin{array}{r} 8\ 6\ 9 \\ -\ 6\ 5\ 4 \\ \hline 2\ 1\ 5 \end{array} \qquad \begin{array}{r} 6\ 2\ 7 \\ -\ 3\ 1\ 2 \\ \hline 3\ 1\ 5 \end{array} \qquad \begin{array}{r} 4\ 9\ 8 \\ -\ 1\ 8\ 3 \\ \hline 3\ 1\ 5 \end{array}$$

따라서 계산 결과가 다른 하나는 869－654입니다.

1 ⑩ 840, ⑩ 480, ⑩ 360
2 (위에서부터) 190, 890, 190
3 345
4 1 / 5, 10, 3, 1 / 5, 10, 4, 3, 1
5 (1) 245　(2) 397　(3) 468　(4) 251
6 (1) 617　(2) 123　　　**7** 소담

3 십 모형 1개는 일 모형 10개로 바꿀 수 있습니다.
남은 수 모형을 세어 보면 백 모형이 3개, 십 모형이
4개, 일 모형이 5개입니다.
⇨ $483-138=345$

5 (3)
$$\begin{array}{r} 7\ \overset{7\ 10}{\cancel{8}}\ 2 \\ -\ 3\ 1\ 4 \\ \hline 4\ 6\ 8 \end{array}$$
(4)
$$\begin{array}{r} \overset{8\ 10}{9}\ 2\ 9 \\ -\ 6\ 7\ 8 \\ \hline 2\ 5\ 1 \end{array}$$

6 (1)
$$\begin{array}{r} 8\ \overset{3\ 10}{\cancel{4}}\ 3 \\ -\ 2\ 2\ 6 \\ \hline 6\ 1\ 7 \end{array}$$
(2)
$$\begin{array}{r} \overset{2\ 10}{\cancel{3}}\ 1\ 8 \\ -\ 1\ 9\ 5 \\ \hline 1\ 2\ 3 \end{array}$$

7
$$\begin{array}{r} \overset{3\ 10}{\cancel{4}}\ 1\ 5 \\ -\ 2\ 4\ 3 \\ \hline 1\ 7\ 2 \end{array}$$
$$\begin{array}{r} 5\ \overset{8\ 10}{\cancel{9}}\ 0 \\ -\ 1\ 6\ 7 \\ \hline 4\ 2\ 3 \end{array}$$
$$\begin{array}{r} \overset{2\ 10}{\cancel{3}}\ 2\ 4 \\ -\ 1\ 8\ 0 \\ \hline 1\ 4\ 4 \end{array}$$

따라서 바르게 계산한 사람은 소담입니다.

20~21쪽

1 예 750, 예 300, 예 450
2 (위에서부터) 174, 183, 174
3 177
4 3, 10, 7 / 6, 13, 10, 7, 7 / 6, 13, 10, 3, 7, 7
5 (1) 178 (2) 339 (3) 387 (4) 674
6 (1) 169 (2) 453　　**7**

3 백 모형 1개는 십 모형 10개, 십 모형 1개는 일 모형
10개로 바꿀 수 있습니다. 남은 수 모형을 세어 보면
백 모형이 1개, 십 모형이 7개, 일 모형이 7개입니다.
⇨ $342-165=177$

5 (3)
$$\begin{array}{r} 8\ \overset{7\ 17\ 10}{\cancel{8}\ \cancel{8}}\ 3 \\ -\ 4\ 9\ 6 \\ \hline 3\ 8\ 7 \end{array}$$
(4)
$$\begin{array}{r} 9\ \overset{8\ 13\ 10}{\cancel{4}}\ 1 \\ -\ 2\ 6\ 7 \\ \hline 6\ 7\ 4 \end{array}$$

6 (1)
$$\begin{array}{r} 5\ \overset{4\ 15\ 10}{\cancel{6}}\ 4 \\ -\ 3\ 9\ 5 \\ \hline 1\ 6\ 9 \end{array}$$
(2)
$$\begin{array}{r} 7\ \overset{6\ 11\ 10}{\cancel{2}}\ 1 \\ -\ 2\ 6\ 8 \\ \hline 4\ 5\ 3 \end{array}$$

7
$$\begin{array}{r} 7\ \overset{6\ 13\ 10}{\cancel{4}}\ 2 \\ -\ 4\ 9\ 3 \\ \hline 2\ 4\ 9 \end{array}$$
$$\begin{array}{r} 8\ \overset{7\ 12\ 10}{\cancel{3}}\ 6 \\ -\ 5\ 5\ 7 \\ \hline 2\ 7\ 9 \end{array}$$

22~23쪽 교과서 + 수학익힘 **핵심 문제**

1 (1) 531 (2) 335　　**2** 172
3 375　　**4** 423
5 618, 371　　**6** 예 560 / 563
7
$$\begin{array}{r} 5\ 2\ 6 \\ -\ 3\ 7\ 8 \\ \hline 1\ 4\ 8 \end{array}$$
8 484
9 192 m
10
11 398
12 532, 217
13 (위에서부터) 3, 9

2 백 모형이 3개, 십 모형이 2개, 일 모형이 4개이므로
수 모형이 나타내는 수는 324입니다.
$$\begin{array}{r} \overset{2\ 10}{\cancel{3}}\ 2\ 4 \\ -\ 1\ 5\ 2 \\ \hline 1\ 7\ 2 \end{array}$$

3
$$\begin{array}{r} 5\ \overset{4\ 13\ 10}{\cancel{4}}\ 3 \\ -\ 1\ 6\ 8 \\ \hline 3\ 7\ 5 \end{array}$$

4
$$\begin{array}{r} 8\ \overset{4\ 10}{\cancel{5}}\ 2 \\ -\ 4\ 2\ 9 \\ \hline 4\ 2\ 3 \end{array}$$

5
$$\begin{array}{r} 7\ 7\ 8 \\ -\ 1\ 6\ 0 \\ \hline 6\ 1\ 8 \end{array}$$
$$\begin{array}{r} \overset{5\ 10}{\cancel{6}}\ 1\ 8 \\ -\ 2\ 4\ 7 \\ \hline 3\ 7\ 1 \end{array}$$

6 922와 359를 몇백몇십으로 어림하면 922는 920쯤,
359는 360쯤이므로 $922-359$는 560쯤입니다.
$$\begin{array}{r} \overset{8\ 11\ 10}{\cancel{9}\ \cancel{2}}\ 2 \\ -\ 3\ 5\ 9 \\ \hline 5\ 6\ 3 \end{array}$$

7 백의 자리와 십의 자리 계산에서
받아내림한 수를 빼지 않고 계산
했습니다.
$$\begin{array}{r} 5\ \overset{4\ 11\ 10}{\cancel{2}}\ 6 \\ -\ 3\ 7\ 8 \\ \hline 1\ 4\ 8 \end{array}$$

8 삼각형 안에 있는 수는 268과 752입니다.
⇨ $752-268=484$

9 설희네 집에서 공원까지의 거리는 놀이터까지의
거리보다 $817-625=192$(m) 더 멉니다.

10 $362+\square=697 \Rightarrow 697-362=\square$, $\square=335$
$185+\square=530 \Rightarrow 530-185=\square$, $\square=345$

[다른 풀이] $\square$ 안에 345, 335, 325를 각각 넣어서 계산해 봅니다.
$362+345=707(\times)$, $362+335=697(\bigcirc)$,
$362+325=687(\times)$
$185+345=530(\bigcirc)$, $185+335=520(\times)$,
$185+325=510(\times)$

11 100이 8개, 10이 6개, 1이 1개인 수는 861이므로 정우가 생각한 수는 861입니다.
따라서 주아가 생각한 수는 $861-463=398$입니다.

12 두 수의 차가 315이므로 고른 두 수의 일의 자리 수의 차가 5인 두 수를 찾으면
837과 532, 532와 217입니다.
$837-532=305$, $532-217=315$
$\Rightarrow 532-217=315$

13 • 일의 자리 계산: $10+6-\square=7 \Rightarrow \square=9$
• 십의 자리 계산: $\square-1+10-5=7 \Rightarrow \square=3$

24~26쪽 **단원 마무리**

✏️ 서술형 문제는 풀이를 꼭 확인하세요.

1 예 700, 예 200, 예 500
2 (위에서부터) 899, 99, 800
3 528   **4** 1606
5 760   **6** 186
7
8 (위에서부터) 1632, 474, 342, 816
9 $>$ **10** 243
11 ⓒ, ㉠, ⓒ, ㉣   **12** 128개
13 362명   **14** 545 m
15 701
16 437, 344(또는 344, 437)
17 425   **18** (위에서부터) 9, 8
✏️ **19** 풀이 참조   ✏️ **20** 422회

4
$$\begin{array}{r} \overset{1\,1}{8\,4\,9} \\ +\ 7\,5\,7 \\ \hline 1\,6\,0\,6 \end{array}$$

5
$$\begin{array}{r} \overset{1\,1}{5\,6\,8} \\ +\ 1\,9\,2 \\ \hline 7\,6\,0 \end{array}$$

6
$$\begin{array}{r} \overset{3\ 13\ 10}{\cancel{4}\,\cancel{4}\,5} \\ -\ 2\,5\,9 \\ \hline 1\,8\,6 \end{array}$$

7
$$\begin{array}{r} \overset{1}{2\,3\,5} \\ +\ 2\,7\,3 \\ \hline 5\,0\,8 \end{array} \qquad \begin{array}{r} 4\,7\,8 \\ -\ 1\,5\,0 \\ \hline 3\,2\,8 \end{array}$$

8
$$\begin{array}{r} \overset{1\,1}{6\,8\,7} \\ +\ 9\,4\,5 \\ \hline 1\,6\,3\,2 \end{array} \qquad \begin{array}{r} \overset{\ \ 1}{3\,4\,5} \\ +\ 1\,2\,9 \\ \hline 4\,7\,4 \end{array}$$

$$\begin{array}{r} 6\,8\,7 \\ -\ 3\,4\,5 \\ \hline 3\,4\,2 \end{array} \qquad \begin{array}{r} \overset{3\ 10}{9\,\cancel{4}\,5} \\ -\ 1\,2\,9 \\ \hline 8\,1\,6 \end{array}$$

9 $268+399=667$, $821-175=646$
$\Rightarrow 667>646$

10 원 안에 있는 수는 702와 459입니다.
$\Rightarrow 702-459=243$

11 ㉠ $374+269=643$ ⓒ $425+313=738$
ⓒ $953-358=595$ ㉣ $746-152=594$
$\Rightarrow \underset{ⓒ}{738}>\underset{㉠}{643}>\underset{ⓒ}{595}>\underset{㉣}{594}$

12 $365>286>237$
가장 많은 구슬은 파란색으로 365개이고,
가장 적은 구슬은 노란색으로 237개입니다.
$\Rightarrow 365-237=128$(개)

13 (비행기에 타고 있는 사람 수)
$=249+113=362$(명)

14 (집에서 문구점을 지나 학교까지 가는 거리)
$=331+214=545$(m)

15 100이 1개, 10이 3개, 1이 3개인 수는 133이고,
100이 8개, 10이 3개, 1이 4개인 수는 834입니다.
$\Rightarrow 834-133=701$

16 두 수의 합이 781이므로 고른 두 수의 일의 자리 수
의 합이 1 또는 11인 두 수를 찾으면
437과 344, 437과 324입니다.
$437+344=781$, $437+324=761$
⇨ $437+344=781$ 또는 $344+437=781$

17 $6>4>0$이므로 만들 수 있는 가장 큰 세 자리 수는
640입니다.
⇨ $640-215=425$

18 • 일의 자리 계산: $10+2-\square=4$ ⇨ $\square=8$
• 백의 자리 계산: $\square-1-5=3$ ⇨ $\square=9$

19 ❶ 〔예〕 백의 자리와 십의 자리 계산에서 받아내림한
수를 빼지 않고 계산했습니다.

❷
$$\begin{array}{r} 7\ 1\ 4 \\ -\ 2\ 5\ 9 \\ \hline 4\ 5\ 5 \end{array}$$

채점 기준	
❶ 잘못 계산한 이유 쓰기	3점
❷ 바르게 계산하기	2점

20 ❶ 〔예〕 인성이가 한 줄넘기 횟수와 지민이가 한 줄넘기
횟수를 더하면 되므로 $247+175$를 계산합니다.
❷ 〔예〕 인성이와 지민이는 줄넘기를 모두
$247+175=422$(회) 했습니다.

채점 기준	
❶ 문제에 알맞은 식 만들기	2점
❷ 인성이와 지민이는 줄넘기를 모두 몇 회 했는지 구하기	3점

27쪽

---

2. 평면도형

29쪽	준비 학습

1 (1) 삼각형 (2) 사각형
2 (위에서부터) 꼭짓점, 변
3 (위에서부터) 3, 4 / 3, 4

1 (1) 곧은 선 3개로 둘러싸인 도형은 삼각형입니다.
(2) 곧은 선 4개로 둘러싸인 도형은 사각형입니다.

2 • 삼각형과 사각형에서 곧은 선 2개가 만나는 점을
꼭짓점이라고 합니다.
• 삼각형과 사각형에서 곧은 선을 변이라고 합니다.

3 • 삼각형은 변이 3개, 꼭짓점이 3개입니다.
• 사각형은 변이 4개, 꼭짓점이 4개입니다.

30~31쪽	

1 다
2 (1) 나에 ◯표, 선분
(2) 다에 ◯표, 직선
(3) 가에 ◯표, 반직선
3 (□) (◯) (△)
(◯) (□) (△)
4 (1) 직선 ㄷㄹ 또는 직선 ㄹㄷ
(2) 선분 ㅁㅂ 또는 선분 ㅂㅁ
5 (1) 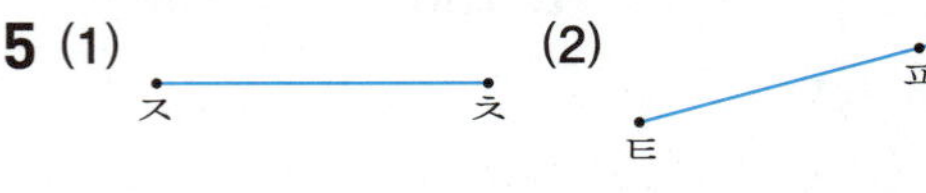

1 곧은 선은 반듯하게 쭉 뻗은 선이므로 다입니다.

3 • 선분은 두 점을 곧게 이은 선입니다.
• 직선은 선분을 양쪽으로 끝없이 늘인 곧은 선입니다.
• 반직선은 한 점에서 시작하여 한쪽으로 끝없이 늘인
곧은 선입니다.

4 (1) 점 ㄷ과 점 ㄹ을 지나는 직선
⇨ 직선 ㄷㄹ 또는 직선 ㄹㄷ
(2) 점 ㅁ과 점 ㅂ을 이은 선분
⇨ 선분 ㅁㅂ 또는 선분 ㅂㅁ

5 (1) 선분 ㅈㅊ: 곧은자를 이용하여 점 ㅈ과 점 ㅊ을 잇는 곧은 선을 긋습니다.

(2) 반직선 ㅌㅍ: 곧은자를 이용하여 점 ㅌ에서 시작하여 점 ㅍ을 지나는 곧은 선을 긋습니다.

1 다에 ◯표, 각

2 (위에서부터) 꼭짓점, 변, 변
/ 각 ㄴㄷㄹ 또는 각 ㄹㄷㄴ

3 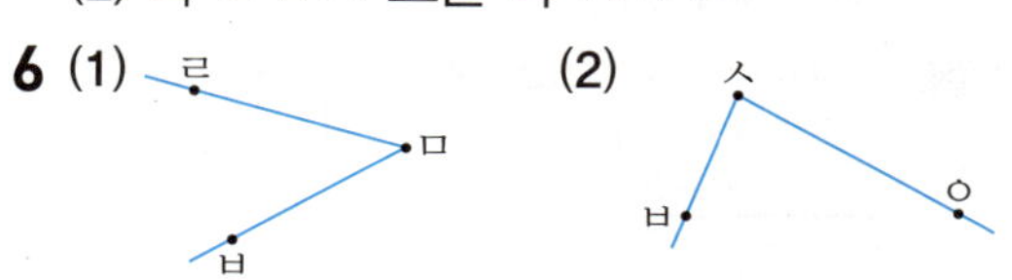
/ 점 ㅁ / 변 ㅁㄷ, 변 ㅁㄹ

4 (　　) (　　) (　　)
(◯) (　　) (◯)

5 (1) 각 ㄷㄹㅁ 또는 각 ㅁㄹㄷ
(2) 각 ㅁㅂㅅ 또는 각 ㅅㅂㅁ

6 (1) ㄹ (2) ㅅ

---

2 · 각의 꼭짓점은 반직선이 시작되는 점입니다.
· 반직선 ㄷㄴ과 반직선 ㄷㄹ을 각의 변이라고 합니다.
· 각의 꼭짓점 ㄷ이 가운데에 오도록 씁니다.

3 점 ㅁ이 각의 꼭짓점이 되도록 그립니다.

4 한 점에서 그은 두 반직선으로 이루어진 도형을 찾습니다.

5 (1) 각의 꼭짓점 ㄹ이 가운데에 오도록 씁니다.
(2) 각의 꼭짓점 ㅂ이 가운데에 오도록 씁니다.

6 (1) 점 ㅁ이 각의 꼭짓점이 되도록 그립니다.
(2) 점 ㅅ이 각의 꼭짓점이 되도록 그립니다.

1 └┐에 ◯표, 직각

2 (1) 예 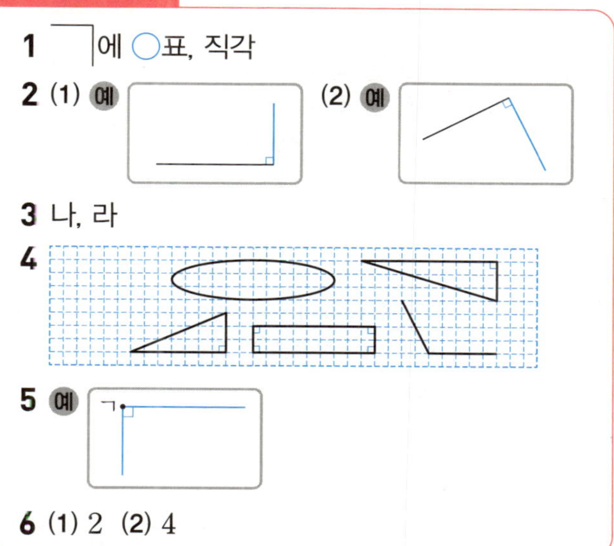 (2) 예

3 나, 라

4

5 예

6 (1) 2 (2) 4

---

2 삼각자의 직각인 부분을 선분의 양 끝 중 한 부분에 대고 직각을 그립니다.

3 모눈과 꼭 맞게 겹쳐지는 각을 찾으면 나, 라입니다.

4 모눈과 꼭 맞게 겹쳐지는 각을 찾습니다.

5 삼각자의 직각인 부분을 점 ㄱ에 대고 직각을 그립니다.

6 (1) 모눈과 꼭 맞게 겹쳐지는 각을 찾으면 2개입니다.
(2) 모눈과 꼭 맞게 겹쳐지는 각을 찾으면 4개입니다.

 교과서 + 수학익힘 핵심 문제

1

2~4

5 3개

6

7 ④ 　　　　　　　**8** ③

9 정우

10 각 ㄱㅁㄴ 또는 각 ㄴㅁㄱ,
　　각 ㄴㅁㄷ 또는 각 ㄷㅁㄴ

11 ㉡ 　　　　　　　**12** ㉡

13 (　　) (○)
　　(　　) (○)

---

1 · 선분을 양쪽으로 끝없이 늘인 곧은 선은 직선입니다.
　　· 한 점에서 시작하여 한쪽으로 끝없이 늘인 곧은 선은 반직선입니다.

2 곧은자를 이용하여 점 ㄱ과 점 ㄴ을 잇는 곧은 선을 긋습니다.

3 곧은자를 이용하여 점 ㄷ에서 시작하여 점 ㄹ을 지나는 곧은 선을 긋습니다.

4 곧은자를 이용하여 점 ㅁ과 점 ㅂ을 지나는 곧은 선을 긋습니다.

5 선분은 두 점을 곧게 이은 선으로 모두 3개입니다.

6 모눈과 꼭 맞게 겹쳐지는 각을 찾습니다.

7 점 ㄴ이 각의 꼭짓점이 되어야 하므로 점 ㄴ에서 모눈을 따라 그렸을 때 만나는 점을 점 ㄷ으로 합니다.

8 ③ 점 ㄴ을 각의 꼭짓점이라고 합니다.

9 반직선 ㄱㄴ과 반직선 ㄴㄱ은 시작점과 끝없이 늘인 방향이 다르므로 반직선 ㄱㄴ을 반직선 ㄴㄱ이라고 말할 수 없습니다.

10 삼각자의 직각인 부분을 대었을 때 꼭 맞게 겹쳐지는 각은 각 ㄱㅁㄴ 또는 각 ㄴㅁㄱ, 각 ㄴㅁㄷ 또는 각 ㄷㅁㄴ입니다.

11 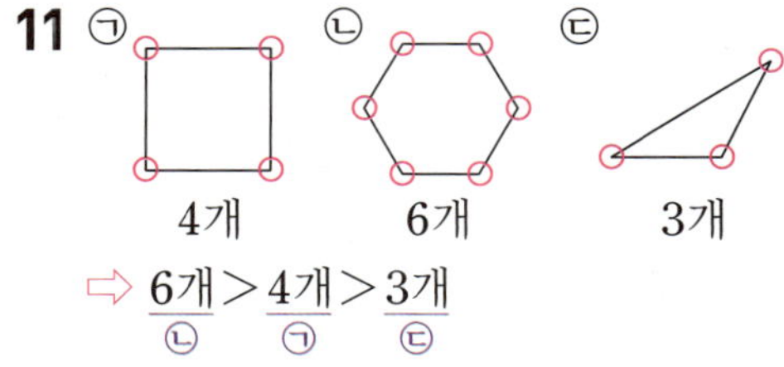

⇨ 6개 > 4개 > 3개
　 ㉡　 ㉠　 ㉢

12 ㉡ 반직선은 시작점이 있지만 직선은 시작점이 없습니다.

13 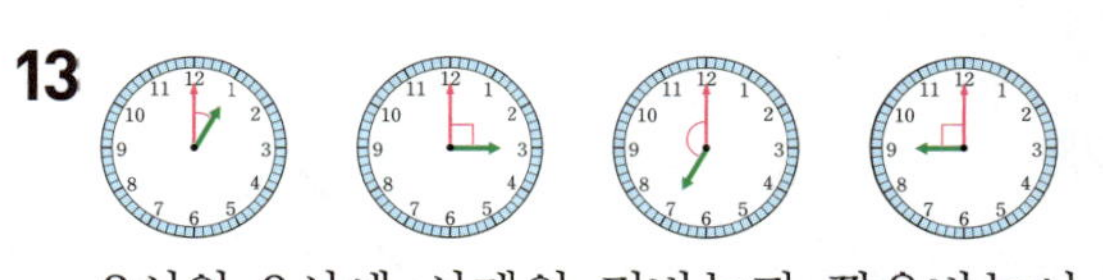

3시와 9시에 시계의 긴바늘과 짧은바늘이 이루는 작은 쪽의 각이 직각입니다.

---

1 다에 ○표, 직각삼각형

2 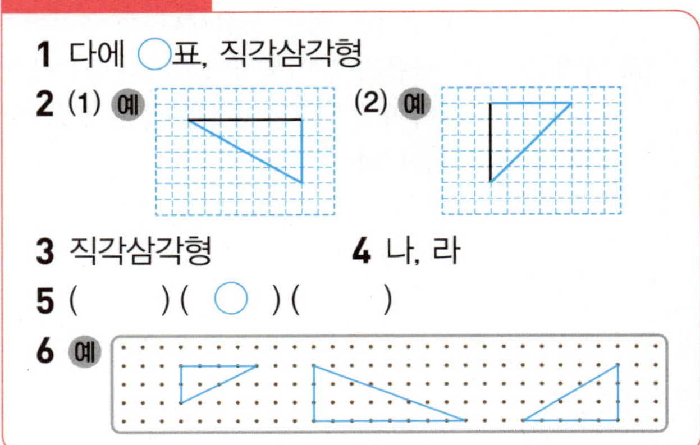

(1) 예　　　　　(2) 예

3 직각삼각형　　　　**4** 나, 라

5 (　　) (○) (　　)

6 예

2 모눈종이의 모눈을 이용하여 한 각이 직각인 삼각형을 그립니다.

3 변과 꼭짓점이 각각 3개이므로 삼각형이고, 삼각형 중에서 한 각이 직각인 삼각형은 직각삼각형입니다.

4 직각삼각형은 한 각이 직각인 삼각형이므로 나, 라입니다.

5 직각삼각형은 변과 꼭짓점이 각각 3개이고, 직각이 1개인 삼각형입니다.

6 한 각이 직각인 삼각형을 3개 그립니다.

---

1 라에 ○표, 직사각형

2 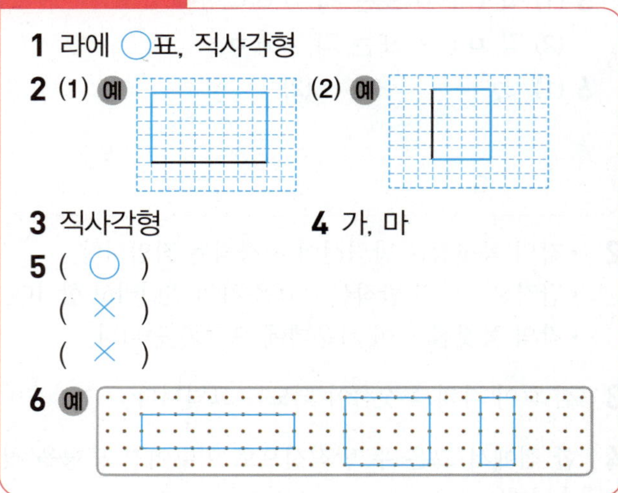

(1) 예　　　　　(2) 예

3 직사각형　　　　**4** 가, 마

5 (○)
　　(×)
　　(×)

6 예

2 모눈종이의 모눈을 이용하여 네 각이 모두 직각인 사각형을 그립니다.

3 변과 꼭짓점이 각각 4개이므로 사각형이고, 사각형 중에서 네 각이 모두 직각인 사각형은 직사각형입니다.

4 직사각형은 네 각이 모두 직각인 사각형이므로 가, 마입니다.

5 (2) 직사각형은 꼭짓점이 4개입니다.
(3) 직사각형은 직각이 4개입니다.

6 네 각이 모두 직각인 사각형을 3개 그립니다.

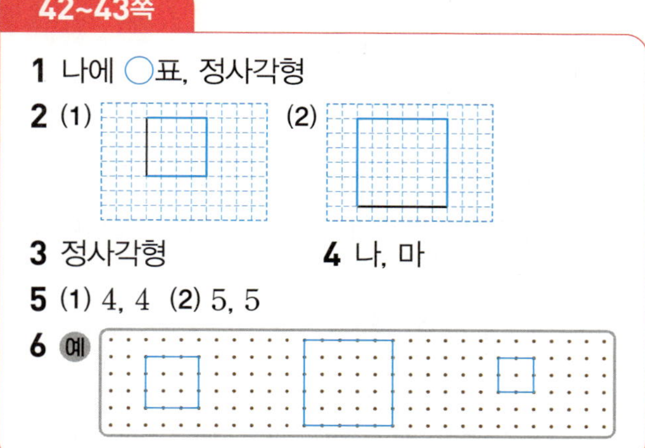

1 나에 ◯표, 정사각형

2 (1)   (2)

3 정사각형   **4** 나, 마

5 (1) 4, 4 (2) 5, 5

6 예

2 모눈종이의 모눈을 이용하여 네 각이 모두 직각이고 네 변의 길이가 모두 같은 사각형을 그립니다.

3 변과 꼭짓점이 각각 4개이므로 사각형이고, 사각형 중에서 네 각이 모두 직각이고 네 변의 길이가 모두 같은 사각형은 정사각형입니다.

4 정사각형은 네 각이 모두 직각이고 네 변의 길이가 모두 같은 사각형이므로 나, 마입니다.

5 정사각형은 네 변의 길이가 모두 같습니다.

6 네 각이 모두 직각이고 네 변의 길이가 모두 같은 사각형을 3개 그립니다.

1 가, 바   **2** 나, 다, 마, 바

3 다, 바   **4** 직각

5 예   **6**

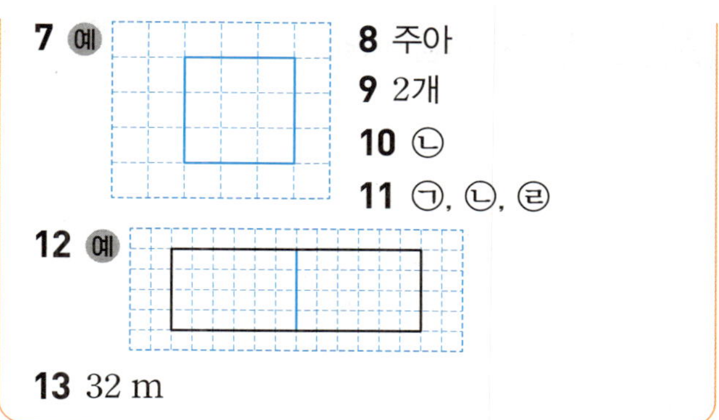

7 예   **8** 주아
9 2개
10 ㉡
11 ㉠, ㉡, ㉣

12 예

13 32 m

1 직각삼각형은 한 각이 직각인 삼각형이므로 가, 바입니다.

2 직사각형은 네 각이 모두 직각인 사각형이므로 나, 다, 마, 바입니다.

3 정사각형은 네 각이 모두 직각이고 네 변의 길이가 모두 같은 사각형이므로 다, 바입니다.

5 주어진 선분을 이용하여 한 각이 직각인 삼각형을 그립니다.

6 주어진 선분을 두 변으로 하고 네 각이 모두 직각인 사각형을 그립니다.

7 네 각이 모두 직각이고 네 변의 길이가 모두 3 cm인 사각형을 그립니다.

8 직사각형은 네 변의 길이가 모두 같지 않은 것이 있으므로 정사각형이라고 할 수 없습니다.

9 색종이를 점선을 따라 자르면 직각삼각형이 2개, 사각형이 1개 생깁니다.

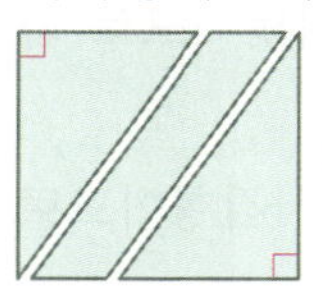

10 주어진 도형은 네 변의 길이는 같지만 네 각이 모두 직각이 아니므로 정사각형이 아닙니다.

11 네 각이 모두 직각이고 네 변의 길이가 모두 같으므로 정사각형입니다. 또한 정사각형은 사각형 또는 직사각형이라고 할 수도 있습니다.

12 선분을 그었을 때 나누어진 두 변의 길이가 같아야 합니다.
긴 변이 나누어지도록 긋거나 짧은 변이 나누어지도록 그을 수 있습니다.

13 정사각형은 네 변의 길이가 모두 같으므로 꽃밭의 네 변의 길이의 합은 $8+8+8+8=32$ (m)입니다.

46~48쪽 단원 마무리

📝 **서술형 문제**는 풀이를 꼭 확인하세요.

1 ㉢ **2** 반직선 ㄴㄱ

3 가 **4** 라

5 각 ㄱㄴㄷ 또는 각 ㄷㄴㄱ

6 가, 다 **7** 나, 라, 마

8 나, 라 **9** ⑤

10 예

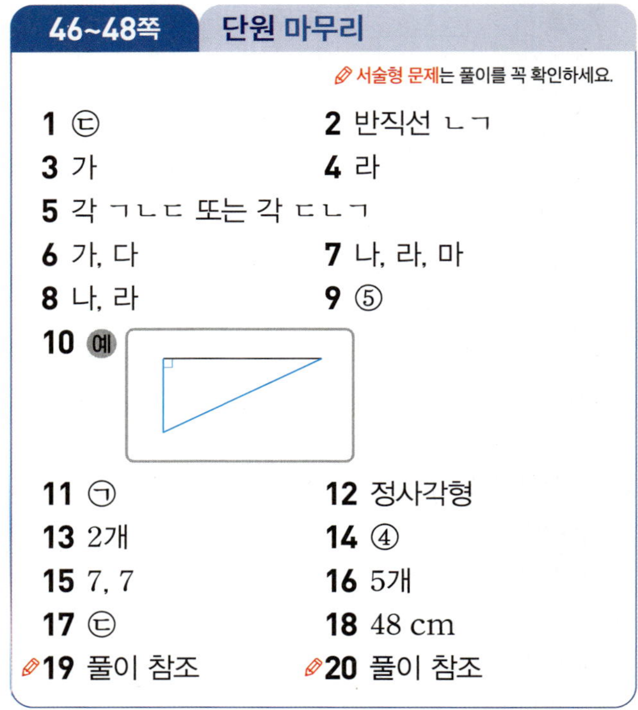

11 ㉠ **12** 정사각형

13 2개 **14** ④

15 7, 7 **16** 5개

17 ㉢ **18** 48 cm

📝 **19** 풀이 참조 📝 **20** 풀이 참조

1 곧은 선은 반듯하게 쭉 뻗은 선이므로 ㉢입니다.

2 점 ㄴ에서 시작하여 점 ㄱ을 지나는 반직선
➡ 반직선 ㄴㄱ

3 직선은 선분을 양쪽으로 끝없이 늘인 곧은 선이므로 가입니다.

4 선분은 두 점을 곧게 이은 선이므로 라입니다.

5 각의 이름을 쓸 때에는 각의 꼭짓점 ㄴ이 가운데에 오도록 씁니다.

6 직각삼각형은 한 각이 직각인 삼각형이므로 가, 다입니다.

7 직사각형은 네 각이 모두 직각인 사각형이므로 나, 라, 마입니다.

8 정사각형은 네 각이 모두 직각이고 네 변의 길이가 모두 같은 사각형이므로 나, 라입니다.

9 모눈종이의 모눈을 따라 각을 그리면 직각이 되므로 점 ㄴ 또는 점 ㄷ에서 모눈을 따라 그렸을 때 만나는 점이 점 ㄱ이 되도록 옮겨야 합니다.

10 주어진 선분을 한 변으로 하는 직각을 그린 후 두 선분의 끝점을 이어 직각삼각형을 그립니다.

11

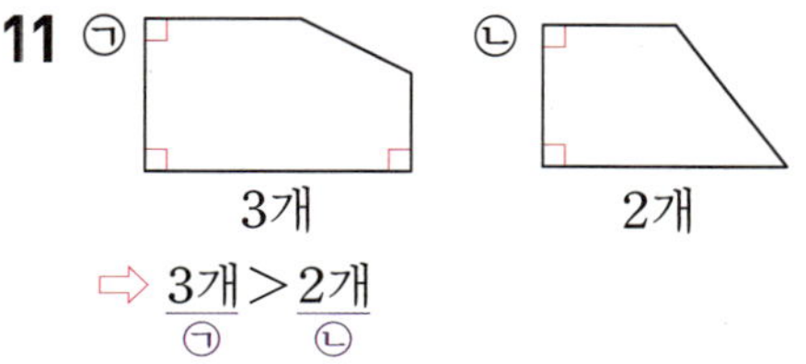

➡ $\underset{㉠}{3개} > \underset{㉡}{2개}$

12 4개의 선분으로 둘러싸이고 모든 각이 직각인 도형은 직사각형이고, 직사각형 중에서 네 변의 길이가 모두 같은 직사각형은 정사각형입니다.

13 직각은 각 ㄱㅁㄹ 또는 각 ㄹㅁㄱ, 각 ㄹㅁㄷ 또는 각 ㄷㅁㄹ로 모두 2개입니다.

14

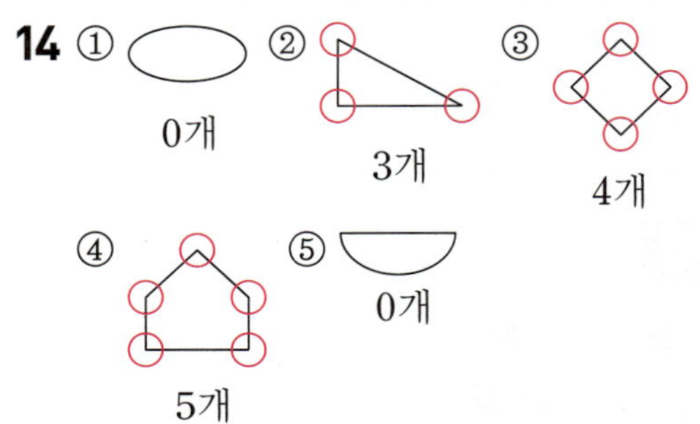
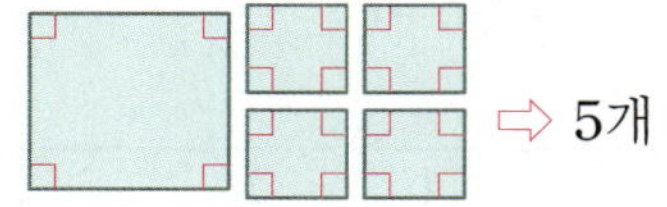

15 정사각형은 네 변의 길이가 모두 같습니다.

16 도화지를 점선을 따라 자르면 다음과 같습니다.

➡ 5개

17 ㉢ 정사각형은 직사각형이라고 할 수 있지만 직사각형은 정사각형이라고 할 수 없습니다.

18 정사각형은 네 변의 길이가 모두 같으므로 정사각형의 네 변의 길이의 합은 $12+12+12+12=48(\text{cm})$입니다.

📝 **19** 예 이 도형의 이름은 반직선 ㄷㄹ입니다.」❶

채점 기준	
❶ 잘못된 부분을 찾아 바르게 고치기	5점

📝 **20** 예 한 각이 직각인 삼각형이 아닙니다.」❶

채점 기준	
❶ 직각삼각형이 아닌 이유 쓰기	5점

49쪽

3. 나눗셈

1 (1) 4, 12　(2) 4, 12
2 8, 24 / 3, 24
3 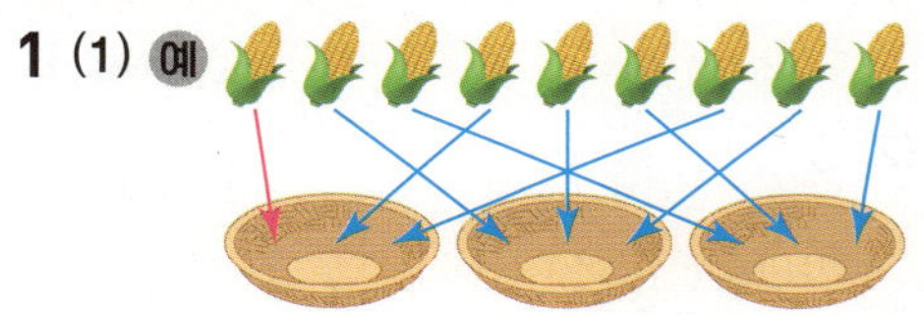
4 (1) 5　(2) 8　(3) 1　(4) 0

1 (1) 3개씩 4묶음이므로 모두 12입니다.
　(2) 3의 4배는 12입니다.
2 ・3씩 8묶음이므로 조개는 모두 $3 \times 8 = 24$(개)입니다.
　・8씩 3묶음이므로 조개는 모두 $8 \times 3 = 24$(개)입니다.

1 (1) 예 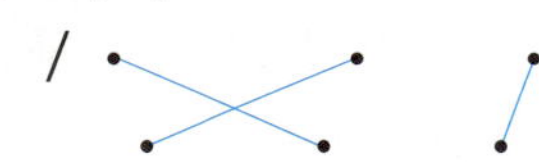
　(2) 3, 3
2 18, 6, 3
　/ 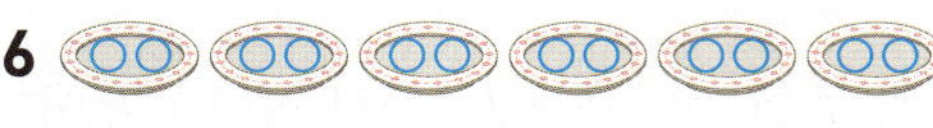
3 42, 7, 6
4 10, 5, 2 / 10 나누기 5는 2와 같습니다.
5 (　) (　○　)
6 / 6, 2, 2

4 당근 10개를 5곳에 똑같이 나누면 한 곳에 2개씩입니다. ⇨ $10 \div 5 = 2$
5 연필 15자루를 연필꽂이 5개에 똑같이 나누어 꽂으면
　　　　 15　　　　　　　　　　　　　 ÷5
　연필꽂이 한 개에 3자루씩 꽂을 수 있습니다.
　　　　　　　　　　 =3
6 접시 6개에 ○를 한 개씩 번갈아 가며 그리면 접시 한 개에 ○가 2개씩이므로 나눗셈식으로 나타내면 $12 \div 6 = 2$입니다.
　⇨ 접시 한 개에 도넛을 2개씩 놓을 수 있습니다.

1 (1) 4　(2) 3, 3
2 (1) 예 
　(2) 2, 2
3 (1) 7, 7, 2　(2) 7, 2　(3) 2개
4
5 (　○　) (　　)
6 예 / 9, 2, 2

4 ・$20 - 5 - 5 - 5 - 5 = 0$ ⇨ $20 \div 5 = 4$
　　　　　└───4번───┘
　・$40 - 8 - 8 - 8 - 8 - 8 = 0$ ⇨ $40 \div 8 = 5$
　　　　　└─────5번─────┘
5 금붕어 35마리를 어항 한 개에 7마리씩 넣으려면
　　　　 35　　　　　　　　　　　　　 ÷7
　어항은 5개 필요합니다.
　　　　 =5
6 밤 18개를 9개씩 묶으면 2묶음이 되므로 나눗셈식으로 나타내면 $18 \div 9 = 2$입니다.
　⇨ 밤을 2명에게 나누어 줄 수 있습니다.

1 3　　　　　　　　　　**2** 5, 5 / 5, 3
3　　　　　　　　　　　**4** 56, 8, 7
5 (　　)　　　　　　　　**6** 32, 8, 4
　(　○　)
7 ㉡　　　　　　　　　　**8** $27 \div 9 = 3$
9 $28 \div 4 = 7$(또는 $28 \div 4$) / 7개
10 $18 \div 9 = 2$(또는 $18 \div 9$) / 2개
11 은희　　　　　　　　　**12** 6 / 4

1 접시 2개에 빵을 1개씩 번갈아 가며 놓으면
접시 1개에 3개씩 놓을 수 있습니다. $\Rightarrow 6 \div 2 = 3$

2 단추 15개를 5개씩 3번 덜어 내면 0이 됩니다.
$15 - 5 - 5 - 5 = 0 \Rightarrow 15 \div 5 = 3$
(3번)

3 $42 \div 7 = 6$
나누어지는 수 / 나누는 수 / 몫

5 나눗셈식 $12 \div 4 = 3$은 12에서 4씩 3번 빼면 0이 되
는 뺄셈식으로 나타냅니다. $\Rightarrow 12 - 4 - 4 - 4 = 0$
(3번)

6 $32 \div 8 = 4$
전체 농구공 수 / 한 바구니에 담는 농구공 수 / 바구니 수

7 ⓒ 2는 16을 8로 나눈 몫입니다.

8 초콜릿 27개를 9명이 똑같이 나누어 가지면
27 / ÷9
한 명이 3개씩 가지게 됩니다.
=3

9 머리핀 28개를 4곳에 똑같이 나누면 한 곳에 7개씩
입니다. $\Rightarrow 28 \div 4 = 7$

10 지우개 18개를 9개씩 묶으면 2묶음이 됩니다.
$\Rightarrow 18 \div 9 = 2$

11 $35 - 7 - 7 - 7 - 7 - 7 = 0 \Rightarrow 35 \div 7 = 5$
(5번)
따라서 5명에게 나누어 줄 수 있습니다.

12 • 콩 12개를 2곳에 똑같이 나누면 한 곳에 6개씩입
니다.
• 콩 12개를 3곳에 똑같이 나누면 한 곳에 4개씩입
니다.

58~59쪽

1 (1) 5, 2 (2) 5 (3) 5, 2
2 3 / 3, 7
3 (   ) (○) (   ) (○)
4 7 / 7　　　　**5** (1) 5 / 5 (2) 9 / 6
6 (1) 4 / 4 (2) 5 / 8

2 $7 \times 3 = 21$　　　$7 \times 3 = 21$
$21 \div 7 = 3$　　　$21 \div 3 = 7$

3 $3 \times 8 = 24$　　$24 \div 3 = 8$
　　　　　　　　$24 \div 8 = 3$

---

4 2개씩 7묶음이므로 $2 \times 7 = 14$입니다.
$\Rightarrow$ 14개를 2개씩 묶으면 7묶음이 되므로
$14 \div 2 = 7$입니다.

5 (1) $4 \times 5 = 20$　　　$4 \times 5 = 20$
$20 \div 4 = 5$　　　$20 \div 5 = 4$
(2) $6 \times 9 = 54$　　　$6 \times 9 = 54$
$54 \div 6 = 9$　　　$54 \div 9 = 6$

6 (1) $36 \div 9 = 4$　　　$36 \div 9 = 4$
$9 \times 4 = 36$　　　$4 \times 9 = 36$
(2) $40 \div 8 = 5$　　　$40 \div 8 = 5$
$8 \times 5 = 40$　　　$5 \times 8 = 40$

60~61쪽

1 (1) 16, 2 (2) 8 (3) 8개
2 (1) 7 (2) 7
3 (   ) (   ) (   ) (○)
4 8, 8
5 (1) 3 (2) 5
6

---

3 5와 곱해서 20이 되는 수는 4이므로 몫을 구할 때
필요한 곱셈식은 $5 \times 4 = 20$입니다.

4 컵케이크가 3개씩 8묶음이므로 곱셈식으로 나타내면
$3 \times 8 = 24$입니다.
$24 \div 3 = \boxed{8} \Rightarrow 3 \times \boxed{8} = 24$

5 (1) 나누는 수인 4단 곱셈구구에서 곱이 나누어지는
수인 12가 되는 곱셈식을 찾아보면
$4 \times \boxed{3} = 12$이므로 $12 \div 4 = \boxed{3}$입니다.
(2) 나누는 수인 6단 곱셈구구에서 곱이 나누어지는
수인 30이 되는 곱셈식을 찾아보면
$6 \times \boxed{5} = 30$이므로 $30 \div 6 = \boxed{5}$입니다.

6 • $42 \div 7 = \boxed{6} \Rightarrow 7 \times \boxed{6} = 42 \Rightarrow$ 몫: 6
• $6 \div 3 = \boxed{2} \Rightarrow 3 \times \boxed{2} = 6 \Rightarrow$ 몫: 2
• $56 \div 8 = \boxed{7} \Rightarrow 8 \times \boxed{7} = 56 \Rightarrow$ 몫: 7

1 (◯) (　　)
2 (　　)　　　　**3** 56, 8 / 56, 8
　 (　　)　　　　**4** 9, 36 / 9, 36
　 (◯)
5 (1) 8, 8　(2) 5, 5　　**6** (1) 8　(2) 4
7

8 $7\times2=14$, $2\times7=14$ /
　 $14\div2=7$, $14\div7=2$
9 6　　　　　　**10** 8, 2
11 $28\div7=4$ / $7\times4=28$ 또는 $4\times7=28$
　 / 4명
12 <　　　　　**13** 8, 9
14 $5\times7=35$ 또는 $7\times5=35$
　 / $35\div5=7$, $35\div7=5$

1 $18\div2=9$ $\begin{cases} 2\times9=18 \\ 9\times2=18 \end{cases}$

2 6과 곱해서 24가 되는 수는 4이므로 몫을 구할 때
　 필요한 곱셈식은 $6\times4=24$입니다.

3 $7\times8=56$　　　$7\times8=56$
　 $56\div7=8$　　　$56\div8=7$

4 $36\div4=9$　　　$36\div4=9$
　 $4\times9=36$　　　$9\times4=36$

6 (1) $40\div5=5$ ⇨ $5\times8=40$

　 (2) $16\div4=4$ ⇨ $4\times4=16$

7 ·$25\div5=5$ ⇨ $5\times5=25$

　 ·$54\div6=9$ ⇨ $6\times9=54$

8 ·케이크가 한 줄에 7조각씩 2줄 있으므로 곱셈식으로
　 나타내면 $7\times2=14$, $2\times7=14$입니다.
　 ·곱셈과 나눗셈의 관계를 이용하여 곱셈식을 나눗셈식
　 으로 나타내면 $14\div7=2$, $14\div2=7$입니다.

9 가장 큰 수는 18이고, 가장 작은 수는 3입니다.
　 ⇨ $18\div3=6$

10 ·$32\div4=8$　　　·$8\div4=2$
11 $28\div7=4$ ⇨ $7\times4=28$

　 따라서 4명에게 나누어 줄 수 있습니다.
12 $64\div8=8$ ⇨ $8<9$
　 $45\div5=9$
13 $63\div9=7$
　 따라서 ☐ 안에 들어갈 수 있는 수는
　 7보다 큰 8, 9입니다.
14 수 카드 3장을 뽑아 만들 수 있는 곱셈식은
　 $5\times7=35$ 또는 $7\times5=35$입니다.
　 곱셈과 나눗셈의 관계를 이용하여 곱셈식을 나눗셈식
　 으로 나타내면 $35\div5=7$, $35\div7=5$입니다.

✏ 서술형 문제는 풀이를 꼭 확인하세요.

1 56 나누기 7은 8과 같습니다.
2 4
3 / 5, 2
4 ㉢　　　　　　**5** 20, 5, 4
6 24, 4, 6 / 24, 6, 4
7 ㉡, ㉣　　　　　**8** 7
9

10 $9\times3=27$, $3\times9=27$
　 / $27\div9=3$, $27\div3=9$
11 (위에서부터) 8, 6　　**12** =
13 ㉡, ㉣　　　　　**14** 7개
15 8일　　　　　　**16** 7개 / 5개
17 7, 8, 9
18 $5\times9=45$ 또는 $9\times5=45$
　 / $45\div5=9$, $45\div9=5$
✏**19** 풀이 참조　　✏**20** ㉠

3 꽃 10송이를 꽃병 5개에 1송이씩 번갈아 가며
꽃으면 꽃병 한 개에 꽃을 2송이씩 꽂아야 합니다.
$\Rightarrow 10 \div 5 = 2$

4 ㉢ $54 \div 9 = 6$
└•몫

5 $20 - 5 - 5 - 5 - 5 = 0 \Rightarrow 20 \div 5 = 4$
└─4번─

6 $4 \times 6 = 24$　　　　$4 \times 6 = 24$
$24 \div 4 = 6$　　　　$24 \div 6 = 4$

7 나눗셈의 몫을 구하려면 나누는 수의 단 곱셈구구를
이용해야 합니다.
따라서 나누는 수가 3인 나눗셈을 찾습니다.

8 $49 \div 7 = \boxed{7} \Rightarrow 7 \times \boxed{7} = 49$

9 ・$15 \div 5 = \boxed{3} \Rightarrow 5 \times \boxed{3} = 15 \Rightarrow$ 몫: 3
・$28 \div 4 = \boxed{7} \Rightarrow 4 \times \boxed{7} = 28 \Rightarrow$ 몫: 7

10 ・야구공이 한 줄에 9개씩 3줄 있으므로 곱셈식으로
나타내면 $9 \times 3 = 27$, $3 \times 9 = 27$입니다.
・곱셈과 나눗셈의 관계를 이용하여 곱셈식을 나눗셈식
으로 나타내면 $27 \div 9 = 3$, $27 \div 3 = 9$입니다.

11 ・$48 \div 6 = 8$
・$48 \div 8 = 6$

12 $32 \div 4 = \boxed{8}$
$72 \div 9 = \boxed{8}$ $\Rightarrow 8 = 8$

13 $12 \div 3 = 4$
㉠ $15 \div 3 = 5$　　　㉡ $16 \div 4 = 4$
㉢ $20 \div 4 = 5$　　　㉣ $36 \div 9 = 4$
따라서 $12 \div 3$과 몫이 같은 나눗셈은 ㉡, ㉣입니다.

14 $21 \div 3 = \boxed{7} \Rightarrow 3 \times \boxed{7} = 21$

따라서 7개씩 담아야 합니다.

15 $64 \div 8 = \boxed{8} \Rightarrow 8 \times \boxed{8} = 64$

따라서 8일이 걸립니다.

16 ・(한 명이 가질 수 있는 귤의 수)$= 42 \div 6 = 7$(개)
・(한 명이 가질 수 있는 사과의 수)
$= 30 \div 6 = 5$(개)

17 $36 \div 6 = 6$
따라서 ☐ 안에 들어갈 수 있는 수는
6보다 큰 7, 8, 9입니다.

18 수 카드 3장을 뽑아 만들 수 있는 곱셈식은
$5 \times 9 = 45$ 또는 $9 \times 5 = 45$입니다.
곱셈과 나눗셈의 관계를 이용하여 곱셈식을 나눗셈식
으로 나타내면 $45 \div 5 = 9$, $45 \div 9 = 5$입니다.

19 $9 \times 4 = 36$

예 9와 곱해서 36이 되는 수는 4이므로 몫을 구하
는 데 필요한 곱셈식은 $9 \times 4 = 36$입니다.」 ❶

채점 기준	
❶ 몫을 구하는 데 필요한 곱셈식 쓰고, 이유 쓰기	5점

20 ❶ **예** 나눗셈의 몫을 각각 구하면
㉠ $16 \div 2 = 8$, ㉡ $30 \div 5 = 6$, ㉢ $42 \div 6 = 7$
입니다.
❷ **예** 몫의 크기를 비교하면 $8 > 7 > 6$이므로 몫이
가장 큰 나눗셈은 ㉠입니다.

채점 기준	
❶ 나눗셈의 몫을 각각 구하기	3점
❷ 몫이 가장 큰 나눗셈 찾기	2점

67쪽

4. 곱셈

1 3, 3, 3, 3, 12 / 4, 12
2 (1) 35 (2) 32 (3) 21 (4) 0
3 2, 10 / 9, 27 / 20, 28
4

1 3씩 4묶음 ➡ $\underset{4번}{3+3+3+3}$ ➡ $3\times4=12$

3 $2\times1=2$, $2\times5=10$
$3\times3=9$, $3\times9=27$
$4\times5=20$, $4\times7=28$

4 ・$2\times8=16$　　　・$3\times8=24$
・$6\times4=24$　　　・$4\times4=16$

1 (1) 60, 60 (2) 30, 60
　(3) 6, 60　(4) 6, 60 / 6, 60
2

0　10　20　30　40　50　60　70　80　90　100
/ 50

3 (1) 90 (2) 40 (3) 40 (4) 90
4 (1) 80 (2) 60
5

2 10씩 5번 뛰어 세어 보면 10, 20, 30, 40, 50이므로 $10\times5=50$입니다.

3 (1) $1\times9=9$ ➡ $10\times9=90$
　(2) $4\times1=4$ ➡ $40\times1=40$
　(3) $2\times2=4$ ➡ $20\times2=40$
　(4) $3\times3=9$ ➡ $30\times3=90$

4 (1) $8\times1=8$ ➡ $80\times1=80$
　(2) $2\times3=6$ ➡ $20\times3=60$

5 ・$1\times7=7$ ➡ $10\times7=70$
・$4\times2=8$ ➡ $40\times2=80$

1 (1) 40 / 2 / 40, 2, 42
　(2) 2 / 4 / 4, 2 / 4, 2
2 20, 8 / 28
3 (1) 48 (2) 93 (3) 88 (4) 96
4 (1) 24 (2) 69
5

2 14×2에서 $14=10+4$이므로 10과 4에 각각 2를 곱한 다음 두 곱을 더합니다.

3 (3) $\begin{array}{r} 2\ 2 \\ \times\quad 4 \\ \hline 8\ 8 \end{array}$　　　(4) $\begin{array}{r} 3\ 2 \\ \times\quad 3 \\ \hline 9\ 6 \end{array}$

4 (1) $\begin{array}{r} 1\ 2 \\ \times\quad 2 \\ \hline 2\ 4 \end{array}$　　　(2) $\begin{array}{r} 2\ 3 \\ \times\quad 3 \\ \hline 6\ 9 \end{array}$

5 $\begin{array}{r} 3\ 1 \\ \times\quad 2 \\ \hline 6\ 2 \end{array}$　　$\begin{array}{r} 2\ 3 \\ \times\quad 2 \\ \hline 4\ 6 \end{array}$

1 (1) 120 / 4 / 120, 4, 124
　(2) 4 / 1, 2 / 1, 2, 4 / 1, 2, 4
2 120, 8 / 128
3 (1) 186 (2) 355 (3) 208 (4) 166
4 (1) 368 (2) 153
5 (　　) (　○　) (　　)

2 32×4에서 $32=30+2$이므로 30과 2에 각각 4를 곱한 다음 두 곱을 더합니다.

3 (3) $\begin{array}{r} 5\ 2 \\ \times\quad 4 \\ \hline 2\ 0\ 8 \end{array}$　　　(4) $\begin{array}{r} 8\ 3 \\ \times\quad 2 \\ \hline 1\ 6\ 6 \end{array}$

4 (1) $\begin{array}{r} 9\ 2 \\ \times\quad 4 \\ \hline 3\ 6\ 8 \end{array}$　　　(2) $\begin{array}{r} 5\ 1 \\ \times\quad 3 \\ \hline 1\ 5\ 3 \end{array}$

5 $\begin{array}{r} 8\ 2 \\ \times\quad 2 \\ \hline 1\ 6\ 4 \end{array}$　　$\begin{array}{r} 7\ 3 \\ \times\quad 2 \\ \hline 1\ 4\ 6 \end{array}$　　$\begin{array}{r} 4\ 1 \\ \times\quad 4 \\ \hline 1\ 6\ 4 \end{array}$

76~77쪽

1 (1) 40 / 18 / 40, 18, 58
　(2) 1, 8 / 4 / 5, 8 / 1 / 5, 8
2 40, 32 / 72
3 (1) 78　(2) 56　(3) 72　(4) 94
4 (1) 45　(2) 76
5 25×3＝75, 24×4＝96에 ◯표

2 18×4에서 18＝10＋8이므로 10과 8에 각각 4를 곱한 다음 두 곱을 더합니다.

3 (3)
$$\begin{array}{r} \overset{1}{2}\,4 \\ \times\quad 3 \\ \hline 7\,2 \end{array}$$
　(4)
$$\begin{array}{r} \overset{1}{4}\,7 \\ \times\quad 2 \\ \hline 9\,4 \end{array}$$

4 (1)
$$\begin{array}{r} \overset{1}{1}\,5 \\ \times\quad 3 \\ \hline 4\,5 \end{array}$$
　(2)
$$\begin{array}{r} \overset{1}{3}\,8 \\ \times\quad 2 \\ \hline 7\,6 \end{array}$$

5
$$\begin{array}{r} \overset{1}{2}\,5 \\ \times\quad 3 \\ \hline 7\,5 \end{array}$$
$$\begin{array}{r} \overset{1}{2}\,6 \\ \times\quad 2 \\ \hline 5\,2 \end{array}$$
$$\begin{array}{r} \overset{1}{2}\,4 \\ \times\quad 4 \\ \hline 9\,6 \end{array}$$

78~79쪽

1 (1) 120 / 18 / 120, 18, 138
　(2) 1, 8 / 1, 2 / 1, 3, 8 / 1 / 1, 3, 8
2 150, 24 / 174
3 (1) 141　(2) 312　(3) 145　(4) 272
4 (1) 180　(2) 212
5 (　) (◯) (　)

2 58×3에서 58＝50＋8이므로 50과 8에 각각 3을 곱한 다음 두 곱을 더합니다.

3 (3)
$$\begin{array}{r} \overset{4}{2}\,9 \\ \times\quad 5 \\ \hline 1\,4\,5 \end{array}$$
　(4)
$$\begin{array}{r} \overset{3}{6}\,8 \\ \times\quad 4 \\ \hline 2\,7\,2 \end{array}$$

4 (1)
$$\begin{array}{r} \overset{3}{3}\,6 \\ \times\quad 5 \\ \hline 1\,8\,0 \end{array}$$
　(2)
$$\begin{array}{r} \overset{1}{5}\,3 \\ \times\quad 4 \\ \hline 2\,1\,2 \end{array}$$

5
$$\begin{array}{r} \overset{3}{2}\,7 \\ \times\quad 5 \\ \hline 1\,3\,5 \end{array}$$
$$\begin{array}{r} \overset{1}{9}\,2 \\ \times\quad 6 \\ \hline 5\,5\,2 \end{array}$$
$$\begin{array}{r} \overset{4}{3}\,8 \\ \times\quad 6 \\ \hline 2\,2\,8 \end{array}$$

80~81쪽　교과서 ＋ 수학익힘 **핵심 문제**

1 (1) 186　(2) 75　　**2** (　) (◯)
3 (위에서부터) 70, 84　　**4**
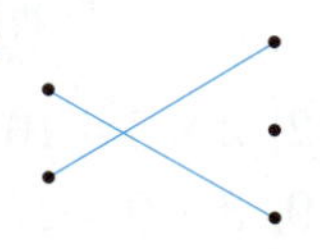
5 138　　**6** (◯) (　)
7 26, 130　　**8** <
9
$$\begin{array}{r} 8\,1 \\ \times\quad 4 \\ \hline 4 \\ 3\,2\,0 \\ \hline 3\,2\,4 \end{array}$$
　　10 ㉡
11 12×7＝84(또는 12×7) / 84개
12 20×4＝80(또는 20×4) / 80점
13 76개　　**14** 은서

2 20×6＝120
　40×2＝80, 30×4＝120

3
$$\begin{array}{r} \overset{2}{1}\,4 \\ \times\quad 5 \\ \hline 7\,0 \end{array}$$
$$\begin{array}{r} \overset{2}{1}\,4 \\ \times\quad 6 \\ \hline 8\,4 \end{array}$$

4
$$\begin{array}{r} 2\,0 \\ \times\quad 5 \\ \hline 1\,0\,0 \end{array}$$
$$\begin{array}{r} 5\,1 \\ \times\quad 3 \\ \hline 1\,5\,3 \end{array}$$

5 23＞10＞6 ⇨ 23×6＝138

6 72×2＝144, 45×4＝180
　⇨ 계산 결과가 150보다 작은 것은 72×2입니다.

7
$$\begin{array}{r} 1\,3 \\ \times\quad 2 \\ \hline 2\,6 \end{array}$$
$$\begin{array}{r} \overset{3}{2}\,6 \\ \times\quad 5 \\ \hline 1\,3\,0 \end{array}$$

8 11×3＝33, 23×2＝46 ⇨ 33＜46

9 십의 자리 계산 $8\times4=32$는 실제로 $80\times4=320$을 나타냅니다.

10 ㉠ $30\times3=90$ ㉡ $32\times4=128$ ㉢ $37\times2=74$
　➡ $\underset{㉡}{128}>\underset{㉠}{90}>\underset{㉢}{74}$이므로 계산 결과가 가장 큰 것은 ㉡입니다.

11 (7상자에 들어 있는 호두과자 수)
　$=12\times7=84$(개)

12 화살이 20점에 4개 꽂혀 있습니다.
　➡ (얻은 점수)$=20\times4=80$(점)

13 (정우가 가지고 있는 구슬 수)$=24\times3=72$(개)
　➡ (수지가 가지고 있는 구슬 수)
　　$=72+4=76$(개)

14 ・(우주가 딴 딸기 수)$=25\times4=100$(개)
　・(은서가 딴 딸기 수)$=34\times3=102$(개)
　➡ $100<102$이므로 딸기를 더 많이 딴 사람은 은서입니다.

82~84쪽　단원 마무리

✏ **서술형 문제**는 풀이를 꼭 확인하세요.

1 105　　　　　　　**2** 8, 80
3 (위에서부터) ㉢, ㉠
4 126　　　　　　　**5** 96
6 (○) (　　)
7　　　　　　　　**8** 240
9 (　　) (○)　　**10** 36, 72
11 $<$　　　　　　**12** ㉠
13 ⑤　　　　　　　**14** 80개
15 204개　　　　　**16** 64개
17 6개　　　　　　**18** 수아
✏**19** 풀이 참조　　✏**20** 52살

1 ・십 모형이 나타내는 수는 $30\times3=90$입니다.
　・일 모형이 나타내는 수는 $5\times3=15$입니다.
　➡ $35\times3=90+15=105$

4
$$\begin{array}{r} 4\ 2 \\ \times\quad 3 \\ \hline 1\ 2\ 6 \end{array}$$

5
$$\begin{array}{r} 1 \\ 2\ 4 \\ \times\quad 4 \\ \hline 9\ 6 \end{array}$$

6
$$\begin{array}{r} 1 \\ 1\ 2 \\ \times\quad 9 \\ \hline 1\ 0\ 8 \end{array} \qquad \begin{array}{r} 1 \\ 3\ 9 \\ \times\quad 2 \\ \hline 7\ 8 \end{array}$$

7
$$\begin{array}{r} 2\ 0 \\ \times\quad 9 \\ \hline 1\ 8\ 0 \end{array} \qquad \begin{array}{r} 2 \\ 2\ 6 \\ \times\quad 4 \\ \hline 1\ 0\ 4 \end{array}$$

8 $80>46>3$ ➡ $80\times3=240$

9 $95\times2=190$, $77\times3=231$이므로 계산 결과가 200보다 큰 것은 77×3입니다.

10
$$\begin{array}{r} 1\ 2 \\ \times\quad 3 \\ \hline 3\ 6 \end{array} \qquad \begin{array}{r} 1 \\ 3\ 6 \\ \times\quad 2 \\ \hline 7\ 2 \end{array}$$

11 $60\times2=120$, $52\times3=156$ ➡ $120<156$

12 ㉠ $32\times2=64$ ㉡ $21\times5=105$ ㉢ $49\times2=98$
　➡ $\underset{㉠}{64}<\underset{㉢}{98}<\underset{㉡}{105}$이므로 계산 결과가 가장 작은 것은 ㉠입니다.

13 ①
$$\begin{array}{r} 1 \\ 2\ 4 \\ \times\quad 3 \\ \hline 7\ 2 \end{array}$$
②
$$\begin{array}{r} 1 \\ 3\ 6 \\ \times\quad 2 \\ \hline 7\ 2 \end{array}$$
③
$$\begin{array}{r} 3 \\ 1\ 8 \\ \times\quad 4 \\ \hline 7\ 2 \end{array}$$
④
$$\begin{array}{r} 1 \\ 1\ 2 \\ \times\quad 6 \\ \hline 7\ 2 \end{array}$$
⑤
$$\begin{array}{r} 1 \\ 2\ 3 \\ \times\quad 4 \\ \hline 9\ 2 \end{array}$$

14 (8봉지에 들어 있는 사과 수)$=10\times8=80$(개)

15 (6상자에 담긴 송편 수)$=34\times6=204$(개)

16 (승주가 가지고 있는 사탕 수)
　$=10+6=16$(개)
　➡ (유나가 가지고 있는 사탕 수)
　　$=16\times4=64$(개)

17 (판 배의 수)=13×8=104(개)
⇨ (남은 배의 수)=110−104=6(개)

18 • 수아: 21×6=126(개)
• 재석: 12×8=96(개)
⇨ 126>96이므로 구슬을 더 많이 가지고 있는
사람은 수아입니다.

19 ❶ 예 6×2=12에서 십의 자리로 올림한 수 1을
4×2=8에 더하여 십의 자리에 쓰지 않았습니다.

❷
$$\begin{array}{r} \overset{1}{4}\ 6 \\ \times\quad 2 \\ \hline 9\ 2 \end{array}$$

채점 기준	
❶ 잘못 계산한 이유 쓰기	3점
❷ 바르게 계산하기	2점

20 ❶ 예 어머니의 나이는 13×3=39(살)입니다.
❷ 예 세은이 언니와 어머니의 나이를 더하면
13+39=52(살)입니다.

채점 기준	
❶ 어머니의 나이 구하기	2점
❷ 세은이 언니와 어머니의 나이의 합 구하기	3점

85쪽

---

5. 길이와 시간

87쪽 **준비 학습**

1 9
2 (1) 200 (2) 4
3 (1) 10, 35 (2) 10
4 (1) 85 (2) 1, 20

2 (1) 1 m=100 cm ⇨ 2 m=200 cm
(2) 450 cm=400 cm+50 cm
=4 m+50 cm=4 m 50 cm

4 (1) 1시간 25분=1시간+25분
=60분+25분=85분
(2) 80분=60분+20분=1시간+20분
=1시간 20분

88~89쪽

1 1, 1 밀리미터
2

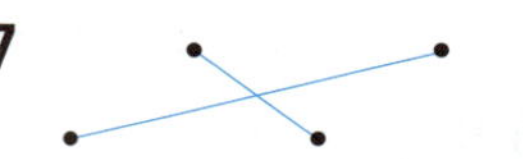

/ 9 센티미터 7 밀리미터
3 9, 39   **4** 8
5 (1) 예 ▐━━━━━━---------------
(2) 예 ▐━━━━━━━━━---------
6 (1) 70 (2) 5 (3) 16 (4) 8, 4
7

5 (1) 자의 눈금 0을 시작점에 놓은 후 자의 작은 눈금
9칸만큼 선을 긋습니다.
(2) 자의 눈금 0을 시작점에 놓은 후 2 cm보다
3 mm 더 긴 길이만큼 선을 긋습니다.

6 (1) 1 cm=10 mm ⇨ 7 cm=70 mm
(2) 10 mm=1 cm ⇨ 50 mm=5 cm
(3) 1 cm 6 mm=1 cm+6 mm
=10 mm+6 mm=16 mm
(4) 84 mm=80 mm+4 mm
=8 cm+4 mm=8 cm 4 mm

7 • 1 cm=10 mm ⇨ 4 cm=40 mm
• 5 cm 3 mm=5 cm+3 mm
=50 mm+3 mm=53 mm

1 1, 1 킬로미터

2 $5\,km\ 600\,m$

/ 5 킬로미터 600 미터

3 300, 1300

4 (1) 4, 230 (2) 7, 109

5 800

6 (1) 2 (2) 6000 (3) 4700 (4) 9, 100

7

---

5 1 km를 10칸으로 똑같이 나눈 작은 눈금 한 칸의
길이는 100 m입니다.
1 km □ m가 가리키는 곳은 1 km에서 800 m
더 간 곳이므로 1 km 800 m입니다.

6 (1) 1000 m=1 km ⇨ 2000 m=2 km
(2) 1 km=1000 m ⇨ 6 km=6000 m
(3) 4 km 700 m=4 km+700 m
$\qquad$ =4000 m+700 m=4700 m
(4) 9100 m=9000 m+100 m
$\qquad$ =9 km+100 m=9 km 100 m

7 ・1 km=1000 m ⇨ 8 km=8000 m
・2 km 500 m=2 km+500 m
$\qquad$ =2000 m+500 m=2500 m

---

1 (1) 4 (2) 4, 3

2 (1) 약 2 km (2) 수영장에 ○표

3 예 6 / 6, 2

4 예

5 ㉡

6 (1) cm (2) km (3) mm (4) m

---

2 (1) 공원에서 미용실까지의 거리는 공원에서 병원까
지의 거리의 약 2배이므로 약 2 km로 어림할
수 있습니다.
(2) 공원에서 병원까지의 거리가 약 1 km이므로 비
슷한 거리에 있는 장소를 찾으면 수영장입니다.

5 1 km=1000 m보다 긴 길이를 찾으면 ㉡입니다.

---

1 (1) 7 (2) 6, 5　　　**2** (1) 8, 4 (2) 73

3 (1) mm (2) cm (3) m

4　　　　　　　　　　**5** (1) > (2) <

6 ㉢　　　　　　　　　**7** 3600

8 (1) 1 m 80 cm (2) 8 mm
(3) 1 km 250 m

9 4 cm 7 mm　　　　**10** 현서

11 볼링장, 수영장, 편의점

12 은행

---

1 (1) 작은 눈금 7칸이므로 7 mm입니다.
(2) 6 cm보다 5 mm 더 길므로 6 cm 5 mm입니다.

2 (1) 84 mm=80 mm+4 mm
$\qquad$ =8 cm+4 mm=8 cm 4 mm
(2) 7 cm 3 mm=7 cm+3 mm
$\qquad$ =70 mm+3 mm=73 mm

4 ・5 km 500 m=5 km+500 m
$\qquad$ =5000 m+500 m=5500 m
・5 km 50 m=5 km+50 m
$\qquad$ =5000 m+50 m=5050 m

5 (1) 8 cm 5 mm=8 cm+5 mm
$\qquad$ =80 mm+5 mm=85 mm
⇨ 85 mm>83 mm
(2) 6 km 900 m=6 km+900 m
$\qquad$ =6000 m+900 m=6900 m
⇨ 6190 m<6900 m

6 ㉢ 500원짜리 동전의 두께는 약 2 mm입니다.

7 1 km를 10칸으로 똑같이 나눈 작은 눈금 한 칸의
길이는 100 m입니다.
□ m가 가리키는 곳은 3 km에서 600 m 더 간
곳이므로 3 km 600 m입니다.
⇨ 3 km 600 m=3 km+600 m
$\qquad$ =3000 m+600 m=3600 m

9 지우개의 길이는 1 cm가 4번 들어간 길이보다
7 mm 더 길므로 4 cm 7 mm입니다.

10 현서: 150 cm는 1500 mm입니다.

11 1 km 10 m＝1010 m
➡ $\underset{\text{볼링장}}{\underline{1010\ m}}$＜$\underset{\text{수영장}}{\underline{1100\ m}}$＜$\underset{\text{편의점}}{\underline{1110\ m}}$

12 집에서 약 1 km＝1000 m 떨어진 곳에 있는 장소는 집에서 도서관까지 거리의 약 4배만큼 떨어진 곳에 있는 은행입니다.

96~97쪽

1 1 **2** (1) 5 (2) 45
3 (1) 80 (2) 60, 2 **4** 60, 1
5 (　　) (　　) (　○　)
6 (1) 5, 10, 35 (2) 11, 5, 40
7 (1) 180 (2) 105 (3) 1, 10 (4) 3, 20

7 (1) 3분＝60초＋60초＋60초＝180초
(2) 1분 45초＝1분＋45초＝60초＋45초＝105초
(3) 70초＝60초＋10초＝1분＋10초＝1분 10초
(4) 200초＝60초＋60초＋60초＋20초
　　　＝3분＋20초＝3분 20초

98~99쪽

1 (1) 32, 58 (2) 5, 45, 52
2 (1) (위에서부터) 1 / 51, 38
　　(2) (위에서부터) 1 / 4, 21, 45
3 9, 20, 55
4 (1) 4, 30, 58 (2) 8, 55, 30
5 7, 8, 50
6 9시 11분 51초

3 9시 10분 25초 $\xrightarrow{\text{10분 후}}$ 9시 20분 25초 $\xrightarrow{\text{30분 후}}$ 9시 20분 55초

5
	7시간	5분	20초
＋		3분	30초
	7시간	8분	50초

6 디지털시계가 나타내는 시각은 6시 13분 36초입니다.

		1	
	6시	13분	36초
＋2시간		58분	15초
	9시	11분	51초

100~101쪽

1 (1) 2, 31 (2) 2, 10, 20
2 (1) (위에서부터) 6, 60 / 4, 50
　　(2) (위에서부터) 2, 60 / 2, 20, 20
3 1, 35, 10
4 (1) 7, 25, 8 (2) 1, 3, 35
5 5, 25, 5
6 1시 29분 45초

3 1시 40분 30초 $\xrightarrow{\text{5분 전}}$ 1시 35분 30초 $\xrightarrow{\text{20초 전}}$ 1시 35분 10초

5
	5시간	55분	10초
－		30분	5초
	5시간	25분	5초

6 디지털시계가 나타내는 시각은 2시 40분 20초입니다.

		39	60
	2시	40분	20초
－1시간		10분	35초
	1시	29분	45초

102~103쪽　교과서 ＋ 수학익힘 핵심 문제

1 2, 44, 32
2 (1) 140 (2) 1, 25　　**3** 

4 (1) 분 (2) 초 (3) 시간
5 ㉡　　　　　　**6** ㉣, ㉡, ㉢, ㉠
7 (1) 7, 11, 15 (2) 3, 29, 42
8 5분 30초　　　　**9** 보라
10 3시간 25분－1시간 50분＝1시간 35분
(또는 3시간 25분－1시간 50분)
/ 1시간 35분
11 4시 30분 10초＋1시간 5분 30초
＝5시 35분 40초
(또는 4시 30분 10초＋1시간 5분 30초)
/ 5시 35분 40초
12 1시간 25분 30초

2 (1) 2분 20초＝2분＋20초
　　　　　＝60초＋60초＋20초＝140초
　　(2) 85초＝60초＋25초＝1분＋25초
　　　　＝1분 25초

3 초바늘이 숫자 6을 가리키도록 그립니다.

5 ㉠ 3분 40초＝3분＋40초
　　　　　＝60초＋60초＋60초＋40초
　　　　　＝220초
　　㉡ 5분 10초＝5분＋10초
　　　　　＝60초＋60초＋60초＋60초＋60초
　　　　　＋10초
　　　　　＝310초
　　㉢ 4분 30초＝4분＋30초
　　　　　＝60초＋60초＋60초＋60초＋30초
　　　　　＝270초

6 ㉢ 1분 40초＝1분＋40초＝60초＋40초＝100초
　　㉣ 2분 5초＝2분＋5초＝60초＋60초＋5초
　　　　　＝125초
　　⇨ 125초＞110초＞100초＞82초
　　　　㉣　　㉡　　㉢　　㉠

8 330초
　　＝60초＋60초＋60초＋60초＋60초＋30초
　　＝5분＋30초＝5분 30초

9 1분 45초＝105초
　　⇨ 105초＜122초이므로 기록이 더 짧은 사람은
　　　보라입니다.

10 (버스를 타고 간 시간)
　　＝(할머니 댁에 가는 데 걸린 시간)
　　　－(기차를 타고 간 시간)
　　＝3시간 25분－1시간 50분＝1시간 35분

11 (운동을 끝낸 시각)
　　＝(운동을 시작한 시각)＋(운동을 한 시간)
　　＝4시 30분 10초＋1시간 5분 30초
　　＝5시 35분 40초

12 농구를 시작한 시각은 2시 25분 10초이고, 농구를
　　끝낸 시각은 3시 50분 40초입니다.
　　⇨ (준규가 농구를 한 시간)
　　　＝3시 50분 40초－2시 25분 10초
　　　＝1시간 25분 30초

✎ 서술형 문제는 풀이를 꼭 확인하세요.

1 mm　　　　　　**2** (○) (　　)
3 60　　　　　　**4** 3 밀리미터
5 6, 3　　　　　**6** 4시 32분 10초
7 72　　　　　　**8** 5500
9（시계 그림）　**10** mm에 ○표
11 ㉡　　　　　**12** 9, 55, 48
13 2 km　　　　**14** 3 cm 9 mm
15 학교　　　　**16** 7시 49분 5초
17 8시 6분 10초　**18** 1시간 30분 15초
✎**19** ㉢, ㉠, ㉡　✎**20** 소라

4 ■ mm ⇨ ■ 밀리미터

5 나뭇잎의 길이는 6 cm보다 3 mm 더 길므로
　　6 cm 3 mm입니다.

7 7 cm 2 mm＝7 cm＋2 mm
　　　　　＝70 mm＋2 mm＝72 mm

8 1 km를 10칸으로 똑같이 나눈 작은 눈금 한 칸의
　　길이는 100 m입니다.
　　□ m가 가리키는 곳은 5 km에서 500 m 더 간
　　곳이므로 5 km 500 m입니다.
　　⇨ 5 km 500 m＝5 km＋500 m
　　　　　＝5000 m＋500 m＝5500 m

9 초바늘이 숫자 8을 가리키도록 그립니다.

11 ㉠ 5분 40초
　　　＝60초＋60초＋60초＋60초＋60초＋40초
　　　＝340초

14 머리핀의 길이는 1 cm가 3번 들어간 길이보다
　　9 mm 더 길므로 3 cm 9 mm입니다.

15 기차역에서 약 1 km 500 m 떨어진 곳에 있는 장소
　　는 기차역에서 정류장까지 거리의 약 3배만큼 떨어진
　　곳에 있는 학교입니다.

16 (달리기를 시작한 시각)
　　＝7시 50분 40초－1분 35초＝7시 49분 5초

17 (학교에 도착한 시각)
　＝7시 50분 20초＋15분 50초
　＝8시 6분 10초

18 영화가 시작한 시각은 4시 40분 20초이고 영화가
끝난 시각은 6시 10분 35초입니다.
　⇨ (영화의 상영 시간)
　　＝6시 10분 35초－4시 40분 20초
　　＝1시간 30분 15초

19 ❶ 예 ㉠ 3 km＝3000 m입니다.
　　❷ 예 3006 m＞3000 m＞2080 m이므로 길이
　　가 긴 것부터 차례대로 기호를 쓰면 ㉢, ㉠, ㉡
　　입니다.

채점 기준	
❶ 몇 km를 몇 m로 나타내기	2점
❷ 길이가 긴 것부터 차례대로 기호 쓰기	3점

20 ❶ 예 기태가 양치하는 데 걸린 시간은
　　3분 15초＝180초＋15초＝195초입니다.
　　❷ 예 200초＞195초이므로 양치하는 데 걸린 시
　　간이 더 긴 사람은 소라입니다.

채점 기준	
❶ 기태가 양치하는 데 걸린 시간을 몇 초로 구하기	3점
❷ 양치하는 데 걸린 시간이 더 긴 사람은 누구인지 구하기	2점

107쪽

6. 분수와 소수

109쪽　준비 학습

1 4개　　　　**2** (1) 3　(2) 4
3 (1) 10　(2) 50　(3) 84　(4) 7, 2

2 (1) ▱ 이므로 파란색 조각이 3개 필요합니다.

　(2) ▱ 이므로 파란색 조각이 4개 필요합니다.

3 **복습**

> **1 mm**: 1 cm를 10칸으로 똑같이 나누었을 때 작은 눈금
> 한 칸의 길이

110~111쪽

1 (1) 셋　(2) 넷　　　**2** (　) (○)
　　　　　　　　　　　　　(○) (　)
3 ㉡, ㉣　　　　　　　**4** (1) 3　(2) 6
5 나
6 예

　　　　4　　　　　　　　8

2 나누어진 조각의 모양과 크기가 같은 도형을 찾습
니다.
　참고 모양과 크기는 같지만 배치에 따라 모양이 달라 보일
수도 있음에 주의합니다.

3 ㉡ 똑같이 여섯으로 나누어진 피자입니다.
　㉣ 똑같이 둘로 나누어진 피자입니다.

5 ・가: 똑같이 다섯으로 나누어진 도형입니다.
　・다: 똑같이 나누어지지 않은 도형입니다.

6 주어진 점을 이용하여 도형을 똑같이 나눕니다.

1 (1) 4, 2 (2) 5, 3　　**2** 6, 4, $\dfrac{4}{6}$, 6분의 4

3 (1) $\dfrac{2}{3}$ / 3분의 2　(2) $\dfrac{5}{8}$ / 8분의 5

4 $\dfrac{2}{5}$에 ◯표 / $\dfrac{5}{9}$, $\dfrac{5}{7}$에 △표

5 나, 다

6 (1) 예　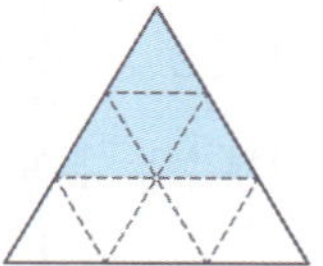　(2) 예

3 (1) 색칠한 부분은 전체를 똑같이 3으로 나눈 것 중의 2이므로 $\dfrac{2}{3}$라 쓰고 3분의 2라고 읽습니다.

4 가로선 아래쪽에 있는 수가 분모, 가로선 위쪽에 있는 수가 분자입니다.

5 전체를 똑같이 5로 나눈 것 중의 4만큼 색칠한 것을 모두 찾습니다.
가는 전체를 똑같이 5로 나눈 것 중의 3만큼 색칠했으므로 $\dfrac{3}{5}$만큼 색칠한 것입니다.

6 (1) $\dfrac{3}{6}$은 전체를 똑같이 6으로 나눈 것 중의 3이므로 3칸만큼 색칠합니다.
(2) $\dfrac{4}{9}$는 전체를 똑같이 9로 나눈 것 중의 4이므로 4칸만큼 색칠합니다.

1 2, 2, 6, 6　　**2** (1) 3, 1 (2) 3

3 (1) $\dfrac{1}{3}$ (2) $\dfrac{2}{7}$　　**4** (　　)(　◯　)

5 예

6 예

1 • 먹은 부분: 전체를 똑같이 8로 나눈 것 중의 2
⇨ $\dfrac{2}{8}$

• 남은 부분: 전체를 똑같이 8로 나눈 것 중의 6
⇨ $\dfrac{6}{8}$

3 (1) 색칠한 부분: 전체를 똑같이 3으로 나눈 것 중의 1
⇨ $\dfrac{1}{3}$

(2) 색칠하지 않은 부분: 전체를 똑같이 7로 나눈 것 중의 2 ⇨ $\dfrac{2}{7}$

4 전체의 $\dfrac{1}{6}$이 나타내는 부분이 1칸이므로 전체를 나타내는 도형은 6칸입니다.

5 전체 10칸 중에서 7칸을 노란색으로 칠하고, 3칸을 초록색으로 칠합니다.

6 $\dfrac{1}{5}$은 전체를 똑같이 5로 나눈 것 중의 1입니다.
⇨ 전체는 $\dfrac{1}{5}$이 5개 연결된 모양으로 그려야 합니다.

1 $\dfrac{1}{3}$ / $\dfrac{1}{5}$ / $\dfrac{1}{8}$　　**2** (1) 3 (2) 2

3 $\dfrac{1}{2}$, $\dfrac{1}{10}$에 ◯표

4 (1) 예　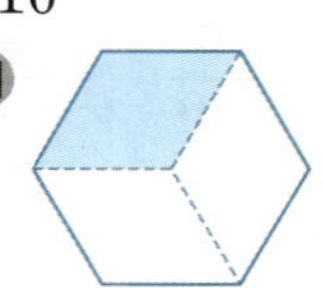　(2) 예　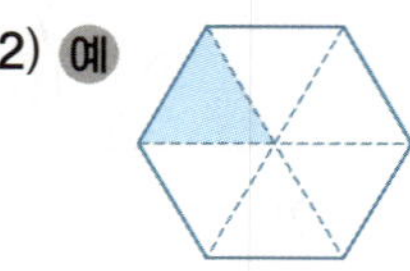

5 (1) 예　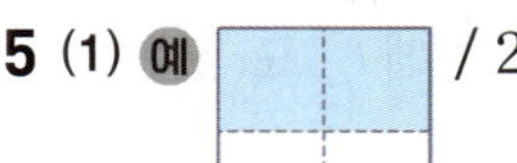　/ 2

(2) 예　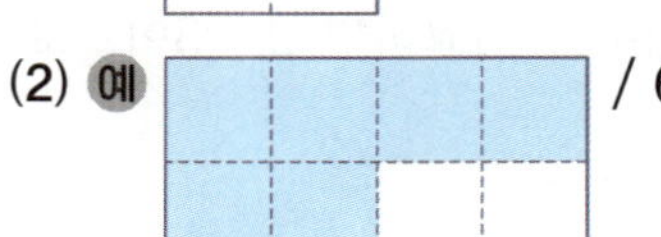　/ 6

6 (1) 3 (2) 9 (3) $\dfrac{1}{9}$ (4) $\dfrac{1}{11}$

1 • 전체를 똑같이 3으로 나눈 것 중의 1 ⇨ $\dfrac{1}{3}$

• 전체를 똑같이 5로 나눈 것 중의 1 ⇨ $\dfrac{1}{5}$

• 전체를 똑같이 8로 나눈 것 중의 1 ⇨ $\dfrac{1}{8}$

3 분자가 1인 분수를 모두 찾습니다.

4 (1) $\frac{1}{3}$은 전체를 똑같이 3으로 나눈 것 중의 1이므로 1칸만큼 색칠합니다.

(2) $\frac{1}{6}$은 전체를 똑같이 6으로 나눈 것 중의 1이므로 1칸만큼 색칠합니다.

5 (1) $\frac{2}{4}$는 전체를 똑같이 4로 나눈 것 중의 2이므로 2칸만큼 색칠하고 $\frac{1}{4}$이 2개입니다.

(2) $\frac{6}{8}$은 전체를 똑같이 8로 나눈 것 중의 6이므로 6칸만큼 색칠하고 $\frac{1}{8}$이 6개입니다.

6 $\frac{\blacktriangle}{\blacksquare}$는 $\frac{1}{\blacksquare}$이 ▲개입니다.

3 전체를 똑같이 10으로 나누었으므로 $\frac{7}{10}$은 7칸만큼 색칠하고, $\frac{5}{10}$는 5칸만큼 색칠합니다.

$\frac{7}{10}$은 $\frac{1}{10}$이 7개이고, $\frac{5}{10}$는 $\frac{1}{10}$이 5개이므로 $\frac{7}{10} > \frac{5}{10}$입니다.

4 분모가 같은 분수는 분자가 클수록 더 큰 분수입니다.

(1) $1 < 2 \Rightarrow \frac{1}{3} < \frac{2}{3}$　　(2) $4 > 2 \Rightarrow \frac{4}{9} > \frac{2}{9}$

단위분수는 분모가 작을수록 더 큰 분수입니다.

(3) $7 < 8 \Rightarrow \frac{1}{7} > \frac{1}{8}$　　(4) $14 > 6 \Rightarrow \frac{1}{14} < \frac{1}{6}$

5 ㉠ $\frac{1}{8}$이 4개인 수: $\frac{4}{8}$, ㉡ $\frac{1}{8}$이 5개인 수: $\frac{5}{8}$

$\frac{1}{8}$의 개수를 비교하면 $4 < 5$이므로 $\underset{㉠}{\frac{4}{8}} < \underset{㉡}{\frac{5}{8}}$입니다.

6 단위분수는 분모가 작을수록 더 큰 분수이므로 분모를 비교합니다.

$\Rightarrow$ $7 < 9 < 13$이므로 가장 큰 분수는 $\frac{1}{7}$입니다.

118~119쪽

1 (1) 2, 5　(2) 작습니다에 ◯표

2 (1) 예 $\frac{1}{2}$

$\frac{1}{5}$

(2) 큽니다에 ◯표

3 예 $\frac{7}{10} > \frac{5}{10}$

4 (1) <　(2) >　(3) >　(4) <

5 ㉡　　　　　**6** $\frac{1}{7}$에 ◯표

---

1 (2) 단위분수의 개수를 비교하면 $2 < 5$이므로 $\frac{2}{6}$는 $\frac{5}{6}$보다 더 작습니다.

2 (1) $\frac{1}{2}$은 전체를 똑같이 2로 나눈 것 중의 1이므로 1칸만큼 색칠하고, $\frac{1}{5}$은 전체를 똑같이 5로 나눈 것 중의 1이므로 1칸만큼 색칠합니다.

(2) 색칠한 부분은 $\frac{1}{2}$이 $\frac{1}{5}$보다 더 넓으므로 $\frac{1}{2}$은 $\frac{1}{5}$보다 더 큽니다.

120~121쪽　**교과서 + 수학익힘 핵심 문제**

1 (◯) (　) (　)

2 $\frac{1}{4}$ / 4분의 1　　**3** $\frac{6}{9}$ / $\frac{3}{9}$

4 (1) 4　(2) $\frac{1}{15}$　　**5** (1) <　(2) >

6 예

7 다　　　　　　　**8**
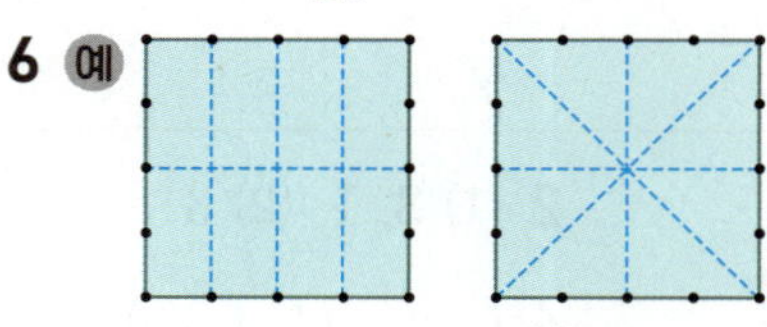

9 $\frac{9}{17}$, $\frac{7}{17}$에 ◯표　　**10** 세호, 진우, 민아

11 3개　　　　　　**12** 2, 3, 4에 ◯표

---

1 나누어진 조각의 모양과 크기가 같은 도형을 찾습니다.

2 빨간색 부분은 전체를 똑같이 4로 나눈 것 중의 1이므로 $\frac{1}{4}$이라 쓰고 4분의 1이라고 읽습니다.

3 • 색칠한 부분: 전체를 똑같이 9로 나눈 것 중의 6
$\Rightarrow \frac{6}{9}$

• 색칠하지 않은 부분: 전체를 똑같이 9로 나눈 것 중의 3 $\Rightarrow \frac{3}{9}$

4 $\frac{\blacktriangle}{\blacksquare}$는 $\frac{1}{\blacksquare}$이 $\blacktriangle$개입니다.

5 (1) 분모가 같은 분수는 분자가 클수록 더 큰 분수입니다.
$$2<6 \Rightarrow \frac{2}{7}<\frac{6}{7}$$
(2) 단위분수는 분모가 작을수록 더 큰 분수입니다.
$$6<11 \Rightarrow \frac{1}{6}>\frac{1}{11}$$

6 나누어진 조각의 모양과 크기가 같도록 나눕니다.

7 색칠한 부분을 분수로 나타내면
가: $\frac{4}{8}$, 나: $\frac{4}{8}$, 다: $\frac{4}{9}$, 라: $\frac{4}{8}$입니다.
$\Rightarrow$ 나타내는 분수가 다른 것은 다입니다.

8 • $\frac{1}{4}$을 나타낸 부분이 1칸이므로 전체를 나타낸 도형은 4칸입니다.

• $\frac{1}{5}$을 나타낸 부분이 1칸이므로 전체를 나타낸 도형은 5칸입니다.

9 분모가 같은 분수는 분자가 클수록 더 큰 분수입니다.
$\Rightarrow$ 분자가 4보다 크고 10보다 작은 분수를 모두 찾으면 $\frac{9}{17}$, $\frac{7}{17}$입니다.

10 분모가 같은 분수는 분자가 클수록 더 큰 분수입니다.
$\Rightarrow$ 분자를 비교하면 7>6>1이므로
$$\underset{세호}{\frac{7}{9}}>\underset{진우}{\frac{6}{9}}>\underset{민아}{\frac{1}{9}}$$입니다.

11 단위분수는 분자가 1인 분수이므로 만들 수 있는 단위분수는 $\frac{1}{6}$, $\frac{1}{4}$, $\frac{1}{2}$로 모두 3개입니다.

12 단위분수는 분모가 작을수록 더 큰 분수이므로 분모를 비교하면 $\square$<5입니다.
$\Rightarrow$ $\square$ 안에 들어갈 수 있는 수는 2, 3, 4입니다.

1 $\frac{1}{10}$, 0.1, 영 점 일

2 (1) $\frac{7}{10}$ (2) 7, 7 (3) 0.7, 영 점 칠

3 ├──────────────┼───┼───┼───┤ / 6
　0　　　　　　　　　　　　　　1

4 (위에서부터) $\frac{5}{10}$, $\frac{9}{10}$ / 0.1, 0.8

5 (1) $\frac{4}{10}$ / 0.4 (2) $\frac{6}{10}$ / 0.6

6 (이어 잇기)

7 (1) 3 (2) 8 (3) 0.2 또는 $\frac{2}{10}$
(4) 0.5 또는 $\frac{5}{10}$

5 (1) 색칠한 부분은 전체를 똑같이 10으로 나눈 것 중의 4이므로 분수로 나타내면 $\frac{4}{10}$이고, 소수로 나타내면 0.4입니다.

7 (1), (2) 0.$\blacksquare$는 0.1이 $\blacksquare$개입니다.
(3), (4) 0.1이 $\blacksquare$개이면 0.$\blacksquare$입니다.

1 (1) 4 (2) 0.4 (3) 0.4, 5.4

2 0.2, 1.2, 일 점 이

3 (1) 1, 9 (2) 1.9　　**4** 8.7

5 2.5 / 이 점 오

6 (1) ├─────────┼─────────┼─────────┤
　　0　　　　　1↑　　　　2　　　　　3
(2) ├─────────┼─────────┼─────────┤
　　0　　　　　1　　　　　2　　↑　3

7 (1) 51 (2) 0.1 또는 $\frac{1}{10}$ (3) 8.8 (4) 42

4 1 mm=0.1 cm $\Rightarrow$ 87 mm=8.7 cm

5 색칠한 부분은 2와 0.5만큼이므로 2.5라 쓰고 이 점 오라고 읽습니다.

6 (1) 1.1은 1에서 0.1만큼 더 간 곳에 나타냅니다.
(2) 2.8은 2에서 0.8만큼 더 간 곳에 나타냅니다.

7 (1), (2) $\blacksquare$.$\blacktriangle$는 0.1이 $\blacksquare\blacktriangle$개입니다.
(3), (4) 0.1이 $\blacksquare\blacktriangle$개이면 $\blacksquare$.$\blacktriangle$입니다.

126~127쪽

1 (1) 6, 2 (2) 큽니다에 ◯표

2 (1)

1.8	├┼┼┼┼┼┼┼┼┼┼┼┼┼┼┼┤
	0　　　1　　　↑2　　　3

2.4	├┼┼┼┼┼┼┼┼┼┼┼┼┼┼┼┤
	0　　　1　　　2　↑　3

(2) 작습니다에 ◯표

3 예 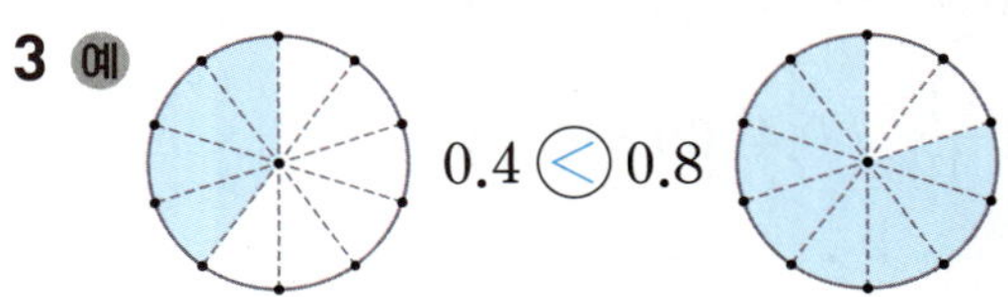

$0.4 \bigcirc< 0.8$

4 (1) > (2) < (3) > (4) <

5 ㉠

6 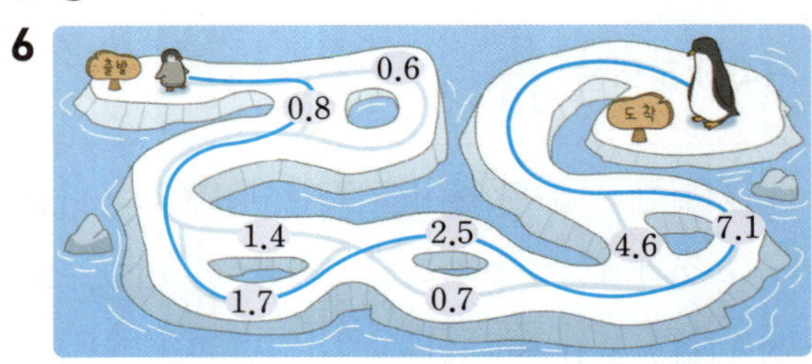

2 (2) 수직선에서 1.8은 2.4보다 더 왼쪽에 있으므로 1.8은 2.4보다 더 작습니다.

3 0.4는 0.1이 4개이고, 0.8은 0.1이 8개이므로 0.4<0.8입니다.

4 (1) 소수점 왼쪽에 있는 수가 같으므로 소수점 오른쪽에 있는 수의 크기를 비교하면 9>5입니다. ⇨ 0.9>0.5
(2) 소수점 왼쪽에 있는 수가 같으므로 소수점 오른쪽에 있는 수의 크기를 비교하면 2<3입니다. ⇨ 2.2<2.3
(3) 소수점 왼쪽에 있는 수의 크기를 비교하면 7>6입니다. ⇨ 7.4>6.7
(4) 소수점 왼쪽에 있는 수의 크기를 비교하면 8<9입니다. ⇨ 8.9<9.6

5 ㉠ 0.1이 14개인 수: 1.4
㉡ 0.1이 25개인 수: 2.5
0.1의 개수를 비교하면 14<25이므로 1.4<2.5입니다.
　　　　　　　　　　　　　　　　㉠　　㉡

6 0.8>0.6, 1.7>1.4, 0.7<2.5, 4.6<7.1

128~129쪽　　교과서 + 수학익힘 **핵심 문제**

1 1.7 / 일 점 칠　　　**2** $\dfrac{5}{10}$ / 0.5

3 (선 잇기)

4 (1) 0.9 또는 $\dfrac{9}{10}$ (2) 4 (3) 2

5 3.6　　　　　　　　　　**6** (1) > (2) <

7 0.6 m / 0.4 m　　　　**8** ㉢, ㉡, ㉠

9 9.1 cm　　　　　　　　**10** 민서

11 7, 8, 9에 ◯표　　　　**12** 윤아, 해원, 지우

4 0.1이 ■개이면 0.■입니다.

5 우유가 3컵과 0.6컵만큼 있으므로 모두 3.6컵입니다.

6 (1) 5.8>2.7　　　　　　(2) 8.4<8.8
　　　└5>2┘　　　　　　　└4<8┘

7 1조각은 1 m를 똑같이 10으로 나눈 것 중의 1이므로 0.1 m입니다.
• 희수가 사용한 리본의 길이: 0.1 m가 6개 ⇨ 0.6 m
• 준호가 사용한 리본의 길이: 0.1 m가 4개 ⇨ 0.4 m

8 ㉠ 7과 0.5만큼인 수: 7.5
㉡ 0.1이 66개인 수: 6.6
㉢ $\dfrac{1}{10}$ = 0.1이 59개인 수: 5.9
⇨ 5.9<6.6<7.5
　 ㉢　 ㉡　 ㉠

9 1 mm=0.1 cm
연아가 가지고 있는 연필의 길이는 9 cm와 0.1 cm만큼이므로 9.1 cm입니다.

10 달리기는 기록이 짧을수록 더 빠릅니다.
8.8<9.5이므로 더 빠른 사람은 민서입니다.
민서　　현수

11 소수점 왼쪽에 있는 수가 같으므로 소수점 오른쪽에 있는 수의 크기를 비교하면 ☐>6입니다.
⇨ ☐ 안에 들어갈 수 있는 수는 7, 8, 9입니다.

12 한 뼘의 길이를 모두 소수로 나타내면
지우: 14.7 cm, 해원: 15.2 cm, 윤아: 15.6 cm
입니다.

$\Rightarrow \underset{\text{윤아}}{15.6} > \underset{\text{해원}}{15.2} > \underset{\text{지우}}{14.7}$

🖉 **서술형 문제**는 풀이를 꼭 확인하세요.

1 $4, 1, \dfrac{1}{4}$　　　　**2** 네덜란드

3 0.3　　　　**4** $\dfrac{1}{10}$

5 ②, ④　　　　**6** 9.5

7 $\dfrac{4}{6}$ / $\dfrac{2}{6}$

8 예 　　　　/ 9분의 6

9 0.9 m / 0.3 m　　　　**10** $<$

11 $>$　　　　**12** ㉡

13 ㉢

14 예

15 $\dfrac{1}{6}$, $\dfrac{1}{2}$　　　　**16** 준우

17 승재, 준하, 민지

18 4개　　　　🖉**19** 풀이 참조

🖉**20** 130.8 cm

6 1 mm $= 0.1$ cm $\Rightarrow 95$ mm $= 9.5$ cm

8 전체를 똑같이 9로 나눈 것 중의 6만큼 색칠합니다.
$\dfrac{6}{9}$ 은 9분의 6이라고 읽습니다.

9 • 목도리: 1 m를 똑같이 10칸으로 나눈 것 중의 9칸
$\Rightarrow 0.9$ m
• 빵: 1 m를 똑같이 10칸으로 나눈 것 중의 3칸
$\Rightarrow 0.3$ m

10 단위분수는 분모가 작을수록 더 큰 분수입니다.
$\Rightarrow \dfrac{1}{8} < \dfrac{1}{4}$

11 $4.1 > 3.8$
　　$\lfloor 4 > 3 \rfloor$

12 ㉡ 18 mm $= 1.8$ cm

13 ㉠ $\dfrac{3}{6}$　　㉡ $\dfrac{3}{6}$　　㉢ $\dfrac{3}{5}$

14 $\dfrac{1}{6}$ 은 전체를 똑같이 6으로 나눈 것 중의 1입니다.
$\Rightarrow$ 전체는 $\dfrac{1}{6}$ 이 6개 연결된 모양으로 그려야 합니다.

15 $\dfrac{1}{7}$ 보다 큰 단위분수는 분모가 7보다 작은 분수이므
로 $\dfrac{1}{6}$, $\dfrac{1}{2}$ 입니다.

16 분모가 같은 분수는 분자가 클수록 더 큰 분수이므
로 $\underset{\text{준우}}{\dfrac{7}{13}} > \underset{\text{지나}}{\dfrac{5}{13}}$ 입니다.
$\Rightarrow$ 수수깡을 더 많이 사용한 사람은 준우입니다.

17 멀리뛰기 기록을 비교하면 $\underset{\text{승재}}{1.2} > \underset{\text{준하}}{0.9} > \underset{\text{민지}}{0.8}$ 입니다.

18 소수점 왼쪽에 있는 수가 같으므로 소수점 오른쪽에
있는 수의 크기를 비교하면 $5 < \square$ 입니다.
$\Rightarrow \square$ 안에 들어갈 수 있는 수는 6, 7, 8, 9로 모두
4개입니다.

🖉**19** 떡을 똑같이 나누지 않았습니다.
예 나누어진 조각의 모양과 크기가 모두 같지 않기
때문입니다.」 ❶

채점 기준	
❶ 아라가 떡을 똑같이 나누었는지 쓰고, 그렇게 생각한 이유 쓰기	5점

🖉**20** ❶ 예 1 mm $= 0.1$ cm이므로 8 mm $= 0.8$ cm입
니다.
❷ 예 혜진이의 키는 130 cm와 0.8 cm만큼이므
로 130.8 cm입니다.

채점 기준	
❶ 8 mm는 몇 cm인지 구하기	2점
❷ 혜진이의 키는 몇 cm인지 소수로 나타내기	3점

정답과 풀이 • 교과서 + 수학익힘 잡기 •

1. 덧셈과 뺄셈

2쪽 **1** 받아올림이 없는
(세 자리 수)+(세 자리 수)를 해 볼까요

1 866	**2** 489
3 698	**4** 789
5 559	**6** 759
7 776	**8** 568
9 696	**10** 678
11 477	**12** 856
13 935	**14** 877
15 683	

3쪽 **2** 받아올림이 한 번 있는
(세 자리 수)+(세 자리 수)를 해 볼까요

1 694	**2** 883
3 938	**4** 581
5 526	**6** 781
7 835	**8** 614
9 765	**10** 592
11 457	**12** 337
13 962	**14** 735
15 891	

4쪽 **3** 받아올림이 여러 번 있는
(세 자리 수)+(세 자리 수)를 해 볼까요

1 1314	**2** 640
3 1151	**4** 1211
5 822	**6** 921
7 834	**8** 1410
9 1302	**10** 710
11 821	**12** 1523
13 513	**14** 1141
15 1233	

5쪽 **4** 받아내림이 없는
(세 자리 수)−(세 자리 수)를 해 볼까요

1 261	**2** 332
3 433	**4** 222
5 423	**6** 515
7 573	**8** 251
9 311	**10** 521
11 426	**12** 154
13 341	**14** 712
15 448	

6쪽 **5** 받아내림이 한 번 있는
(세 자리 수)−(세 자리 수)를 해 볼까요

1 346	**2** 117
3 291	**4** 384
5 561	**6** 172
7 409	**8** 352
9 217	**10** 171
11 536	**12** 223
13 415	**14** 572
15 396	

7쪽 **6** 받아내림이 두 번 있는
(세 자리 수)−(세 자리 수)를 해 볼까요

1 379	**2** 353
3 268	**4** 267
5 469	**6** 189
7 297	**8** 179
9 158	**10** 284
11 347	**12** 357
13 456	**14** 155
15 238	

2. 평면도형

 1 선분, 직선, 반직선을 알아볼까요

1 ( ) ( ) (○)
2 ( ) ( ) (○)
3 ( ) ( ) (○)
4 반직선 ㄱㄴ
5 선분 ㄷㄹ 또는 선분 ㄹㄷ
6 직선 ㅁㅂ 또는 직선 ㅂㅁ

 2 각을 알아볼까요

1 ( ) ( ) (○) ( )
2 ( ) (○) ( ) ( )
3 (위에서부터) 변, 꼭짓점, 변
4 각 ㄱㄴㄷ 또는 각 ㄷㄴㄱ
5 각 ㄹㅁㅂ 또는 각 ㅂㅁㄹ

 3 직각을 알아볼까요

1 ○   2 ×
3 ×   4 ×
5 ×   6 ○
7 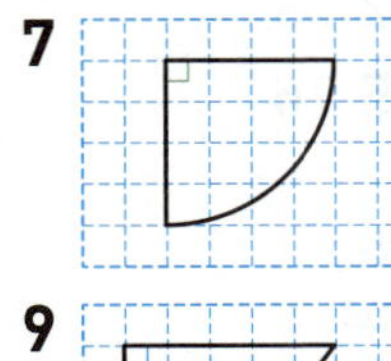   8
9 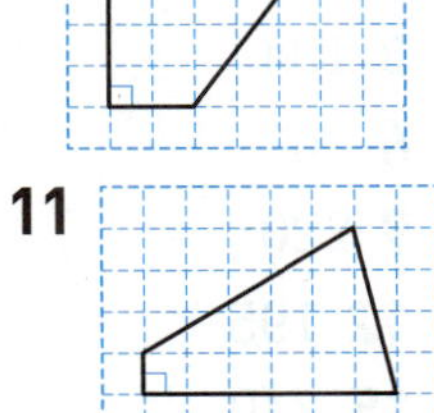   10
11 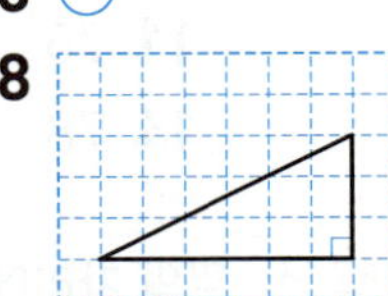   12

 4 직각삼각형을 알아볼까요

1 ×   2 ○
3 ×   4 ×
5 ×   6 ○
7 ×   8 ×
9 ○   10 예 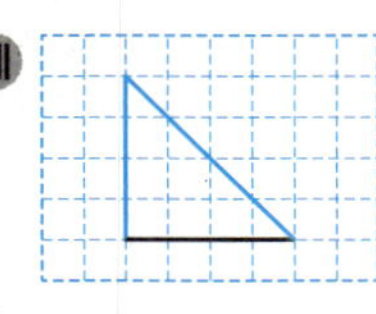
11 예 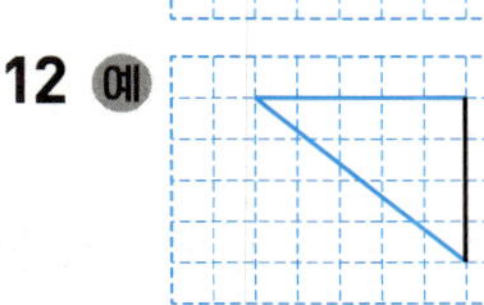   12 예

 5 직사각형을 알아볼까요

1 ○   2 ×
3 ×   4 ×
5 ×   6 ×
7 ○   8 ×
9 ○   10 예 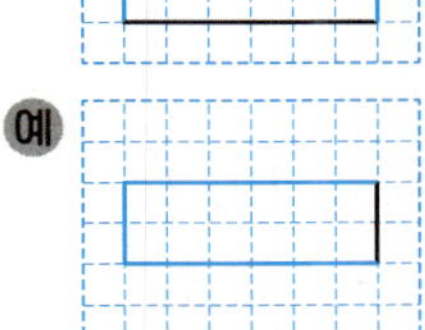
11 예    12 예

 6 정사각형을 알아볼까요

1 ○   2 ×
3 ×   4 ×
5 ○   6 ×
7 ×   8 ×
9 ×   10
11 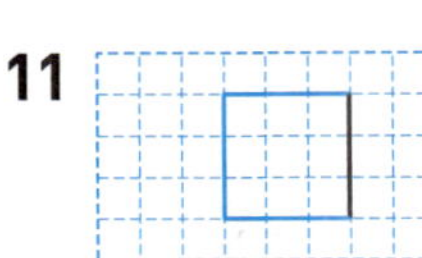   12

3. 나눗셈

14쪽 **1** 전체를 똑같이 나누어 한 부분의 크기를 알아볼까요

1 ○○○ ○○○ ○○○ / 3
2 ○○ ○○ ○○ ○○ ○○ ○○ ○○ / 2
3 3　　　　**4** 4
5 4　　　　**6** 5

15쪽 **2** 같은 양이 몇 번 들어 있는지 알아볼까요

1 예 / 4
2 예 / 6

3 4　　　　**4** 3
5 5　　　　**6** 6

16쪽 **3** 곱셈과 나눗셈의 관계를 알아볼까요

1 7 / 4　　　　**2** 6 / 9
3 12, 6 / 12, 2　　　　**4** 24, 3 / 24, 8
5 35, 5 / 35, 5, 7　　　　**6** 72, 8, 9 / 72, 8
7 16 / 16　　　　**8** 21 / 21
9 6, 30 / 5, 30　　　　**10** 8, 32 / 4, 32
11 7, 42 / 7, 6, 42　　　　**12** 3, 5, 15 / 3, 15

17쪽 **4** 나눗셈의 몫을 구해 볼까요

1 3, 3　　　　**2** 7, 7
3 4, 4　　　　**4** 5, 5
5 8, 8　　　　**6** 6, 6
7 3　　　　**8** 4
9 9　　　　**10** 6
11 3　　　　**12** 3
13 8　　　　**14** 9

4. 곱셈

18쪽 **1** (몇십)×(몇)을 구해 볼까요

1 60　　**2** 80　　**3** 40
4 90　　**5** 60　　**6** 80
7 60　　**8** 480　　**9** 250
10 70　　**11** 240　　**12** 270
13 210　　**14** 200　　**15** 360

19쪽 **2** 올림이 없는 (몇십몇)×(몇)을 구해 볼까요

1 63　　**2** 86　　**3** 88
4 28　　**5** 93　　**6** 36
7 46　　**8** 77　　**9** 64
10 66　　**11** 84　　**12** 39
13 68　　**14** 48　　**15** 82

20쪽 **3** 십의 자리에서 올림이 있는 (몇십몇)×(몇)을 구해 볼까요

1 248　　**2** 217　　**3** 168
4 405　　**5** 279　　**6** 328
7 144　　**8** 306　　**9** 246
10 168　　**11** 287　　**12** 305
13 328　　**14** 186　　**15** 188

21쪽 **4** 일의 자리에서 올림이 있는 (몇십몇)×(몇)을 구해 볼까요

1 70　　**2** 72　　**3** 91
4 96　　**5** 92　　**6** 64
7 78　　**8** 84　　**9** 94
10 96　　**11** 75　　**12** 58
13 78　　**14** 78　　**15** 76

22쪽 **5** 십, 일의 자리에서 올림이 있는 (몇십몇)×(몇)을 구해 볼까요

1 162　　**2** 190　　**3** 134
4 315　　**5** 168　　**6** 267
7 296　　**8** 112　　**9** 220
10 102　　**11** 216　　**12** 195
13 136　　**14** 275　　**15** 340

5. 길이와 시간

1 3 밀리미터   **2** 6 밀리미터

3 4 센티미터 8 밀리미터

4 2 센티미터 5 밀리미터

5 13 센티미터 4 밀리미터

6 6 센티미터 9 밀리미터

7 30   **8** 90

9 4   **10** 6

11 78   **12** 5, 7

13 161   **14** 14, 6

1 2 킬로미터   **2** 6 킬로미터

3 1 킬로미터 700 미터

4 4 킬로미터 800 미터

5 5 킬로미터 360 미터

6 11 킬로미터 250 미터

7 3000   **8** 5000

9 6   **10** 8

11 7200   **12** 1, 400

13 4060   **14** 9, 70

1 예 6 / 5, 7   **2** 예 4 / 4, 3

3 예 6 / 6, 2   **4** 예 7 / 6, 8

5 cm   **6** km

7 m   **8** mm

1 4시 25분 50초   **2** 10시 5분 20초

3 7시 30분 15초   **4** 3시 10분 23초

5 8시 50분 17초   **6** 1시 35분 52초

7 120   **8** 300

9 3   **10** 4

11 90   **12** 2, 30

13 465   **14** 5, 20

1 8분 50초   **2** 26분 15초

3 6시 41분   **4** 8시간 5분

5 3시간 45분 40초   **6** 5시 20분 35초

7 19분 20초   **8** 15분 30초

9 6시 30분   **10** 8시간 25분

11 9시간 55분 45초   **12** 10시 51분 25초

1 20분 20초   **2** 23분 55초

3 5시 25분   **4** 4시간 35분

5 10시간 25분 15초   **6** 6시간 9분 45초

7 35분 10초   **8** 14분 30초

9 8시간 20분   **10** 2시간 30분

11 3시간 5분 5초   **12** 4시 35분 40초

6. 분수와 소수

1 ○   **2** ×

3 ○   **4** ×

5 ○   **6** ×

7 6   **8** 10

9 4   **10** 8

11 예 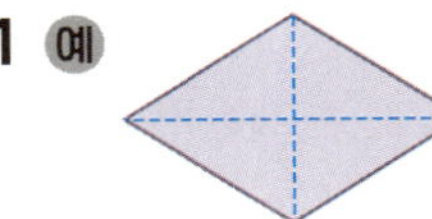   **12** 예 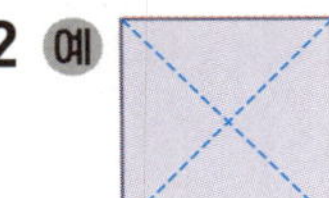

30쪽 **2** 분수를 알아볼까요 ~
3 부분을 보고 전체를 알아볼까요

1 $\dfrac{2}{3}$ / 3분의 2 **2** $\dfrac{4}{6}$ / 6분의 4

3 $\dfrac{3}{4}$ / 4분의 3 **4** $\dfrac{6}{8}$ / 8분의 6

5 $\dfrac{1}{3}$ / $\dfrac{2}{3}$ **6** $\dfrac{2}{5}$ / $\dfrac{3}{5}$

7 $\dfrac{3}{6}$ / $\dfrac{3}{6}$ **8** $\dfrac{5}{8}$ / $\dfrac{3}{8}$

9 $\dfrac{4}{9}$ / $\dfrac{5}{9}$ **10** $\dfrac{8}{10}$ / $\dfrac{2}{10}$

31쪽 **4** 단위분수를 알아볼까요

1 예 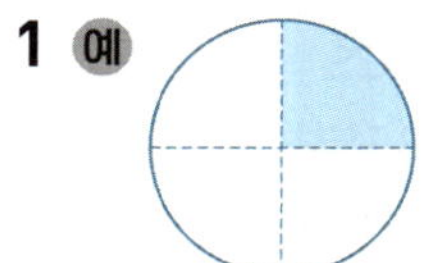 **2** 예

3 예 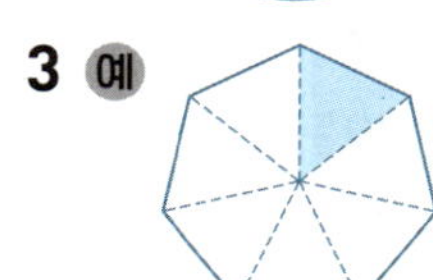 **4** 예

5 4 **6** 6

7 9 **8** 7

9 $\dfrac{2}{4}$ **10** $\dfrac{8}{11}$

11 $\dfrac{1}{9}$ **12** 10

32쪽 **5** 분수의 크기를 비교해 볼까요

1 > **2** >
3 < **4** >
5 < **6** >
7 < **8** >
9 > **10** <
11 < **12** >
13 < **14** <

33쪽 **6** 1보다 작은 소수를 알아볼까요

1 $\dfrac{2}{10}$ / 0.2 **2** $\dfrac{7}{10}$ / 0.7

3 $\dfrac{5}{10}$ / 0.5 **4** $\dfrac{9}{10}$ / 0.9

5 0.1 / 영 점 일 **6** 0.3 / 영 점 삼

7 0.8 / 영 점 팔 **8** 0.6 / 영 점 육

9 7 **10** 0.1 또는 $\dfrac{1}{10}$

11 0.4 또는 $\dfrac{4}{10}$ **12** 2

13 9 **14** $\dfrac{1}{10}$

34쪽 **7** 1보다 큰 소수를 알아볼까요

1 2.4 / 이 점 사 **2** 3.7 / 삼 점 칠
3 1.8 **4** 4.5
5 7.1 **6** 5.9
7 1.6 **8** 2.2
9 83 **10** 0.1 또는 $\dfrac{1}{10}$
11 57 **12** 99

35쪽 **8** 소수의 크기를 비교해 볼까요

1 < **2** >
3 < **4** >
5 > **6** <
7 > **8** >
9 > **10** >
11 < **12** <
13 < **14** >

36~37쪽 | **1. 덧셈과 뺄셈**

1 598

2 782

3 436

4 1045

5 411

6 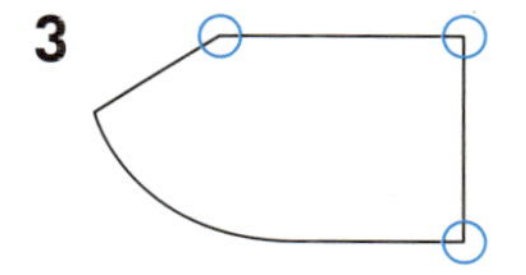

7 (위에서부터) 1613, 993, 396, 224

8
```
    2 6 5
  + 3 1 7
    5 8 2
```

9 ㉢

10 259개

11 204 m

12 217

13 292, 343, 635(또는 343, 292, 635)

14 (위에서부터) 5, 6

6
```
     1 1
     4 7 6
   + 3 3 7
     8 1 3
```
```
     1 1
     1 7 9
   + 5 5 4
     7 3 3
```

7
```
     1 1
     9 6 4
   + 6 4 9
   1 6 1 3
```
```
       1
     5 6 8
   + 4 2 5
     9 9 3
```
```
   8 15 10
   9  6  4
 - 5  6  8
   3  9  6
```
```
     6 4 9
   - 4 2 5
     2 2 4
```

8 십의 자리 계산에서 받아올림한 수를 더하지 않고 계산했습니다.
```
       1
     2 6 5
   + 3 1 7
     5 8 2
```

9 ㉠ 516은 500쯤, 387은 400쯤이므로
516−387을 어림한 값은 100쯤입니다.
㉡ 695는 700쯤, 472는 500쯤이므로
695−472를 어림한 값은 200쯤입니다.
㉢ 885는 900쯤, 504는 500쯤이므로
885−504를 어림한 값은 400쯤입니다.
⇨ 몇백쯤으로 어림하여 계산한 결과가 300보다 큰
식은 ㉢ 885−504입니다.

10 (지호가 가지고 있는 구슬의 수)
=134+125=259(개)

---

11 836＞740＞632이므로 가장 높은 산은 북한산으로
836 m이고, 가장 낮은 산은 관악산으로 632 m입
니다.
⇨ 836−632=204(m)

12 어떤 수를 □라 하면 □+327=544입니다.
⇨ 544−327=□, □=217

13 세 수 중에서 두 수를 골라 덧셈식을 만들면 다음과
같습니다.
292+343=635, 292+386=678,
343+386=729
따라서 635와 678 중에서 650에 더 가까운 수는
635이므로 합이 650에 가장 가까운 덧셈식은
292+343=635 또는 343+292=635입니다.

14 • 십의 자리 계산: □−1+10−9=5 ⇨ □=5
• 백의 자리 계산: 8−1−□=1 ⇨ □=6

38~39쪽 | **2. 평면도형**

1 ( ) (○) ( )

2 반직선 ㄹㄷ

3 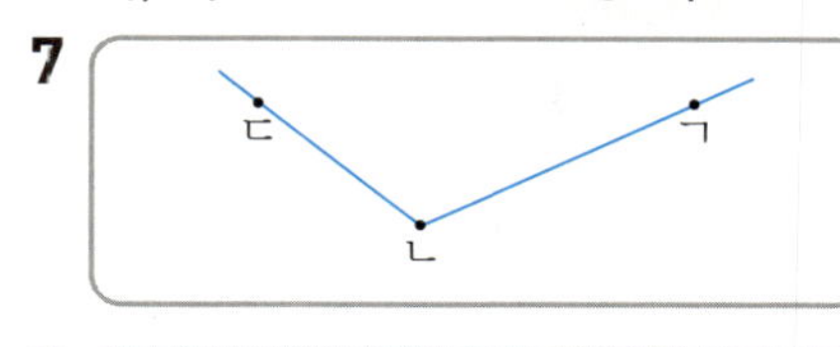

4 나, 다

5 나, 다

6 나

7 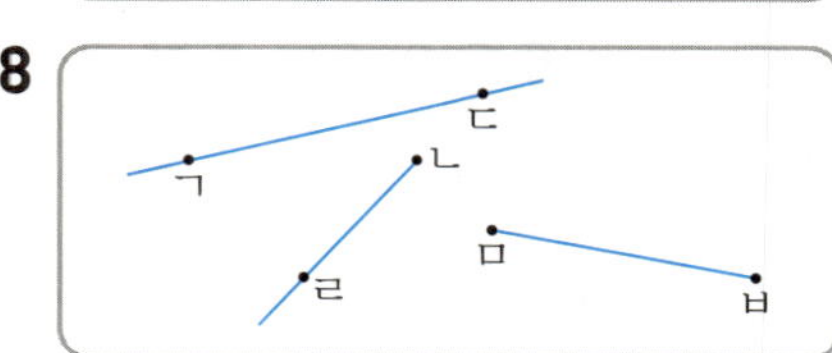

8 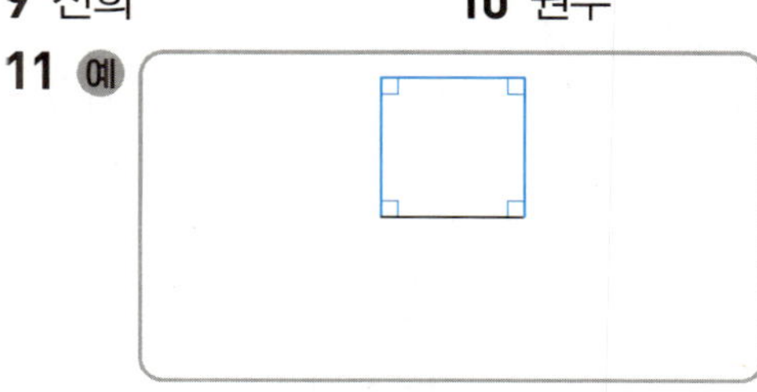

9 진희

10 원우

11 예

12 3개

13 다

14 12개

9 반직선은 한쪽 방향으로만 끝없이 늘어나는 선입니다.

10 직사각형은 네 각이 모두 직각인 사각형입니다.

11 주어진 선분을 한 변으로 하는 네 각이 모두 직각이고 네 변의 길이가 모두 같은 사각형을 그립니다.

12 색종이를 점선을 따라 자르면 다음과 같습니다.

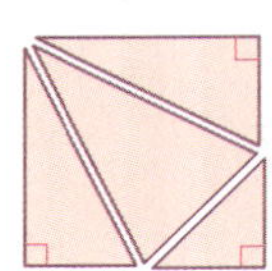 ⇨ 직각삼각형: 3개

13

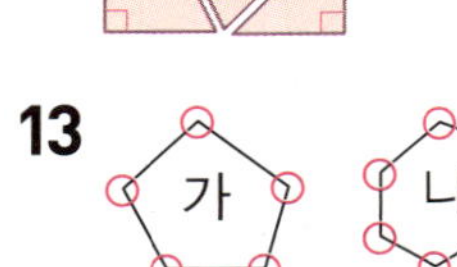

5개 　　6개 　　3개 　　4개

⇨ 3개 < 4개 < 5개 < 6개
　　다　　라　　가　　나

14

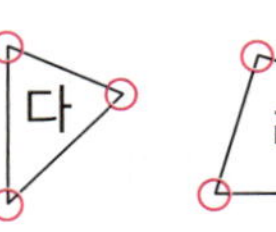

직각의 수를 세어 보면 12개입니다.

40~41쪽　3. 나눗셈

1  / 2, 4

2 7, 2

3 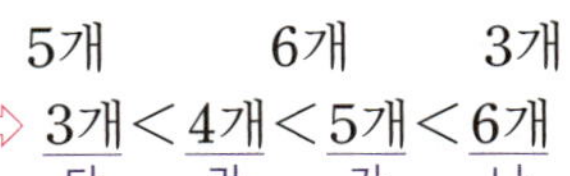

4 ㉠, ㉣

5 7, 9, 63 / 9, 7, 63

6 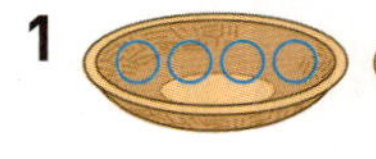

7 주아, $15 \div 5 = 3$

8 $21 \div 7 = 3$ / $7 \times 3 = 21$ 또는 $3 \times 7 = 21$ / 3개

9 4, 36 / $36 \div 9 = 4$, $36 \div 4 = 9$

10 <　　　　**11** ㉣

12 9개　　　　**13** 5개

14 $7 \times 8 = 56$ 또는 $8 \times 7 = 56$ / $56 \div 7 = 8$, $56 \div 8 = 7$

---

3 ・$48 \div 6 = 8$ ⇨ 나누는 수가 6이므로 6단 곱셈구구를 이용하여 구할 수 있습니다.

・$10 \div 5 = 2$ ⇨ 나누는 수가 5이므로 5단 곱셈구구를 이용하여 구할 수 있습니다.

4 $4 \times 3 = 12$ ⟨ $12 \div 4 = 3$ / $12 \div 3 = 4$

5 $63 \div 7 = 9$ 　　$63 \div 7 = 9$
$7 \times 9 = 63$ 　　$9 \times 7 = 63$

6 ・$28 \div 4 = \boxed{7}$ ⇨ $4 \times \boxed{7} = 28$

・$35 \div 7 = \boxed{5}$ ⇨ $7 \times \boxed{5} = 35$

・$54 \div 9 = \boxed{6}$ ⇨ $9 \times \boxed{6} = 54$

7 연필 15자루를 5자루씩 3번 덜어 내면 0이 됩니다.
$15 - 5 - 5 - 5 = 0$ ⇨ $15 \div 5 = 3$
（3번）

8 $21 \div 7 = \boxed{3}$ ⇨ $7 \times \boxed{3} = 21$

따라서 한 명에게 귤을 3개씩 줄 수 있습니다.

9 $9 \times 4 = 36$ ⟨ $36 \div 9 = 4$ / $36 \div 4 = 9$

10 ・$40 \div 5 = \boxed{8}$
・$81 \div 9 = \boxed{9}$ ⇨ $8 < 9$

11 ㉠ $18 \div 3 = 6$ 　㉡ $48 \div 8 = 6$
㉢ $30 \div 5 = 6$ 　㉣ $25 \div 5 = 5$

12 $54 \div 6 = \boxed{9}$ ⇨ $6 \times \boxed{9} = 54$

따라서 상자 한 개에 인형을 9개씩 담을 수 있습니다.

13 $20 \div 4 = \boxed{5}$ ⇨ $4 \times \boxed{5} = 20$

따라서 봉지는 5개가 필요합니다.

14 공에 적혀 있는 수 3개를 골라 만들 수 있는 곱셈식은 $7 \times 8 = 56$ 또는 $8 \times 7 = 56$입니다.
곱셈과 나눗셈의 관계를 이용하여 곱셈식을 나눗셈식으로 나타내면 $56 \div 7 = 8$, $56 \div 8 = 7$입니다.

1 60 / 2 / 62　　**2** 3, 60
3 126　　**4** 54
5 (　　)(○)　　**6** 42, 126
7 <　　**8** 89
9 96개　　**10** 128그루
11 96 m　　**12** 1 m 50 cm
13 7　　**14** 264개

4
$$\begin{array}{r} \overset{2}{}1\ 8 \\ \times\quad 3 \\ \hline 5\ 4 \end{array}$$

5 $23\times3=69,\ 14\times3=42$
　⇨ 계산 결과가 50보다 작은 것은 14×3입니다.

6
$$\begin{array}{r} 2\ 1 \\ \times\ \ 2 \\ \hline 4\ 2 \end{array} \qquad \begin{array}{r} 4\ 2 \\ \times\ \ 3 \\ \hline 1\ 2\ 6 \end{array}$$

7 $22\times7=154,\ 60\times3=180$ ⇨ $154<180$

8 $35\times2=70,\ 53\times3=159$ ⇨ $159-70=89$

9 (3봉지에 담긴 사탕 수)$=32\times3=96$(개)

10 도로 양쪽에 나무를 심으므로
　(도로 한쪽에 심는 나무 수)$\times2$를 구합니다.
　⇨ (도로 양쪽에 심는 나무 수)
　　　$=64\times2=128$(그루)

11 (꽃밭의 네 변의 길이의 합)$=24\times4=96$(m)

12 (필요한 리본의 길이)$=25\times6=150$(cm)
　⇨ 필요한 리본은 모두 150 cm$=1$ m 50 cm입
　　니다.

13 $4\times3=12$이므로 십의 자리에 올림한 수는 1입니다.
　따라서 □$\times3=22-1$, □$\times3=21$이므로
　□$=7$입니다.

14 (3학년 학생 수)$=22\times3=66$(명)
　⇨ (필요한 씨앗 수)$=66\times4=264$(개)

1 3 킬로미터 500 미터
2 예 |━━━━━━━━━━━- - - - - - - - - -
3 4, 15, 43　　**4** (　　)
　　　　　　　　　　(○)
5 13분 15초　　**6** ㉠, ㉡
7 ㉡　　**8** 200초
9 ㉡　　**10** 새롬
11
$$\begin{array}{r} 2\text{시}\quad 14\text{분} \\ +\qquad 3\text{분}\quad 30\text{초} \\ \hline 2\text{시}\quad 17\text{분}\quad 30\text{초} \end{array}$$
12 2시간 44분　　**13** 12시 30분 20초
14 6시 12분 10초

1 ■ km ▲ m ⇨ ■ 킬로미터 ▲ 미터

2 자의 눈금 0을 시작점에 놓은 후 2 cm보다 5 mm
　더 긴 길이만큼 선을 긋습니다.

5 분은 분끼리, 초는 초끼리 뺍니다.

6 ㉠ 1 cm 8 mm, ㉡ 1 cm 8 mm,
　㉢ 2 cm 3 mm
　⇨ 길이가 같은 것은 ㉠, ㉡입니다.

7 ㉠ 필통의 길이는 mm나 cm를 사용하여 나타내
　　기에 알맞습니다.
　㉡ 우리 집 문의 높이는 cm나 m를 사용하여 나타
　　내기에 알맞습니다.

8 3분 20초$=$3분$+$20초
　　　　$=$60초$+$60초$+$60초$+$20초$=$200초

9 ㉡ 5300 m$=$5000 m$+$300 m
　　　　　$=$5 km$+$300 m
　　　　　$=$5 km 300 m

10 새롬: 내 키는 약 135 cm입니다.

11 시는 시끼리, 분은 분끼리, 초는 초끼리 계산해야 합
　니다.

12 (서울에서 부산까지 가는 데 걸리는 시간)
　　$=$12시 19분$-$9시 35분
　　$=$2시간 44분

13 (만화 영화가 시작한 시각)
$=$12시 47분 45초$-$17분 25초
$=$12시 30분 20초

14 시계가 나타내는 시각은 3시 47분 10초입니다.
(생존 수영 교육이 끝난 시각)
$=$3시 47분 10초$+$2시간 25분
$=$6시 12분 10초

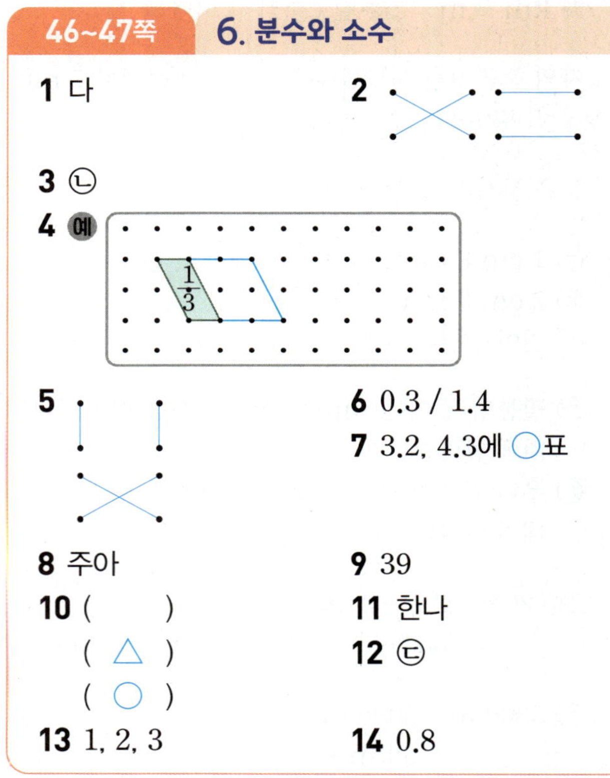

46~47쪽	6. 분수와 소수
1 다	**2**
3 ㉡	
4 예	
5	**6** 0.3 / 1.4
	7 3.2, 4.3에 ◯표
8 주아	**9** 39
10 ( )	**11** 한나
(△)	**12** ㉢
(◯)	
13 1, 2, 3	**14** 0.8

1 점선 다로 도형을 나누면 모양과 크기가 같기 때문에 똑같이 둘로 나눌 수 있습니다.

3 ㉡ 단위분수는 분모가 작을수록 더 큰 분수이므로 $\dfrac{1}{12} < \dfrac{1}{5}$ 입니다.

4 $\dfrac{1}{3}$ 은 전체를 똑같이 3으로 나눈 것 중의 1입니다.
➡ 전체는 $\dfrac{1}{3}$ 이 3개 연결된 모양으로 그려야 합니다.

5 • 색칠한 부분은 전체를 똑같이 7로 나눈 것 중의 6
➡ $\dfrac{6}{7}$
• 색칠한 부분은 전체를 똑같이 5로 나눈 것 중의 3
➡ $\dfrac{3}{5}$

6 작은 눈금 한 칸은 0.1을 나타냅니다.

7 3.2$<$4.5   4.3$<$4.5
  └ 3$<$4 ┘   └ 3$<$5 ┘

8 • 주아: 7.3은 0.1이 73개입니다.

9 • $\dfrac{1}{7}$ 이 6개이면 $\dfrac{6}{7}$ 이므로 ㉠$=$6입니다.
• 0.1이 33개이면 3.3이므로 ㉡$=$33입니다.
➡ ㉠$+$㉡$=$6$+$33$=$39

10 • 3과 0.6만큼인 수 → 3.6
• 0.1이 28개인 수 → 2.8
• 오 점 칠 → 5.7
➡ 5.7$>$3.6$>$2.8이므로 가장 큰 수는 5.7이고 가장 작은 수는 2.8입니다.

11 단위분수는 분모가 작을수록 큰 분수이므로 $\dfrac{1}{3} < \dfrac{1}{2}$ 입니다.
따라서 우유가 더 많이 남은 사람은 한나입니다.

12 ㉠ $\dfrac{4}{17}$ ㉡ $\dfrac{1}{17}$ 이 5개인 수 → $\dfrac{5}{17}$
㉢ 17분의 9 → $\dfrac{9}{17}$
➡ $\underset{㉠}{\dfrac{4}{17}} < \underset{㉡}{\dfrac{5}{17}} < \dfrac{7}{17} < \underset{㉢}{\dfrac{9}{17}} < \dfrac{10}{17}$

13 분모가 같은 분수는 분자가 클수록 더 큰 분수이므로 분자를 비교하면 □$<$4입니다.
➡ □ 안에 들어갈 수 있는 수는 1, 2, 3입니다.

14 남은 빵은 전체를 똑같이 10으로 나눈 것 중의
10$-$2$=$8(조각)이므로 전체의 $\dfrac{8}{10}=$0.8입니다.

교과서 내용을 쉽고 빠르게 학습하여 개념을 꽉! 잡아줍니다.

대표전화 1544-0554
주소 경기도 과천시 과천대로2길 54(갈현동, 그라운드브이)
협의 없는 무단 복제는 법으로 금지되어 있습니다.

초등 수학

3·1

'교과서+수학익힘 잡기'는 본책에서 쉽게 분리할 수 있도록 제작되었으므로
유통 과정에서 분리될 수 있으나 파본이 아닌 정상제품입니다.

ABOVE IMAGINATION

우리는 남다른 상상과 혁신으로
교육 문화의 새로운 전형을 만들어
모든 이의 행복한 경험과 성장에 기여한다

교과서 개념잡기

교과서 + 수학익힘 잡기

초등 수학

3·1

교과서 개념잡기

교과서의 기초 문제를 복습하는 구성

수학익힘 문제잡기

『수학익힘』에 나오는
다양한 유형 문제를 복습하는 구성

1 받아올림이 없는 (세 자리 수)+(세 자리 수)를 해 볼까요

[1~15] 계산해 보세요.

1
$$\begin{array}{r} 3\ 4\ 1 \\ +\ 5\ 2\ 5 \\ \hline \end{array}$$

2
$$\begin{array}{r} 2\ 5\ 2 \\ +\ 2\ 3\ 7 \\ \hline \end{array}$$

3
$$\begin{array}{r} 4\ 3\ 4 \\ +\ 2\ 6\ 4 \\ \hline \end{array}$$

4
$$\begin{array}{r} 1\ 5\ 2 \\ +\ 6\ 3\ 7 \\ \hline \end{array}$$

5
$$\begin{array}{r} 2\ 4\ 7 \\ +\ 3\ 1\ 2 \\ \hline \end{array}$$

6
$$\begin{array}{r} 3\ 3\ 4 \\ +\ 4\ 2\ 5 \\ \hline \end{array}$$

7
$$\begin{array}{r} 5\ 1\ 3 \\ +\ 2\ 6\ 3 \\ \hline \end{array}$$

8
$$\begin{array}{r} 4\ 4\ 5 \\ +\ 1\ 2\ 3 \\ \hline \end{array}$$

9
$$\begin{array}{r} 3\ 4\ 2 \\ +\ 3\ 5\ 4 \\ \hline \end{array}$$

10 $233+445$

11 $156+321$

12 $704+152$

13 $514+421$

14 $245+632$

15 $352+331$

2 받아올림이 한 번 있는 (세 자리 수)+(세 자리 수)를 해 볼까요

[1~15] 계산해 보세요.

1
$$\begin{array}{r} 5\ 4\ 8 \\ +\ 1\ 4\ 6 \\ \hline \end{array}$$

2
$$\begin{array}{r} 3\ 1\ 5 \\ +\ 5\ 6\ 8 \\ \hline \end{array}$$

3
$$\begin{array}{r} 2\ 4\ 3 \\ +\ 6\ 9\ 5 \\ \hline \end{array}$$

4
$$\begin{array}{r} 2\ 3\ 2 \\ +\ 3\ 4\ 9 \\ \hline \end{array}$$

5
$$\begin{array}{r} 3\ 7\ 4 \\ +\ 1\ 5\ 2 \\ \hline \end{array}$$

6
$$\begin{array}{r} 2\ 3\ 6 \\ +\ 5\ 4\ 5 \\ \hline \end{array}$$

7
$$\begin{array}{r} 4\ 8\ 4 \\ +\ 3\ 5\ 1 \\ \hline \end{array}$$

8
$$\begin{array}{r} 3\ 5\ 0 \\ +\ 2\ 6\ 4 \\ \hline \end{array}$$

9
$$\begin{array}{r} 3\ 3\ 9 \\ +\ 4\ 2\ 6 \\ \hline \end{array}$$

10 $268+324$

11 $173+284$

12 $192+145$

13 $443+519$

14 $363+372$

15 $675+216$

3 받아올림이 여러 번 있는 (세 자리 수)+(세 자리 수)를 해 볼까요

[1~15] 계산해 보세요.

1
$$\begin{array}{r} 5\ 5\ 8 \\ +\ 7\ 5\ 6 \\ \hline \end{array}$$

2
$$\begin{array}{r} 2\ 9\ 5 \\ +\ 3\ 4\ 5 \\ \hline \end{array}$$

3
$$\begin{array}{r} 5\ 7\ 4 \\ +\ 5\ 7\ 7 \\ \hline \end{array}$$

4
$$\begin{array}{r} 7\ 9\ 6 \\ +\ 4\ 1\ 5 \\ \hline \end{array}$$

5
$$\begin{array}{r} 5\ 6\ 4 \\ +\ 2\ 5\ 8 \\ \hline \end{array}$$

6
$$\begin{array}{r} 3\ 9\ 4 \\ +\ 5\ 2\ 7 \\ \hline \end{array}$$

7
$$\begin{array}{r} 1\ 7\ 5 \\ +\ 6\ 5\ 9 \\ \hline \end{array}$$

8
$$\begin{array}{r} 5\ 2\ 1 \\ +\ 8\ 8\ 9 \\ \hline \end{array}$$

9
$$\begin{array}{r} 4\ 3\ 8 \\ +\ 8\ 6\ 4 \\ \hline \end{array}$$

10 $153+557$

11 $472+349$

12 $538+985$

13 $165+348$

14 $467+674$

15 $437+796$

4 받아내림이 없는 (세 자리 수)−(세 자리 수)를 해 볼까요

[1~15] 계산해 보세요.

1
$$\begin{array}{r} 8\,8\,7 \\ -\,6\,2\,6 \\ \hline \end{array}$$

2
$$\begin{array}{r} 4\,5\,9 \\ -\,1\,2\,7 \\ \hline \end{array}$$

3
$$\begin{array}{r} 6\,6\,8 \\ -\,2\,3\,5 \\ \hline \end{array}$$

4
$$\begin{array}{r} 5\,6\,3 \\ -\,3\,4\,1 \\ \hline \end{array}$$

5
$$\begin{array}{r} 7\,7\,4 \\ -\,3\,5\,1 \\ \hline \end{array}$$

6
$$\begin{array}{r} 9\,5\,6 \\ -\,4\,4\,1 \\ \hline \end{array}$$

7
$$\begin{array}{r} 6\,9\,5 \\ -\,1\,2\,2 \\ \hline \end{array}$$

8
$$\begin{array}{r} 4\,6\,4 \\ -\,2\,1\,3 \\ \hline \end{array}$$

9
$$\begin{array}{r} 8\,3\,9 \\ -\,5\,2\,8 \\ \hline \end{array}$$

10 $735-214$

11 $598-172$

12 $475-321$

13 $667-326$

14 $935-223$

15 $879-431$

5 받아내림이 한 번 있는 (세 자리 수)−(세 자리 수)를 해 볼까요

[1~15] 계산해 보세요.

1
$$\begin{array}{r} 6\ 7\ 4 \\ -\ 3\ 2\ 8 \\ \hline \end{array}$$

2
$$\begin{array}{r} 3\ 4\ 6 \\ -\ 2\ 2\ 9 \\ \hline \end{array}$$

3
$$\begin{array}{r} 4\ 1\ 6 \\ -\ 1\ 2\ 5 \\ \hline \end{array}$$

4
$$\begin{array}{r} 5\ 2\ 7 \\ -\ 1\ 4\ 3 \\ \hline \end{array}$$

5
$$\begin{array}{r} 9\ 3\ 5 \\ -\ 3\ 7\ 4 \\ \hline \end{array}$$

6
$$\begin{array}{r} 3\ 5\ 8 \\ -\ 1\ 8\ 6 \\ \hline \end{array}$$

7
$$\begin{array}{r} 9\ 2\ 3 \\ -\ 5\ 1\ 4 \\ \hline \end{array}$$

8
$$\begin{array}{r} 8\ 4\ 3 \\ -\ 4\ 9\ 1 \\ \hline \end{array}$$

9
$$\begin{array}{r} 7\ 5\ 4 \\ -\ 5\ 3\ 7 \\ \hline \end{array}$$

10 $649-478$

11 $753-217$

12 $461-238$

13 $962-547$

14 $826-254$

15 $748-352$

➜ 정답과 풀이 28쪽

ㄴ 받아내림이 두 번 있는 (세 자리 수)－(세 자리 수)를 해 볼까요

[1~15] 계산해 보세요.

1
```
   6 5 3
 − 2 7 4
```

2
```
   7 4 2
 − 3 8 9
```

3
```
   8 0 6
 − 5 3 8
```

4
```
   4 5 3
 − 1 8 6
```

5
```
   9 2 7
 − 4 5 8
```

6
```
   5 8 5
 − 3 9 6
```

7
```
   7 7 2
 − 4 7 5
```

8
```
   3 6 3
 − 1 8 4
```

9
```
   6 5 1
 − 4 9 3
```

10 541 − 257

11 805 − 458

12 506 − 149

13 724 − 268

14 311 − 156

15 635 − 397

1 선분, 직선, 반직선을 알아볼까요

1 선분을 찾아 ◯표 하세요.

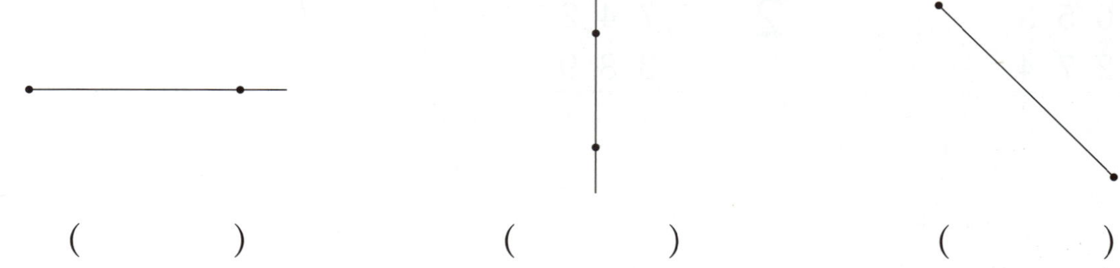

(   )   (   )   (   )

2 직선을 찾아 ◯표 하세요.

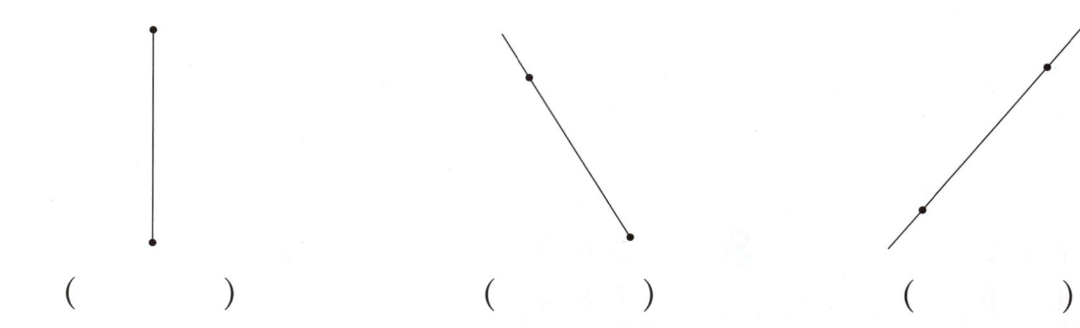

(   )   (   )   (   )

3 반직선을 찾아 ◯표 하세요.

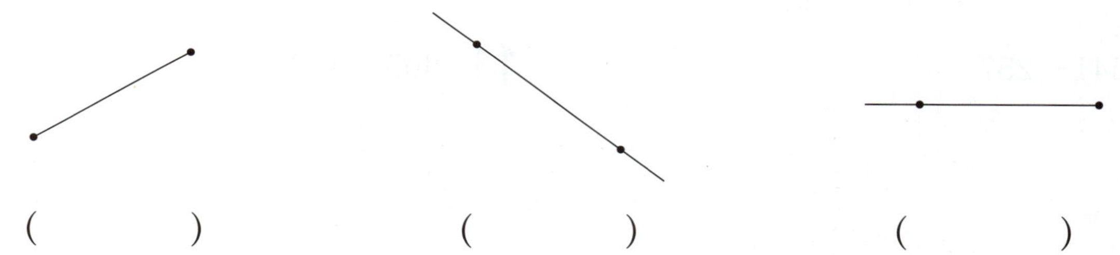

(   )   (   )   (   )

[4~6] 도형의 이름을 써 보세요.

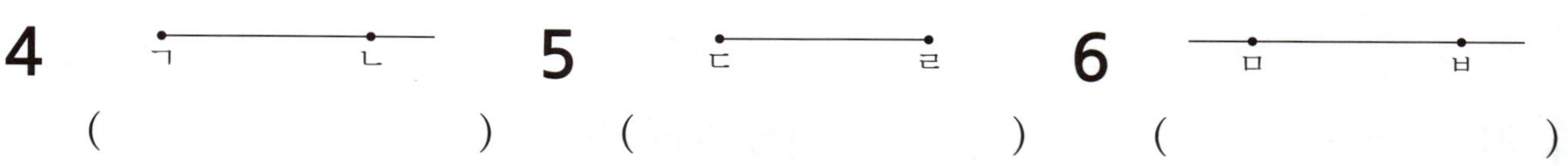

4 (   )   **5** (   )   **6** (   )

2 각을 알아볼까요

[1~2] 각을 찾아 ◯표 하세요.

1

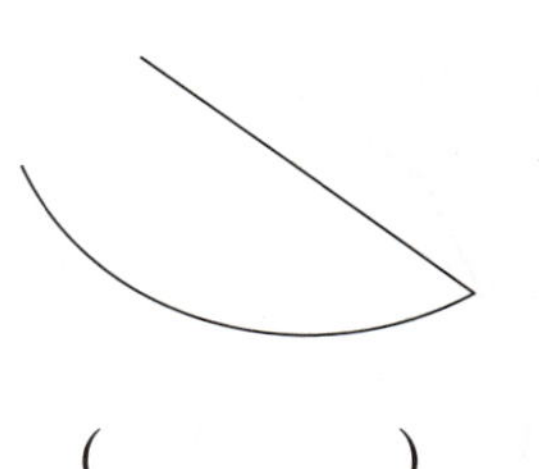 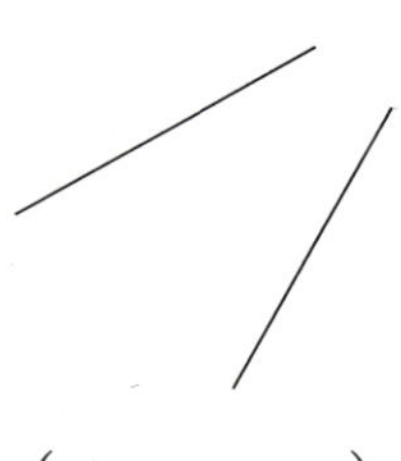 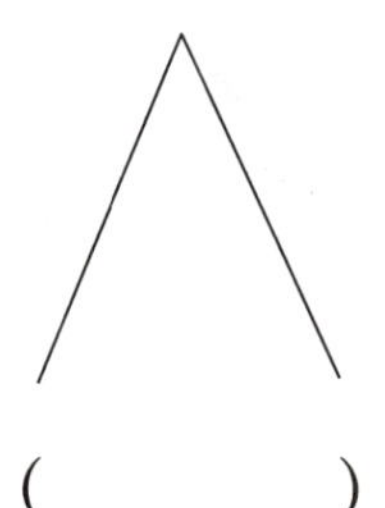 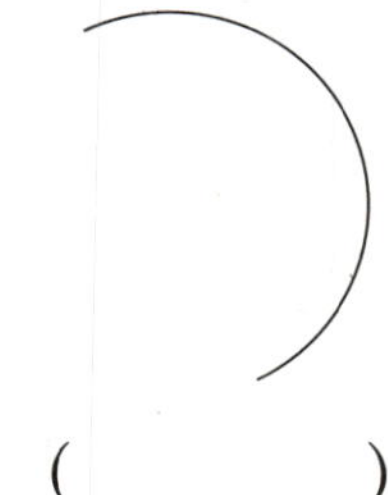

(   )   (   )   (   )   (   )

2

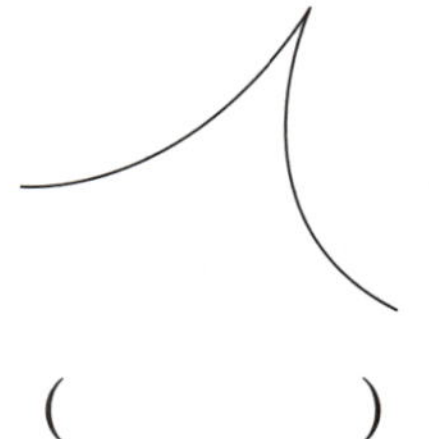 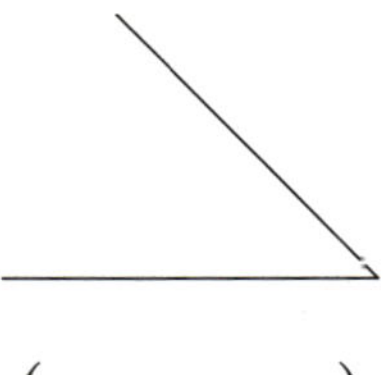 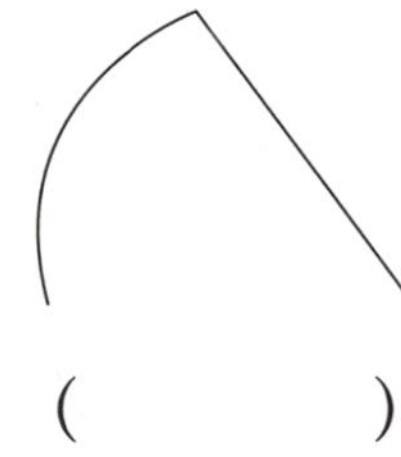 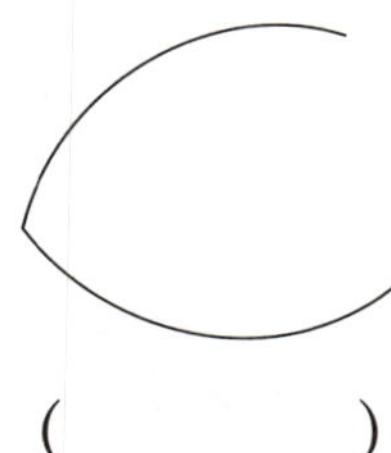

(   )   (   )   (   )   (   )

3 ☐ 안에 알맞은 말을 써넣으세요.

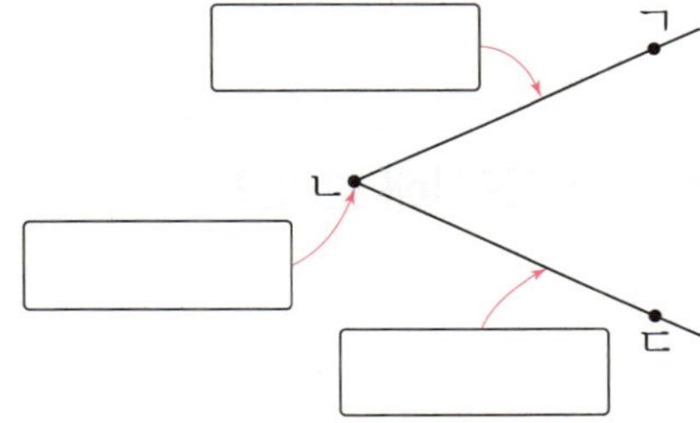

[4~5] 도형을 보고 각의 이름을 써 보세요.

4

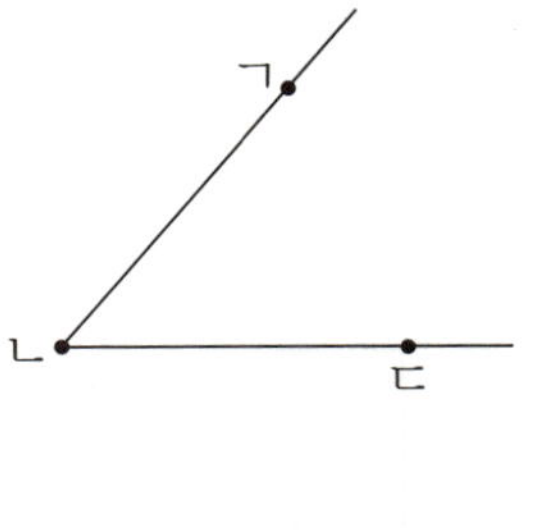

(   )

5

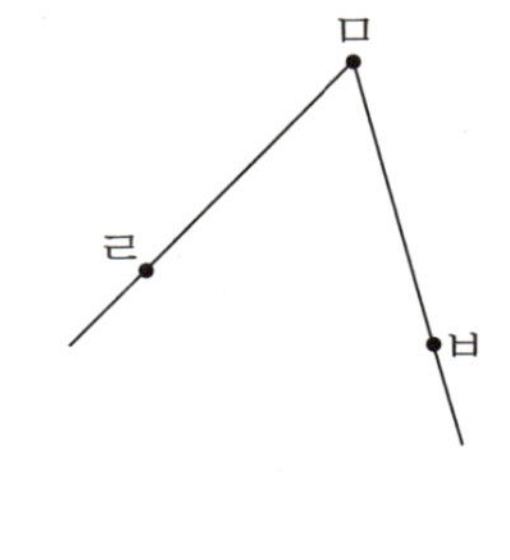

(   )

3 직각을 알아볼까요

[1~6] 직각이면 ○표, 직각이 <u>아니면</u> ✕표 하세요.

1

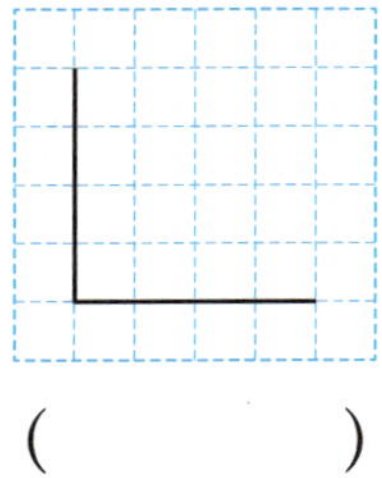

( )

2

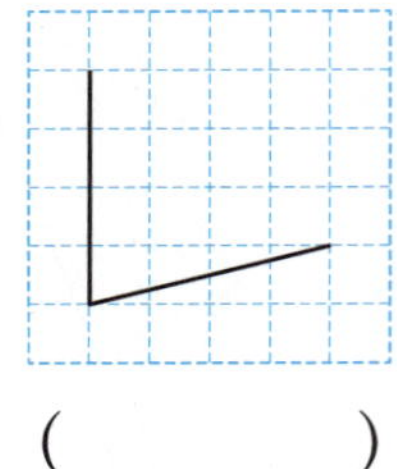

( )

3

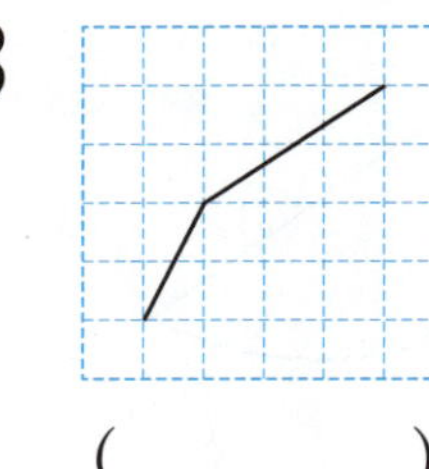

( )

4

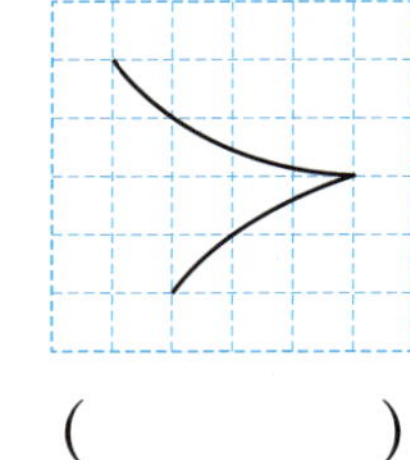

( )

5

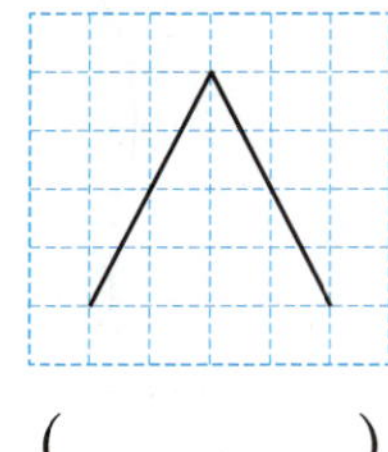

( )

6

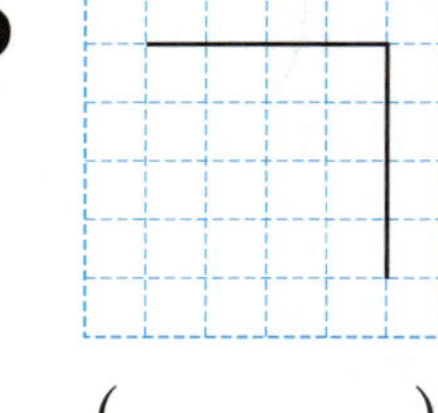

( )

[7~12] 도형에서 직각을 모두 찾아 ⌐ 로 표시해 보세요.

7

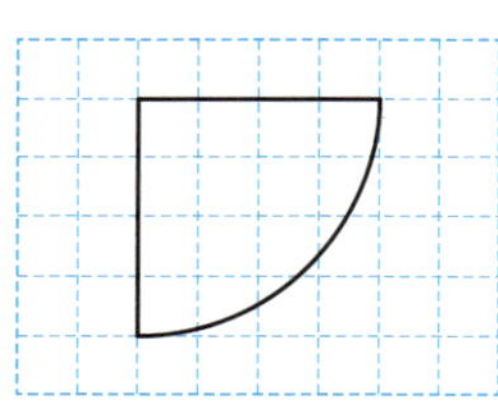

8

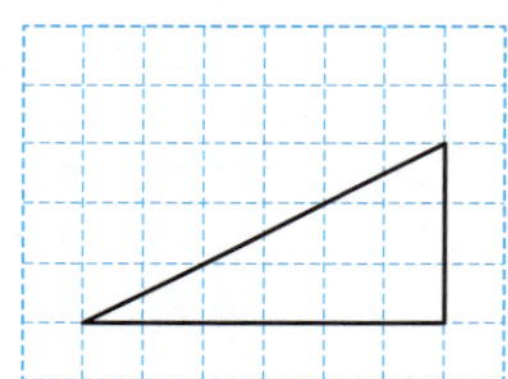

9

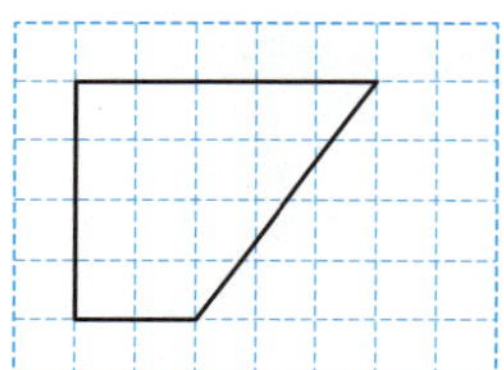

10

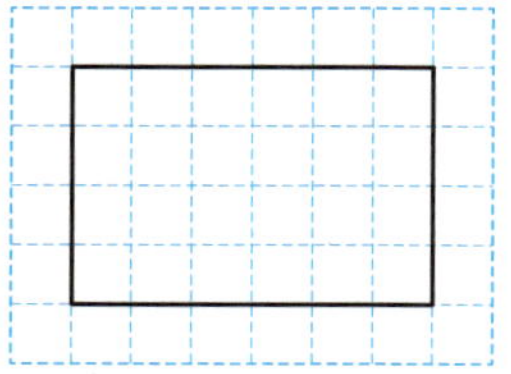

11

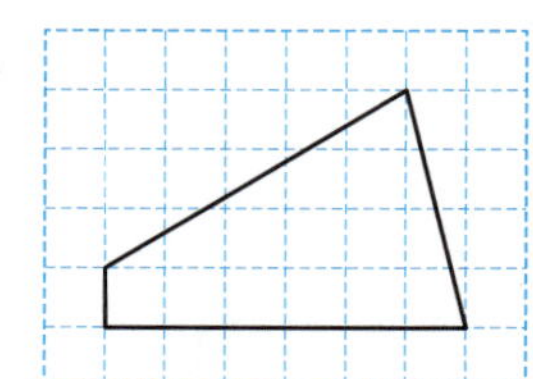

12

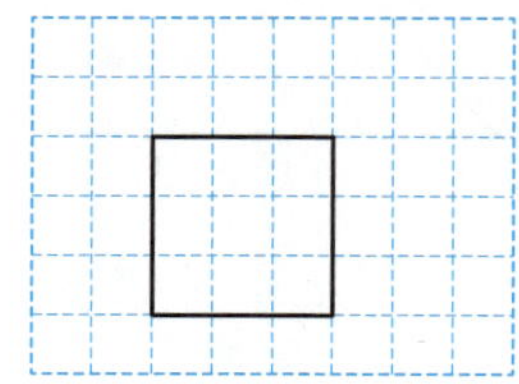

4 직각삼각형을 알아볼까요

[1~9] 직각삼각형이면 ◯표, 직각삼각형이 <u>아니면</u> ✕표 하세요.

1 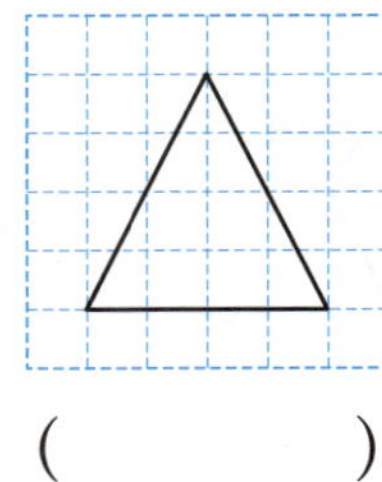

( )

2 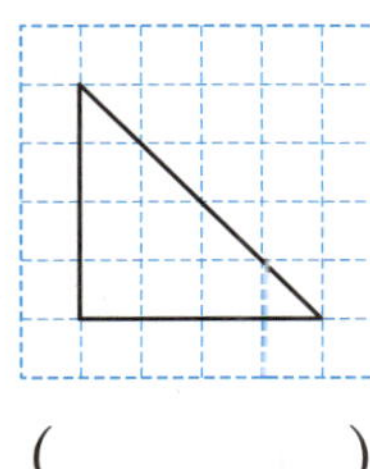

( )

3 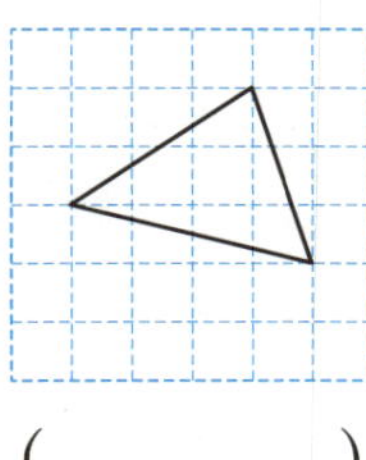

( )

4 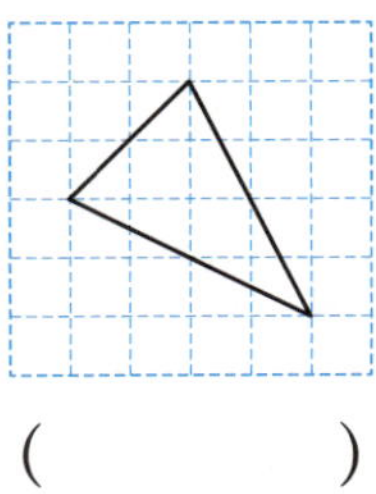

( )

5 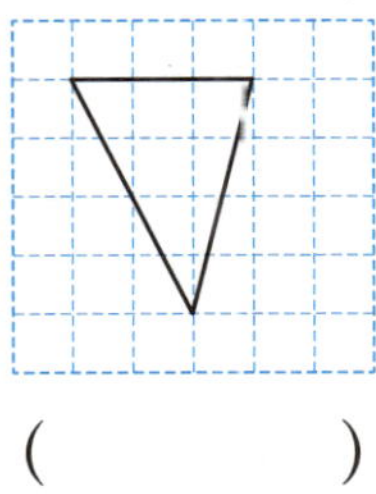

( )

6 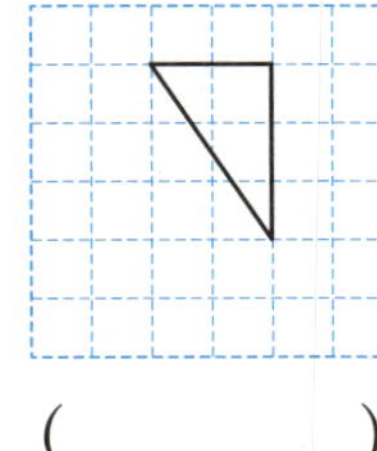

( )

7 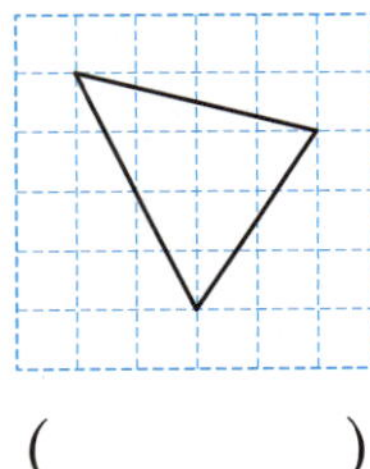

( )

8 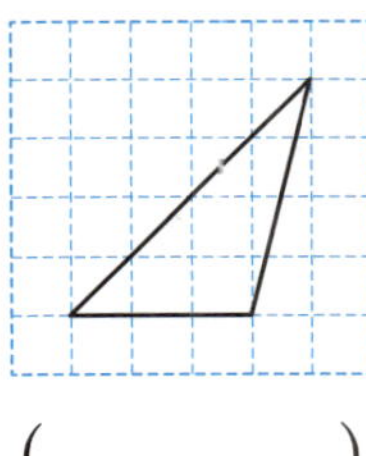

( )

9 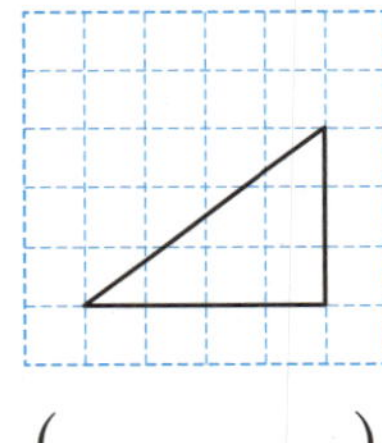

( )

[10~12] 모눈종이에 주어진 선분을 한 변으로 하는 직각삼각형을 그려 보세요.

10 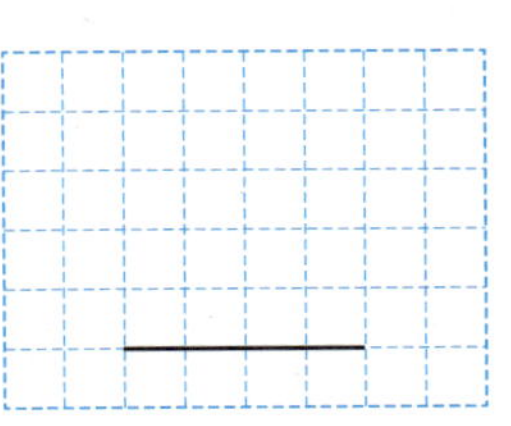

11 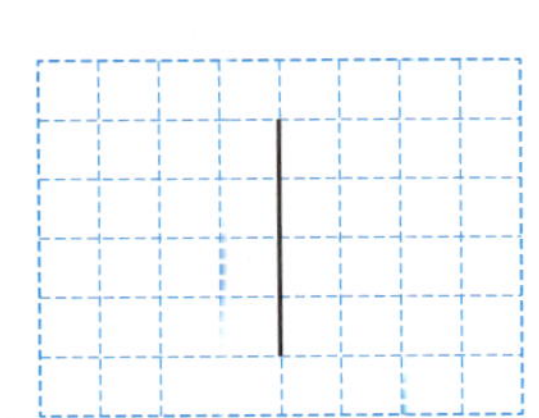

12 

5 직사각형을 알아볼까요

[1~9] 직사각형이면 ○표, 직사각형이 아니면 ×표 하세요.

1 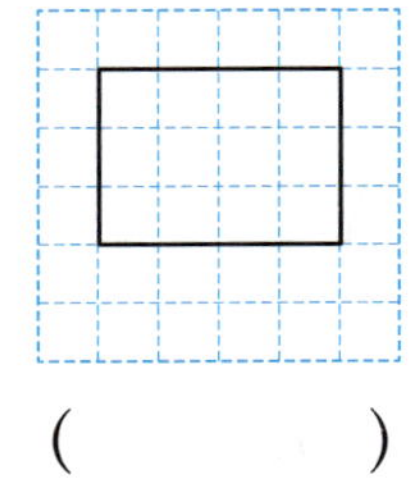
(   )

2 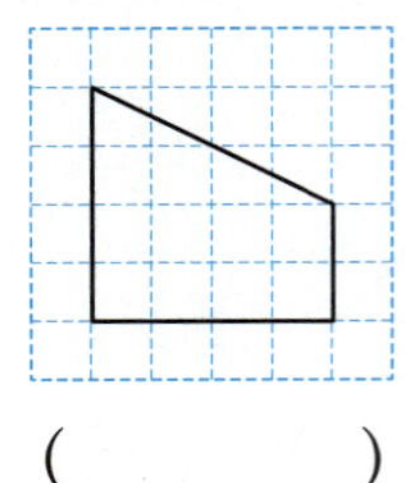
(   )

3 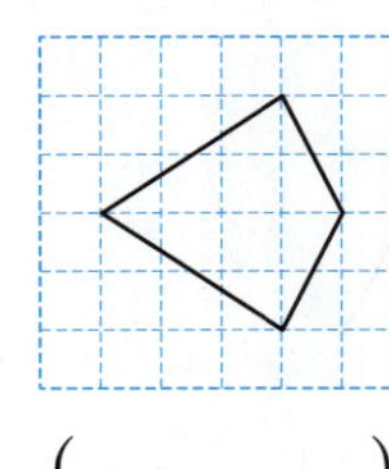
(   )

4 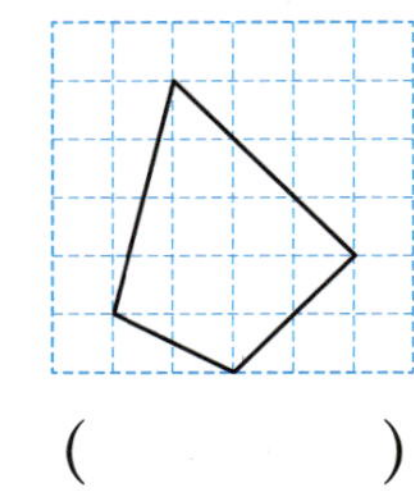
(   )

5 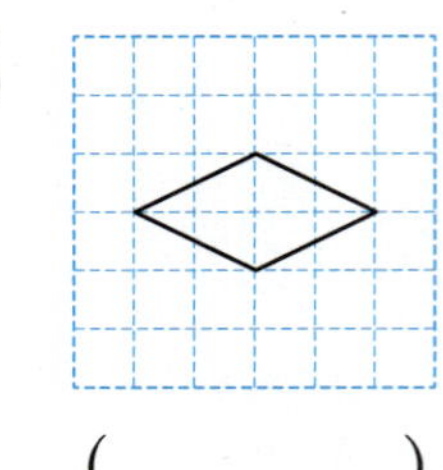
(   )

6 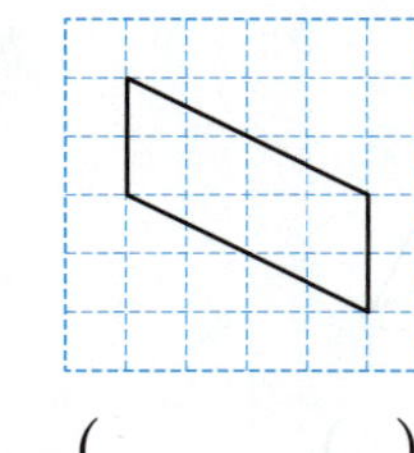
(   )

7 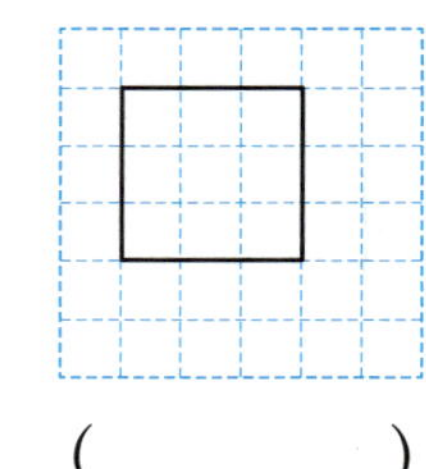
(   )

8 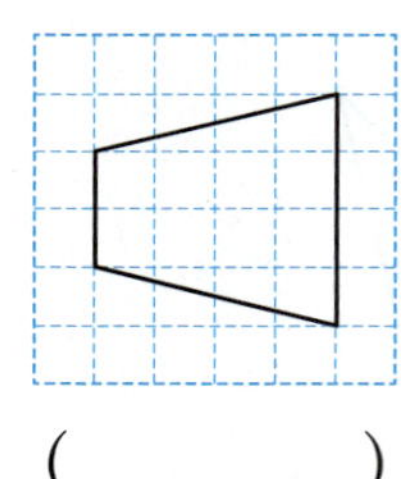
(   )

9 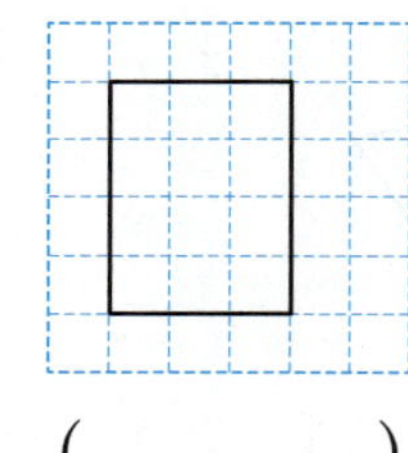
(   )

[10~12] 모눈종이에 주어진 선분을 한 변으로 하는 직사각형을 그려 보세요.

10 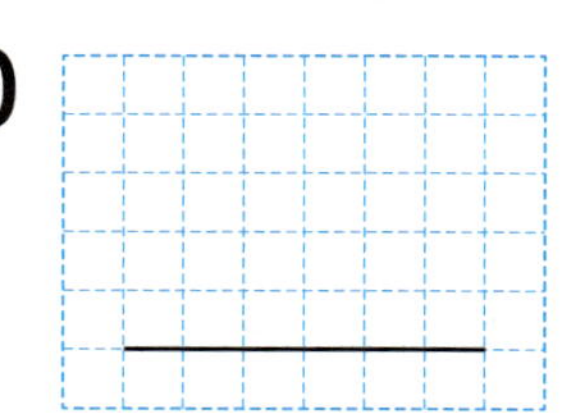

11 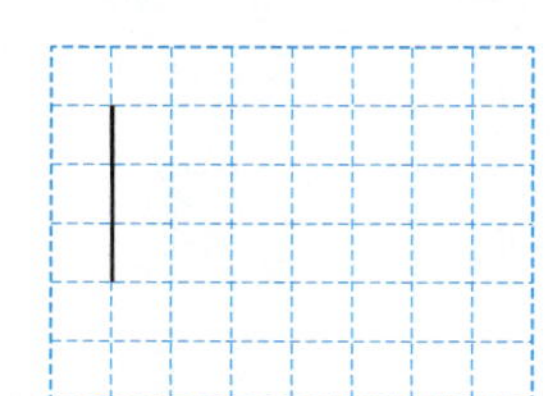

12 

ㅂ 정사각형을 알아볼까요

[1~9] 정사각형이면 ◯표, 정사각형이 아니면 ✕표 하세요.

1 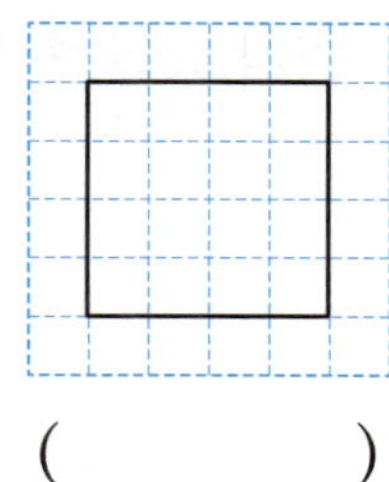

(　　　　)

2 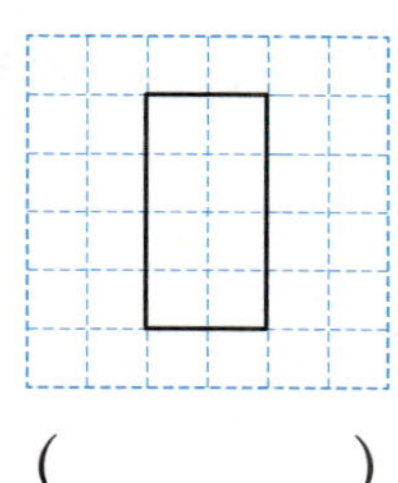

(　　　　)

3 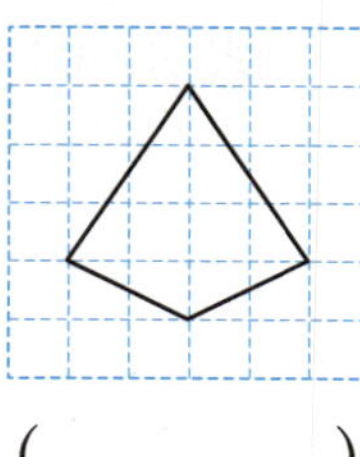

(　　　　)

4 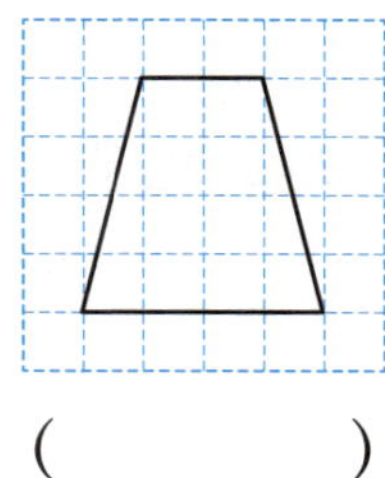

(　　　　)

5 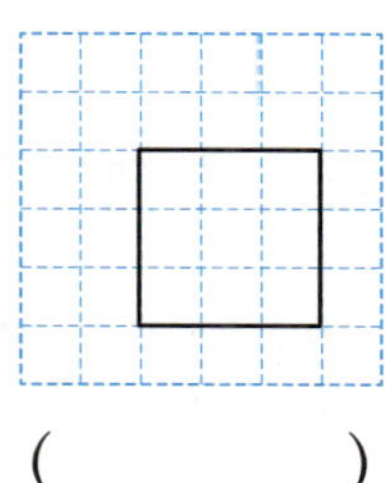

(　　　　)

6 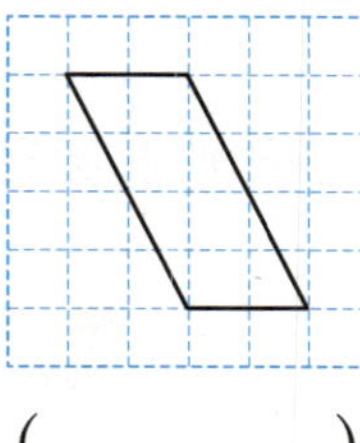

(　　　　)

7 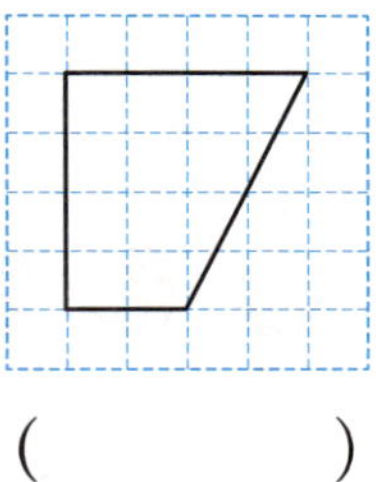

(　　　　)

8 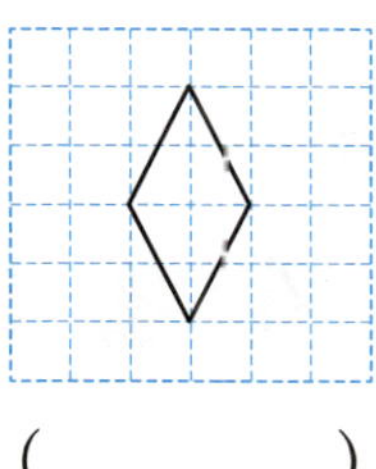

(　　　　)

9 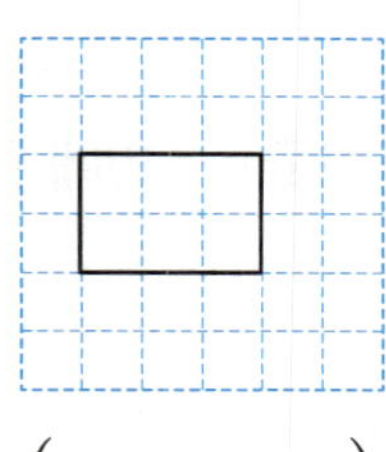

(　　　　)

[10~12] 모눈종이에 주어진 선분을 한 변으로 하는 정사각형을 그려 보세요.

10 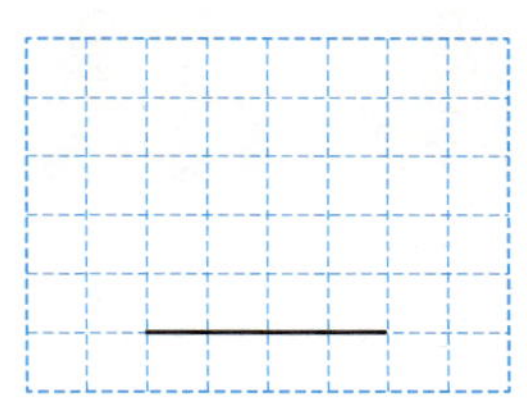

11 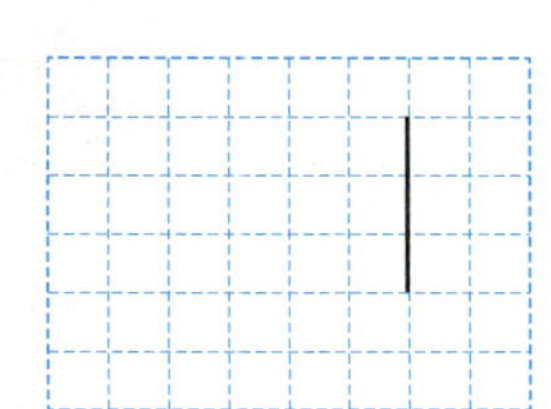

12 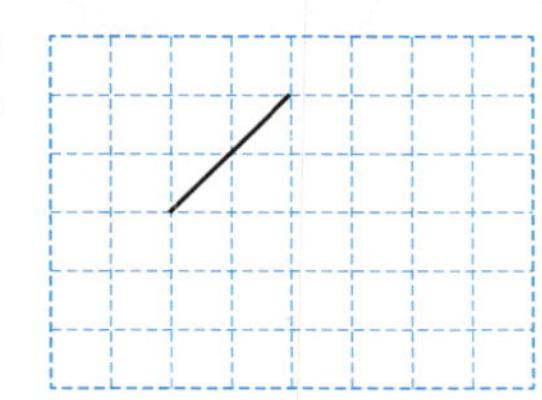

1 전체를 똑같이 나누어 한 부분의 크기를 알아볼까요

[1~2] 빈칸에 ○를 그리고, ☐ 안에 알맞은 수를 써넣으세요.

1 공책 9권을 가방 3개에 똑같이 나누어 넣으려고 합니다. 가방 한 개에 공책을 몇 권씩 넣을 수 있을까요?

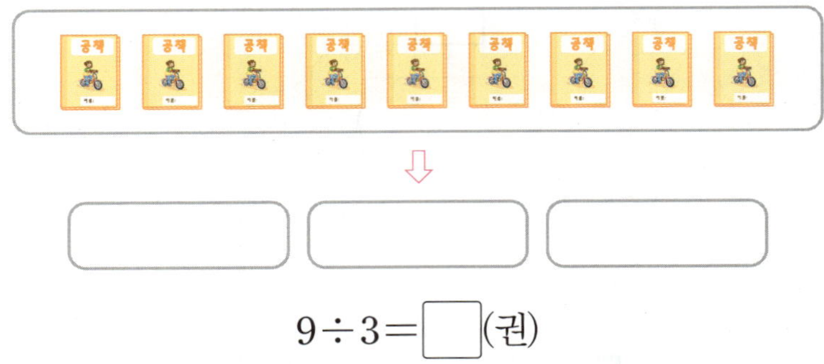

$$9 \div 3 = \boxed{} \text{(권)}$$

2 빵 14개를 7명에게 똑같이 나누어 주려고 합니다. 한 명에게 빵을 몇 개씩 줄 수 있을까요?

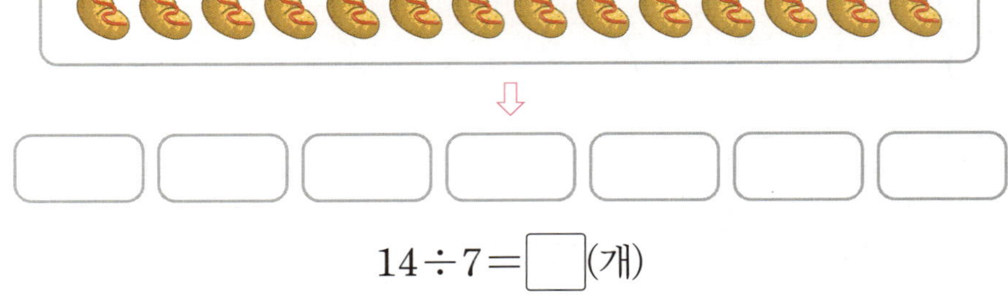

$$14 \div 7 = \boxed{} \text{(개)}$$

[3~6] 그림을 보고 ☐ 안에 알맞은 수를 써넣으세요.

3

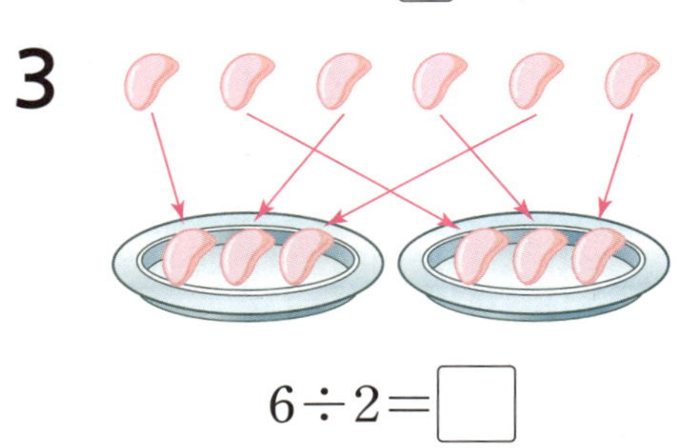

$$6 \div 2 = \boxed{}$$

4

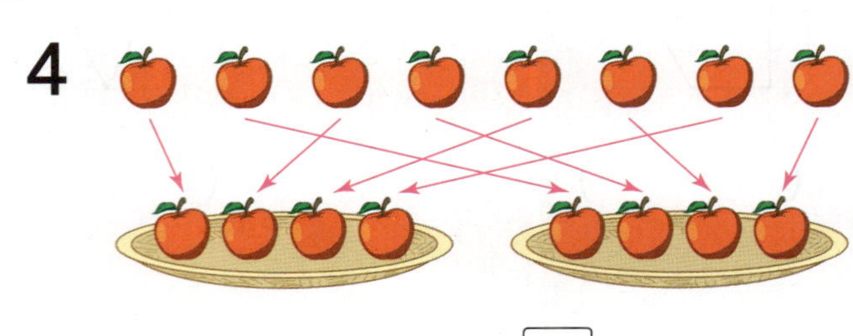

$$8 \div 2 = \boxed{}$$

5

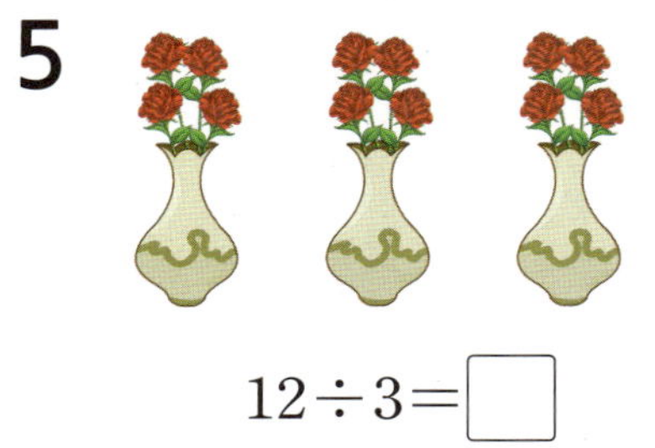

$$12 \div 3 = \boxed{}$$

6

$$20 \div 4 = \boxed{}$$

2 같은 양이 몇 번 들어 있는지 알아볼까요

[1~2] 똑같이 나누어 묶고, ☐ 안에 알맞은 수를 써넣으세요.

1 복숭아 8개를 한 봉지에 2개씩 담으려고 합니다. 봉지는 몇 개 필요할까요?

$$8 \div 2 = \boxed{} \,(개)$$

2 고구마 18개를 한 바구니에 3개씩 담으려고 합니다. 바구니는 몇 개 필요할까요?

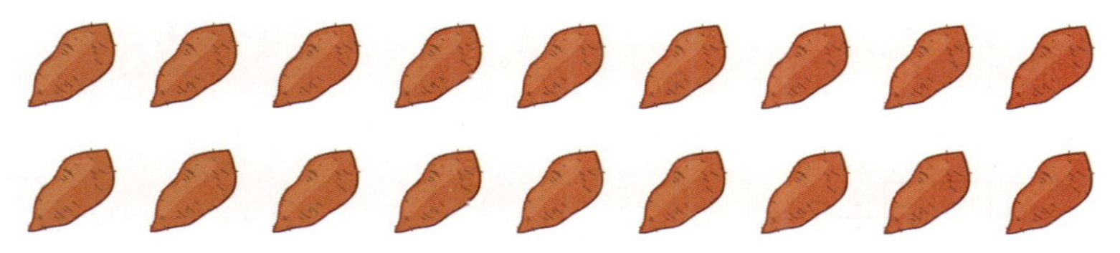

$$18 \div 3 = \boxed{} \,(개)$$

[3~6] 그림을 보고 ☐ 안에 알맞은 수를 써넣으세요.

3

$$16 \div 4 = \boxed{}$$

4

$$21 \div 7 = \boxed{}$$

5

$$15 \div 3 = \boxed{}$$

6

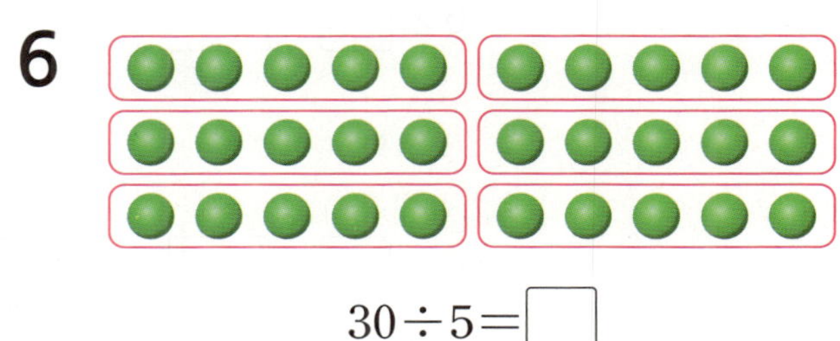

$$30 \div 5 = \boxed{}$$

3 곱셈과 나눗셈의 관계를 알아볼까요

[1~6] 곱셈식을 나눗셈식으로 나타내 보세요.

1 $4 \times 7 = 28$ → $28 \div 4 = \square$, $28 \div 7 = \square$

2 $9 \times 6 = 54$ → $54 \div 9 = \square$, $54 \div 6 = \square$

3 $2 \times 6 = 12$ → $\square \div 2 = \square$, $\square \div 6 = \square$

4 $8 \times 3 = 24$ → $\square \div 8 = \square$, $\square \div 3 = \square$

5 $7 \times 5 = 35$ → $\square \div 7 = \square$, $\square \div \square = \square$

6 $8 \times 9 = 72$ → $\square \div \square = \square$, $\square \div 9 = \square$

[7~12] 나눗셈식을 곱셈식으로 나타내 보세요.

7 $16 \div 2 = 8$ → $2 \times 8 = \square$, $8 \times 2 = \square$

8 $21 \div 7 = 3$ → $7 \times 3 = \square$, $3 \times 7 = \square$

9 $30 \div 5 = 6$ → $5 \times \square = \square$, $6 \times \square = \square$

10 $32 \div 4 = 8$ → $4 \times \square = \square$, $8 \times \square = \square$

11 $42 \div 6 = 7$ → $6 \times \square = \square$, $\square \times \square = \square$

12 $15 \div 3 = 5$ → $\square \times \square = \square$, $5 \times \square = \square$

4 나눗셈의 몫을 구해 볼까요

[1~6] ☐ 안에 알맞은 수를 써넣으세요.

1 $12 \div 4 = \boxed{} \Rightarrow 4 \times \boxed{} = 12$

2 $35 \div 5 = \boxed{} \Rightarrow 5 \times \boxed{} = 35$

3 $32 \div 8 = \boxed{} \Rightarrow 8 \times \boxed{} = 32$

4 $10 \div 2 = \boxed{} \Rightarrow 2 \times \boxed{} = 10$

5 $72 \div 9 = \boxed{} \Rightarrow 9 \times \boxed{} = 72$

6 $48 \div 8 = \boxed{} \Rightarrow 8 \times \boxed{} = 48$

[7~14] 나눗셈의 몫을 구해 보세요.

7 $6 \div 2 = \boxed{}$

8 $20 \div 5 = \boxed{}$

9 $54 \div 6 = \boxed{}$

10 $42 \div 7 = \boxed{}$

11 $18 \div 6 = \boxed{}$

12 $27 \div 9 = \boxed{}$

13 $64 \div 8 = \boxed{}$

14 $81 \div 9 = \boxed{}$

1 (몇십)×(몇)을 구해 볼까요

[1~15] 계산해 보세요.

1
$$\begin{array}{r} 1\,0 \\ \times\ \ 6 \\ \hline \end{array}$$

2
$$\begin{array}{r} 4\,0 \\ \times\ \ 2 \\ \hline \end{array}$$

3
$$\begin{array}{r} 2\,0 \\ \times\ \ 2 \\ \hline \end{array}$$

4
$$\begin{array}{r} 3\,0 \\ \times\ \ 3 \\ \hline \end{array}$$

5
$$\begin{array}{r} 2\,0 \\ \times\ \ 3 \\ \hline \end{array}$$

6
$$\begin{array}{r} 2\,0 \\ \times\ \ 4 \\ \hline \end{array}$$

7
$$\begin{array}{r} 3\,0 \\ \times\ \ 2 \\ \hline \end{array}$$

8
$$\begin{array}{r} 6\,0 \\ \times\ \ 8 \\ \hline \end{array}$$

9
$$\begin{array}{r} 5\,0 \\ \times\ \ 5 \\ \hline \end{array}$$

10 10×7

11 40×6

12 30×9

13 70×3

14 40×5

15 60×6

2 올림이 없는 (몇십몇)×(몇)을 구해 볼까요

[1~15] 계산해 보세요.

1
$$\begin{array}{r} 2\ 1 \\ \times\quad 3 \\ \hline \end{array}$$

2
$$\begin{array}{r} 4\ 3 \\ \times\quad 2 \\ \hline \end{array}$$

3
$$\begin{array}{r} 2\ 2 \\ \times\quad 4 \\ \hline \end{array}$$

4
$$\begin{array}{r} 1\ 4 \\ \times\quad 2 \\ \hline \end{array}$$

5
$$\begin{array}{r} 3\ 1 \\ \times\quad 3 \\ \hline \end{array}$$

6
$$\begin{array}{r} 1\ 2 \\ \times\quad 3 \\ \hline \end{array}$$

7
$$\begin{array}{r} 2\ 3 \\ \times\quad 2 \\ \hline \end{array}$$

8
$$\begin{array}{r} 1\ 1 \\ \times\quad 7 \\ \hline \end{array}$$

9
$$\begin{array}{r} 3\ 2 \\ \times\quad 2 \\ \hline \end{array}$$

10 11×6

11 21×4

12 13×3

13 34×2

14 12×4

15 41×2

3 십의 자리에서 올림이 있는 (몇십몇)×(몇)을 구해 볼까요

[1~15] 계산해 보세요.

1
$$\begin{array}{r} 6\,2 \\ \times\quad 4 \\ \hline \end{array}$$

2
$$\begin{array}{r} 3\,1 \\ \times\quad 7 \\ \hline \end{array}$$

3
$$\begin{array}{r} 4\,2 \\ \times\quad 4 \\ \hline \end{array}$$

4
$$\begin{array}{r} 8\,1 \\ \times\quad 5 \\ \hline \end{array}$$

5
$$\begin{array}{r} 9\,3 \\ \times\quad 3 \\ \hline \end{array}$$

6
$$\begin{array}{r} 4\,1 \\ \times\quad 8 \\ \hline \end{array}$$

7
$$\begin{array}{r} 7\,2 \\ \times\quad 2 \\ \hline \end{array}$$

8
$$\begin{array}{r} 5\,1 \\ \times\quad 6 \\ \hline \end{array}$$

9
$$\begin{array}{r} 8\,2 \\ \times\quad 3 \\ \hline \end{array}$$

10 21×8

11 41×7

12 61×5

13 82×4

14 31×6

15 94×2

4 일의 자리에서 올림이 있는 (몇십몇)×(몇)을 구해 볼까요

[1~15] 계산해 보세요.

1
$$\begin{array}{r} 1\,4 \\ \times\ \ 5 \\ \hline \end{array}$$

2
$$\begin{array}{r} 2\,4 \\ \times\ \ 3 \\ \hline \end{array}$$

3
$$\begin{array}{r} 1\,3 \\ \times\ \ 7 \\ \hline \end{array}$$

4
$$\begin{array}{r} 1\,2 \\ \times\ \ 8 \\ \hline \end{array}$$

5
$$\begin{array}{r} 2\,3 \\ \times\ \ 4 \\ \hline \end{array}$$

6
$$\begin{array}{r} 1\,6 \\ \times\ \ 4 \\ \hline \end{array}$$

7
$$\begin{array}{r} 3\,9 \\ \times\ \ 2 \\ \hline \end{array}$$

8
$$\begin{array}{r} 1\,4 \\ \times\ \ 6 \\ \hline \end{array}$$

9
$$\begin{array}{r} 4\,7 \\ \times\ \ 2 \\ \hline \end{array}$$

10 16×6

11 25×3

12 29×2

13 13×6

14 26×3

15 38×2

5 십, 일의 자리에서 올림이 있는 (몇십몇)×(몇)을 구해 볼까요

[1~15] 계산해 보세요.

1
$$\begin{array}{r} 5\,4 \\ \times\quad 3 \\ \hline \end{array}$$

2
$$\begin{array}{r} 3\,8 \\ \times\quad 5 \\ \hline \end{array}$$

3
$$\begin{array}{r} 6\,7 \\ \times\quad 2 \\ \hline \end{array}$$

4
$$\begin{array}{r} 4\,5 \\ \times\quad 7 \\ \hline \end{array}$$

5
$$\begin{array}{r} 2\,8 \\ \times\quad 6 \\ \hline \end{array}$$

6
$$\begin{array}{r} 8\,9 \\ \times\quad 3 \\ \hline \end{array}$$

7
$$\begin{array}{r} 7\,4 \\ \times\quad 4 \\ \hline \end{array}$$

8
$$\begin{array}{r} 5\,6 \\ \times\quad 2 \\ \hline \end{array}$$

9
$$\begin{array}{r} 4\,4 \\ \times\quad 5 \\ \hline \end{array}$$

10 17×6

11 27×8

12 39×5

13 68×2

14 55×5

15 85×4

1 cm보다 작은 단위를 알아볼까요

[1~6] 길이를 읽어 보세요.

1 3 mm

(   )

2 6 mm

(   )

3 4 cm 8 mm

(   )

4 2 cm 5 mm

(   )

5 13 cm 4 mm

(   )

6 6 cm 9 mm

(   )

[7~14] ☐ 안에 알맞은 수를 써넣으세요.

7 3 cm = ☐ mm

8 9 cm = ☐ mm

9 40 mm = ☐ cm

10 60 mm = ☐ cm

11 7 cm 8 mm = ☐ mm

12 57 mm = ☐ cm ☐ mm

13 16 cm 1 mm = ☐ mm

14 146 mm = ☐ cm ☐ mm

2 m보다 큰 단위를 알아볼까요

[1~6] 길이를 읽어 보세요.

1 2 km

(   )

2 6 km

(   )

3 1 km 700 m

(   )

4 4 km 800 m

(   )

5 5 km 360 m

(   )

6 11 km 250 m

(   )

[7~14] ☐ 안에 알맞은 수를 써넣으세요.

7 3 km = ☐ m

8 5 km = ☐ m

9 6000 m = ☐ km

10 8000 m = ☐ km

11 7 km 200 m = ☐ m

12 1400 m = ☐ km ☐ m

13 4 km 60 m = ☐ m

14 9070 m = ☐ km ☐ m

3 길이와 거리를 어림하고 재어 볼까요

[1~4] 물건의 길이를 어림하고 자로 재어 보세요.

1

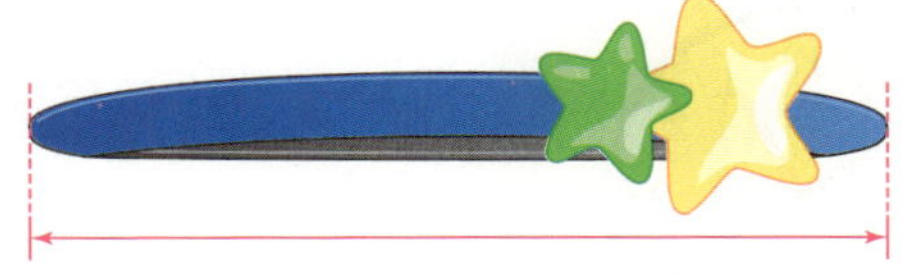

어림한 길이	자로 잰 길이	
약 ☐ cm	☐ cm	☐ mm

2

어림한 길이	자로 잰 길이	
약 ☐ cm	☐ cm	☐ mm

3

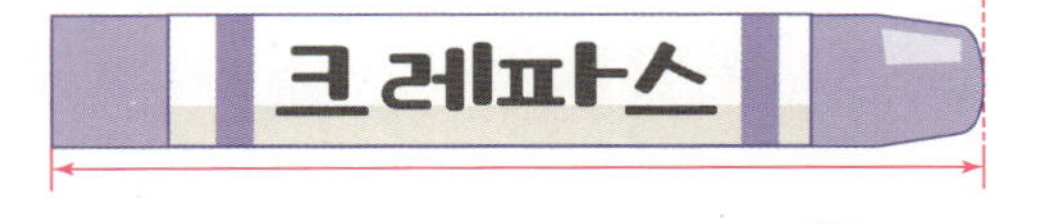

어림한 길이	자로 잰 길이	
약 ☐ cm	☐ cm	☐ mm

4

어림한 길이	자로 잰 길이	
약 ☐ cm	☐ cm	☐ mm

[5~8] ☐ 안에 알맞은 단위를 찾아 써넣으세요.

5

칫솔의 길이는 15 ☐ 입니다.

mm	cm	m

6

등산로의 길이는 3 ☐ 입니다.

cm	m	km

7

칠판의 긴 쪽의 길이는 2 ☐ 입니다.

cm	m	km

8

가위의 길이는 130 ☐ 입니다.

mm	cm	m

4 분보다 작은 단위를 알아볼까요

[1~6] 시각을 읽어 보세요.

1  ( )

2  ( )

3 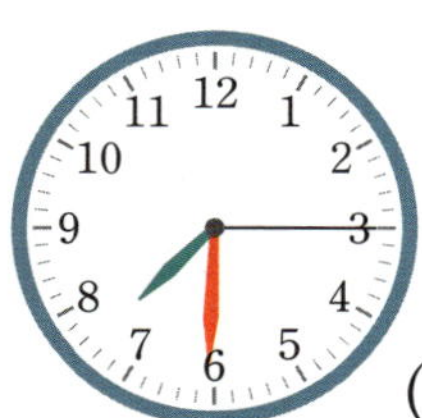 ( )

4  ( )

5  ( )

6  ( )

[7~14] ☐ 안에 알맞은 수를 써넣으세요.

7 2분＝☐초

8 5분＝☐초

9 180초＝☐분

10 240초＝☐분

11 1분 30초＝☐초

12 150초＝☐분 ☐초

13 7분 45초＝☐초

14 320초＝☐분 ☐초

5 시간의 덧셈을 해 볼까요

[1~12] 계산해 보세요.

1
$$\begin{array}{r} 3분\ 20초 \\ +\ 5분\ 30초 \\ \hline \end{array}$$

2
$$\begin{array}{r} 17분\ 55초 \\ +\ \ 8분\ 20초 \\ \hline \end{array}$$

3
$$\begin{array}{r} 1시\ \ \ \ 11분 \\ +\ 5시간\ 30분 \\ \hline \end{array}$$

4
$$\begin{array}{r} 5시간\ 20분 \\ +\ 2시간\ 45분 \\ \hline \end{array}$$

5
$$\begin{array}{r} 2시간\ 15분\ 30초 \\ +\ 1시간\ 30분\ 10초 \\ \hline \end{array}$$

6
$$\begin{array}{r} 3시\ \ \ \ 50분\ 25초 \\ +\ 1시간\ 30분\ 10초 \\ \hline \end{array}$$

7 4분 15초＋15분 5초

8 12분 40초＋2분 50초

9 2시 5분＋4시간 25분

10 6시간 35분＋1시간 50분

11 4시간 40분 10초＋5시간 15분 35초

12 9시 5분 45초＋1시간 45분 40초

6 시간의 뺄셈을 해 볼까요

[1~12] 계산해 보세요.

1
```
   35분  40초
 − 15분  20초
```

2
```
   48분  15초
 − 24분  20초
```

3
```
   7시     35분
 − 2시간  10분
```

4
```
   10시  25분
 −  5시  50분
```

5
```
   12시간  45분  55초
 −  2시간  20분  40초
```

6
```
   9시  20분  20초
 − 3시  10분  35초
```

7 55분 40초−20분 30초

8 45분 20초−30분 50초

9 12시 55분−4시 35분

10 6시간 10분−3시간 40분

11 5시간 20분 35초−2시간 15분 30초

12 11시 30분 50초−6시간 55분 10초

➜ 정답과 풀이 31쪽

1 똑같이 나누어 볼까요

[1~6] 똑같이 나누어진 도형이면 ○표, 똑같이 나누어진 도형이 <u>아니면</u> ✕표 하세요.

1 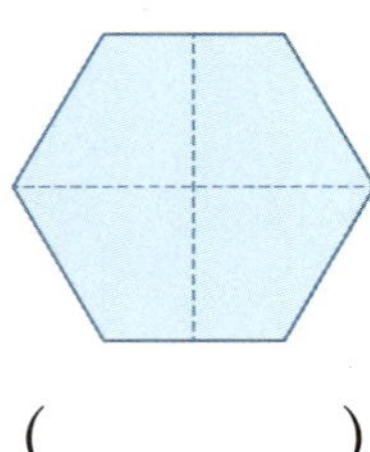

(　　　　)

2 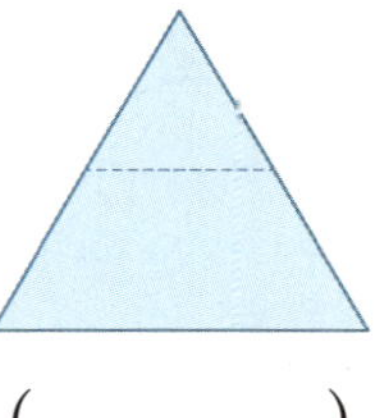

(　　　　)

3 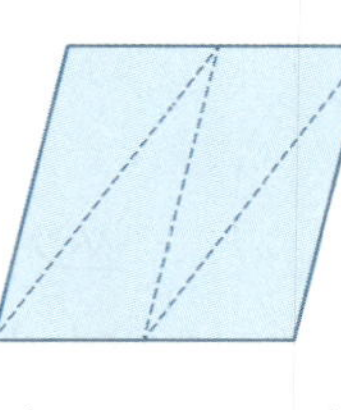

(　　　　)

4 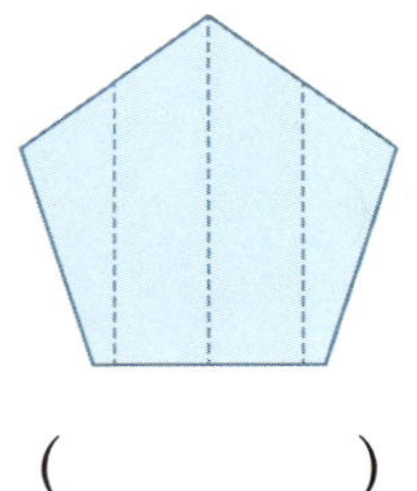

(　　　　)

5 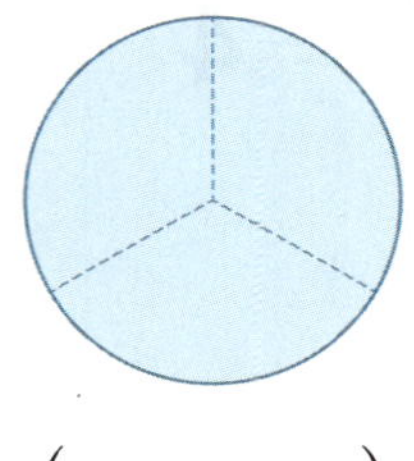

(　　　　)

6 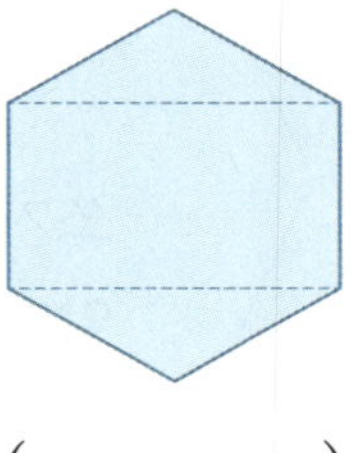

(　　　　)

[7~10] 똑같이 몇 조각으로 나누었는지 ☐ 안에 알맞은 수를 써넣으세요.

7  ☐조각

8  ☐조각

9  ☐조각

10  ☐조각

[11~12] 도형을 똑같이 넷으로 나누어 보세요.

11 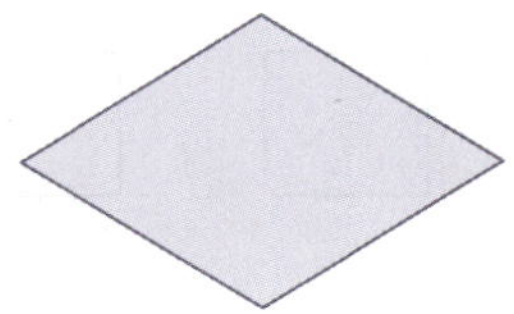

12 

2 분수를 알아볼까요 ~ **3** 부분을 보고 전체를 알아볼까요

[1~4] 색칠한 부분은 전체의 얼마인지 분수로 쓰고 읽어 보세요.

1 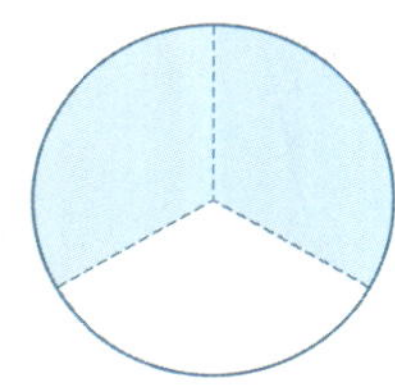

쓰기 (   )

읽기 (   )

2 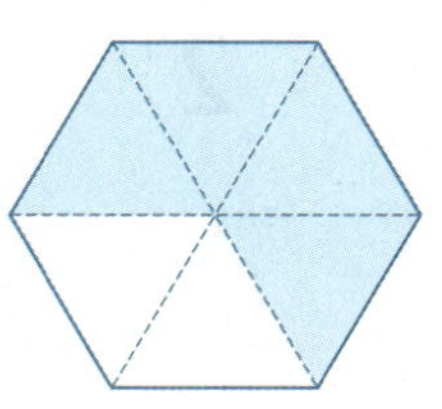

쓰기 (   )

읽기 (   )

3 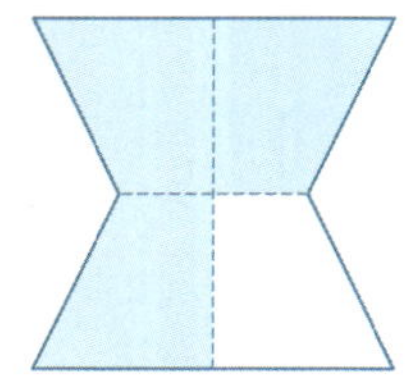

쓰기 (   )

읽기 (   )

4 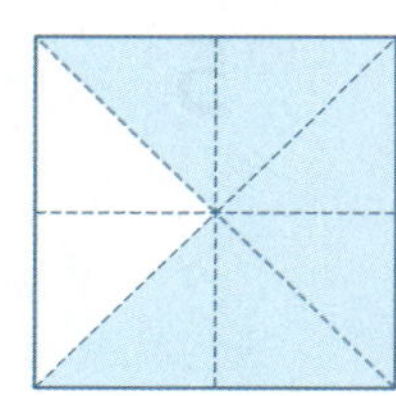

쓰기 (   )

읽기 (   )

[5~10] 색칠한 부분과 색칠하지 <u>않은</u> 부분을 분수로 나타내 보세요.

5 

6 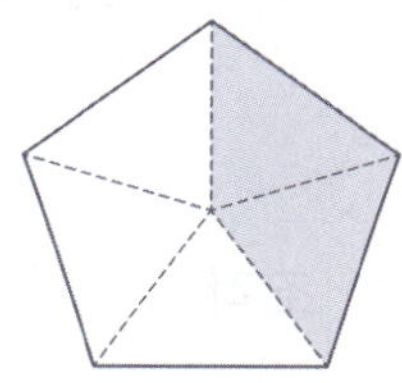

7 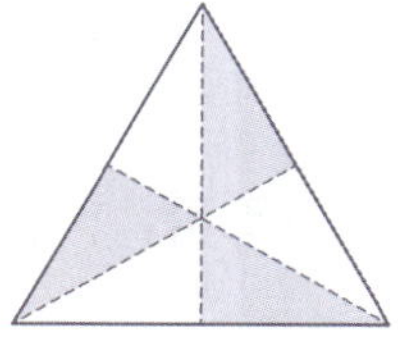 

8 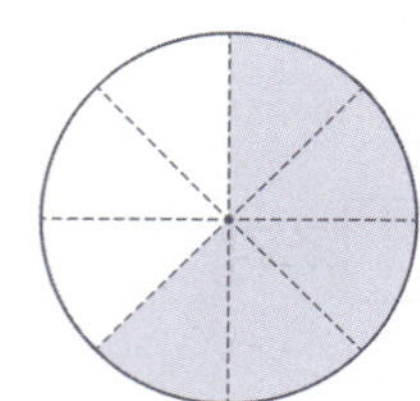 

9 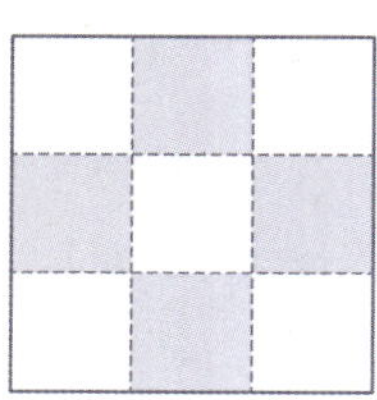

10 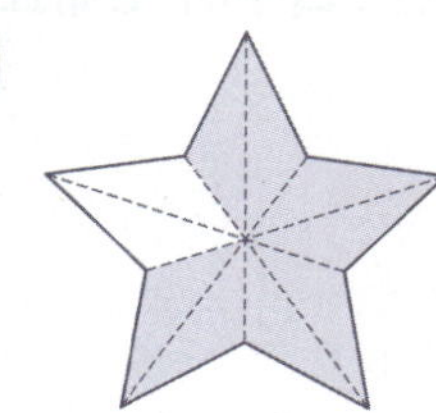

4 단위분수를 알아볼까요

[1~4] 주어진 단위분수만큼 색칠해 보세요.

1 $\frac{1}{4}$ 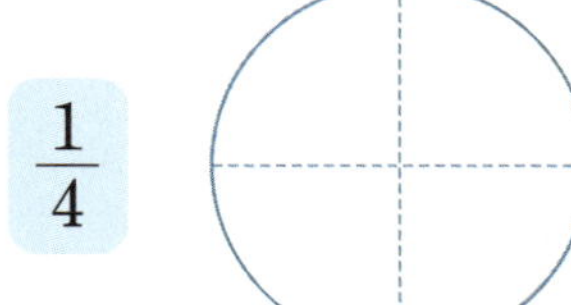

2 $\frac{1}{6}$ 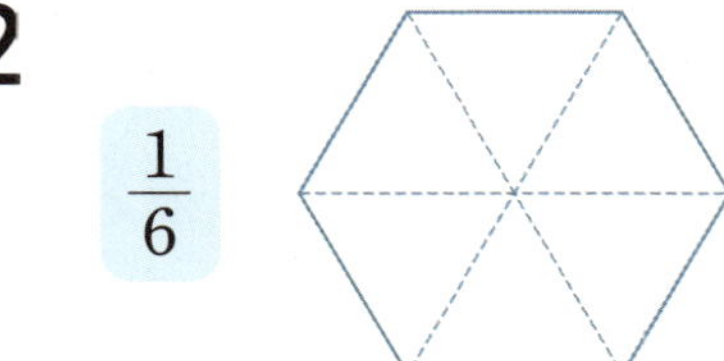

3 $\frac{1}{7}$ 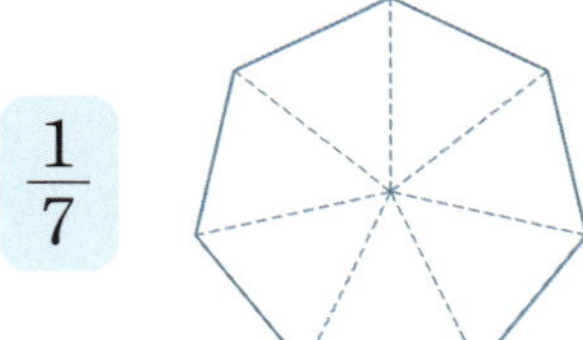

4 $\frac{1}{9}$ 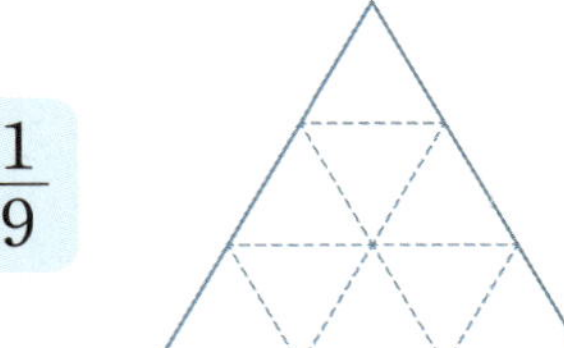

[5~12] ☐ 안에 알맞은 수를 써넣으세요.

5 $\frac{4}{5}$ 는 $\frac{1}{5}$ 이 ☐ 개입니다.

6 $\frac{6}{8}$ 은 $\frac{1}{8}$ 이 ☐ 개입니다.

7 $\frac{9}{10}$ 는 $\frac{1}{10}$ 이 ☐ 개입니다.

8 $\frac{7}{12}$ 은 $\frac{1}{12}$ 이 ☐ 개입니다.

9 $\frac{1}{4}$ 이 2개이면 $\frac{\square}{\square}$ 입니다.

10 $\frac{1}{11}$ 이 8개이면 $\frac{\square}{\square}$ 입니다.

11 $\frac{5}{9}$ 는 $\frac{\square}{\square}$ 이 5개입니다.

12 $\frac{10}{15}$ 은 $\frac{1}{15}$ 이 ☐ 개입니다.

5 분수의 크기를 비교해 볼까요

[1~14] 두 분수의 크기를 비교하여 ◯ 안에 >, =, < 중 알맞은 것을 써넣으세요.

1 $\dfrac{4}{5}$ ◯ $\dfrac{2}{5}$

2 $\dfrac{5}{9}$ ◯ $\dfrac{3}{9}$

3 $\dfrac{4}{6}$ ◯ $\dfrac{5}{6}$

4 $\dfrac{7}{10}$ ◯ $\dfrac{4}{10}$

5 $\dfrac{5}{13}$ ◯ $\dfrac{12}{13}$

6 $\dfrac{6}{11}$ ◯ $\dfrac{4}{11}$

7 $\dfrac{4}{14}$ ◯ $\dfrac{8}{14}$

8 $\dfrac{1}{4}$ ◯ $\dfrac{1}{9}$

9 $\dfrac{1}{8}$ ◯ $\dfrac{1}{10}$

10 $\dfrac{1}{11}$ ◯ $\dfrac{1}{7}$

11 $\dfrac{1}{5}$ ◯ $\dfrac{1}{2}$

12 $\dfrac{1}{15}$ ◯ $\dfrac{1}{20}$

13 $\dfrac{1}{12}$ ◯ $\dfrac{1}{8}$

14 $\dfrac{1}{18}$ ◯ $\dfrac{1}{17}$

6 1보다 작은 소수를 알아볼까요

[1~4] 색칠한 부분을 분수와 소수로 각각 나타내 보세요.

1 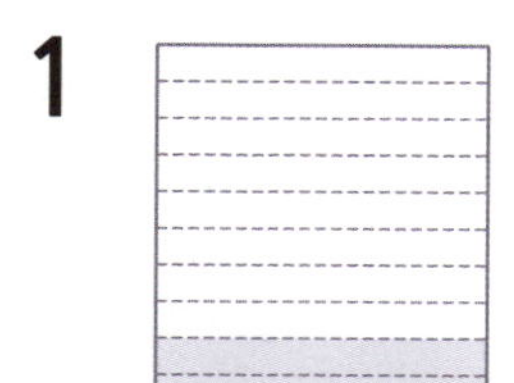
분수 (　　　　　　　)
소수 (　　　　　　　)

2 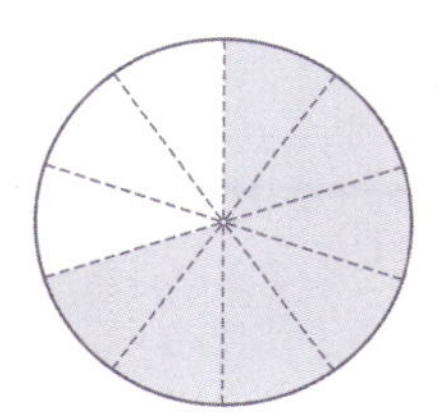
분수 (　　　　　　　)
소수 (　　　　　　　)

3
분수 (　　　　　　　)
소수 (　　　　　　　)

4
분수 (　　　　　　　)
소수 (　　　　　　　)

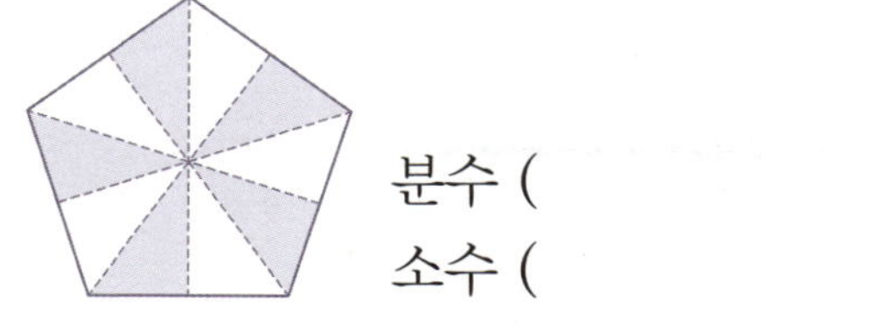
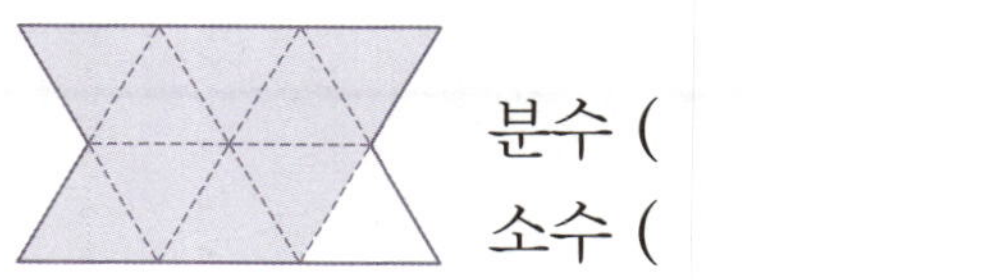

[5~8] ☐ 안에 알맞은 소수를 써넣고 읽어 보세요.

5 $\dfrac{1}{10}$ = ☐ (　　　　　　　)

6 $\dfrac{3}{10}$ = ☐ (　　　　　　　)

7 $\dfrac{8}{10}$ = ☐ (　　　　　　　)

8 $\dfrac{6}{10}$ = ☐ (　　　　　　　)

[9~14] ☐ 안에 알맞은 수를 써넣으세요.

9 0.7은 0.1이 ☐개입니다.

10 0.8은 ☐이 8개입니다.

11 0.1이 4개이면 ☐입니다.

12 0.1이 ☐개이면 0.2입니다.

13 $\dfrac{1}{10}$이 ☐개이면 0.9입니다.

14 $\dfrac{☐}{☐}$이 6개이면 0.6입니다.

ㄱ 1보다 큰 소수를 알아볼까요

[1~2] ☐ 안에 알맞은 소수를 써넣고 읽어 보세요.

1
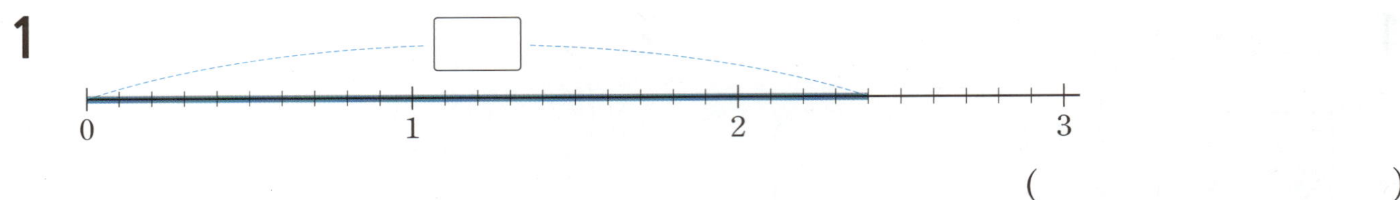

(   )

2
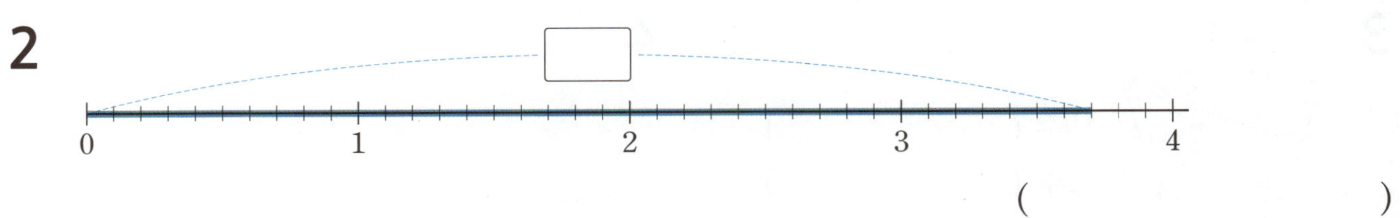

(   )

[3~6] ☐ 안에 알맞은 소수를 써넣으세요.

3   1 cm 8 mm = ☐ cm

4   4 cm 5 mm = ☐ cm

5   71 mm = ☐ cm

6   59 mm = ☐ cm

[7~12] ☐ 안에 알맞은 수를 써넣으세요.

7   0.1이 16개이면 ☐ 입니다.

8   0.1이 22개이면 ☐ 입니다.

9   8.3은 0.1이 ☐ 개입니다.

10   6.4는 ☐ 이 64개입니다.

11   0.1이 ☐ 개이면 5.7입니다.

12   0.1이 ☐ 개이면 9.9입니다.

8 소수의 크기를 비교해 볼까요

[1~14] 두 소수의 크기를 비교하여 ◯ 안에 >, =, < 중 알맞은 것을 써넣으세요.

1 0.3 ◯ 0.6

2 0.7 ◯ 0.4

3 0.2 ◯ 0.5

4 0.8 ◯ 0.7

5 0.6 ◯ 0.2

6 0.9 ◯ 1.1

7 1.5 ◯ 0.8

8 3.1 ◯ 2.9

9 4.2 ◯ 3.9

10 5.4 ◯ 5.3

11 7.5 ◯ 9.2

12 6.4 ◯ 6.8

13 9.1 ◯ 9.4

14 13.8 ◯ 12.5

1 수 모형을 보고 ☐ 안에 알맞은 수를 써넣으세요.

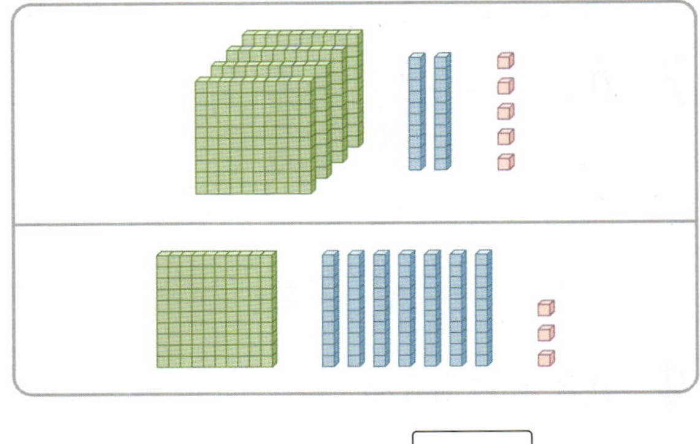

$$425+173=\boxed{}$$

[2~3] 계산해 보세요.

2
$$\begin{array}{r} 4\ 6\ 3 \\ +\ 3\ 1\ 9 \\ \hline \end{array}$$

3 $654-218$

4 빈칸에 알맞은 수를 써넣으세요.

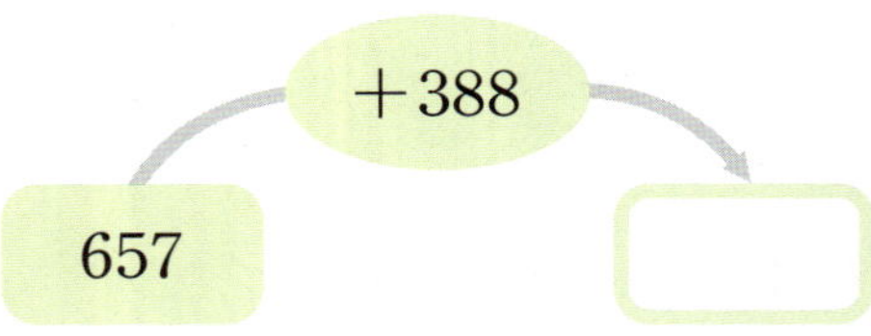

5 그림을 보고 ☐ 안에 알맞은 수를 써넣으세요.

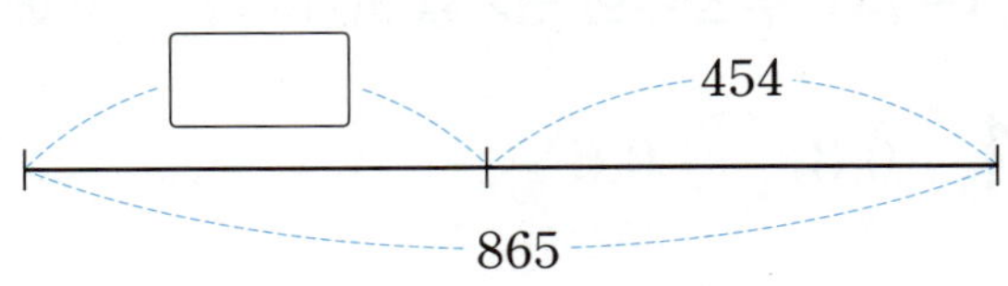

6 계산 결과를 찾아 선으로 이어 보세요.

$476+337$	•		•	733
$179+554$	•		•	813
			•	843

7 빈칸에 알맞은 수를 써넣으세요.

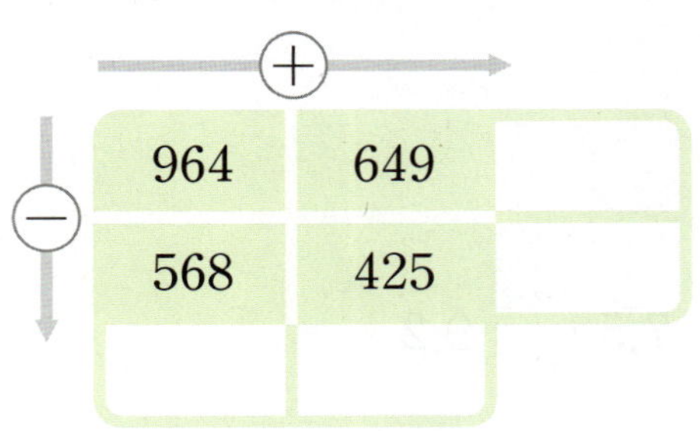

8 잘못 계산한 곳을 찾아 바르게 계산해 보세요.

$$\begin{array}{r} 2\,6\,5 \\ +\,3\,1\,7 \\ \hline 5\,7\,2 \end{array}$$
⇨
$$\begin{array}{r} 2\,6\,5 \\ +\,3\,1\,7 \\ \hline \end{array}$$

9 몇백쯤으로 어림하여 계산한 결과가 300보다 큰 식을 찾아 기호를 써 보세요.

> ㉠ 516−387
> ㉡ 695−472
> ㉢ 885−504

( )

10 구슬을 영민이는 134개 가지고 있고, 지호는 영민이보다 125개 더 많이 가지고 있습니다. 지호가 가지고 있는 구슬은 몇 개일까요?

( )

11 관악산, 북한산, 도봉산의 높이가 다음과 같습니다. 관악산, 북한산, 도봉산 중에서 가장 높은 산은 가장 낮은 산보다 몇 m 더 높을까요?

산	관악산	북한산	도봉산
높이(m)	632	836	740

( )

12 어떤 수에 327을 더했더니 544가 되었습니다. 어떤 수를 구해 보세요.

( )

13 두 수를 골라 합이 650에 가장 가까운 덧셈식을 만들려고 합니다. ☐ 안에 알맞은 수를 써넣으세요.

292	343	386

☐ + ☐ = ☐

14 ☐ 안에 알맞은 수를 써넣으세요.

$$\begin{array}{r} 8\;\square\;1 \\ -\;\square\;9\;4 \\ \hline 1\;\;5\;\;7 \end{array}$$

1 직선을 찾아 ◯표 하세요.

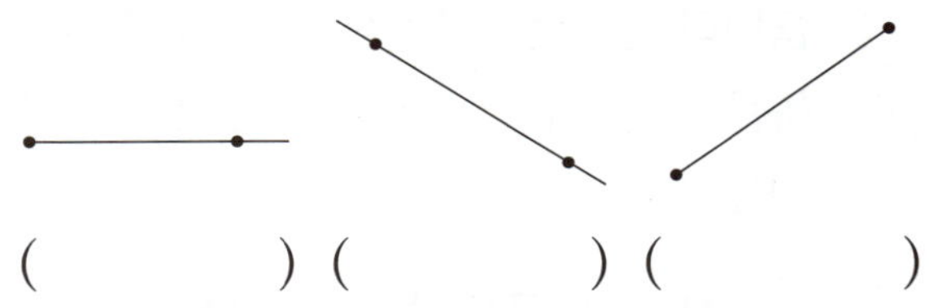

(　　　) (　　　) (　　　)

2 도형의 이름을 써 보세요.

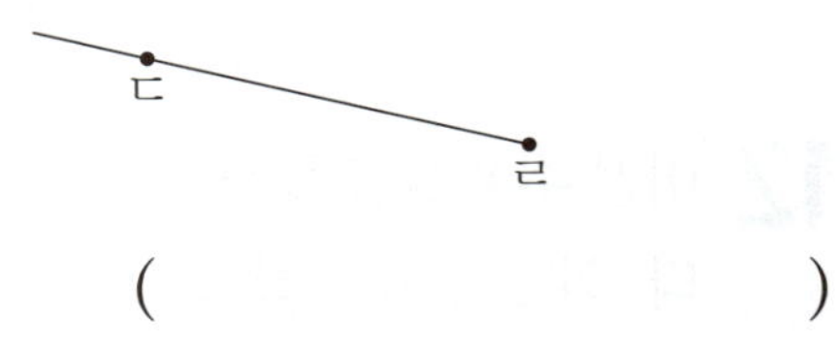

(　　　　　　)

3 도형에서 각을 모두 찾아 ◯표 하세요.

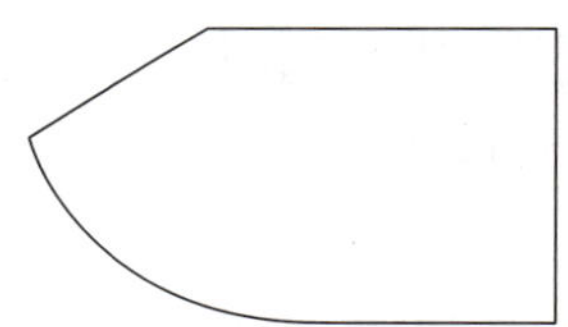

4 직각삼각형을 모두 찾아 써 보세요.

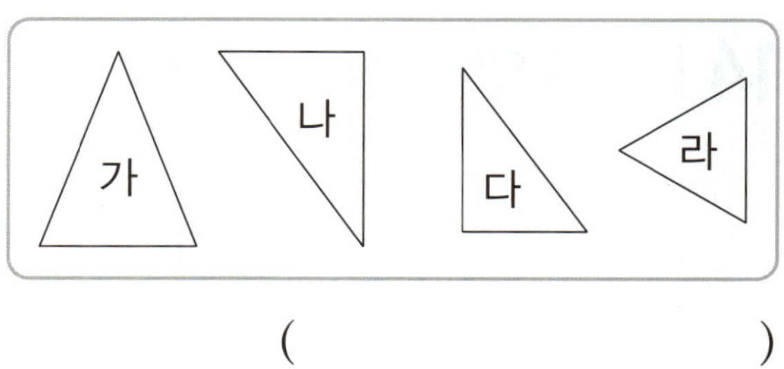

(　　　　　　)

[5~6] 도형을 보고 물음에 답하세요.

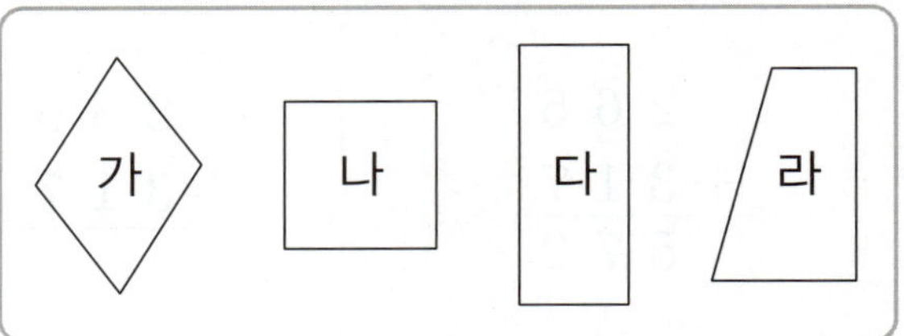

5 직사각형을 모두 찾아 써 보세요.

(　　　　　　)

6 정사각형을 찾아 써 보세요.

(　　　　　　)

7 각 ㄷㄴㄱ을 그려 보세요.

8 점을 이용하여 선분 ㅁㅂ, 반직선 ㄴㄹ, 직선 ㄷㄱ을 각각 그어 보세요.

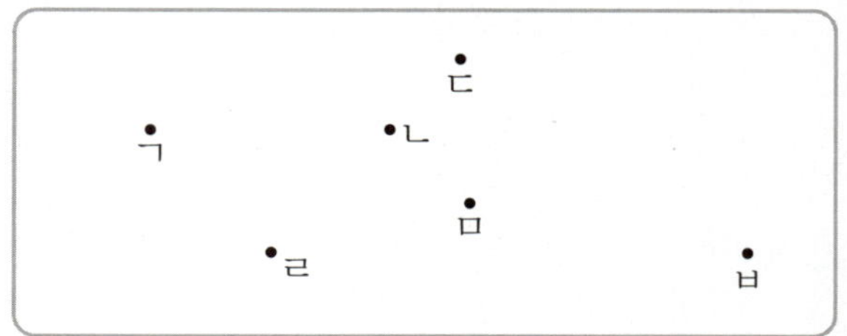

9 도형에 대해 잘못 말한 사람은 누구일까요?

> • 은수: 두 점을 지나는 직선은 1개뿐이야.
> • 진희: 반직선은 양쪽 방향으로 끝없이 늘어나는 선이야.

( )

10 도형이 직사각형이 <u>아닌</u> 이유를 바르게 설명한 사람은 누구일까요?

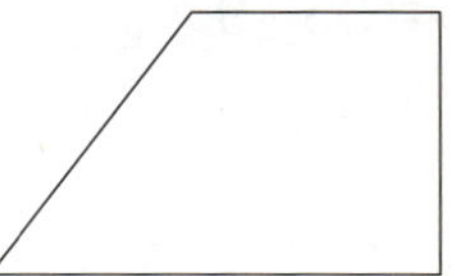

> • 윤채: 네 변의 길이가 모두 같지 않아.
> • 원우: 네 각이 모두 직각이 아니야.

( )

11 삼각자를 이용하여 주어진 선분을 한 변으로 하는 정사각형을 그려 보세요.

12 색종이를 점선을 따라 자르면 직각삼각형은 모두 몇 개 생길까요?

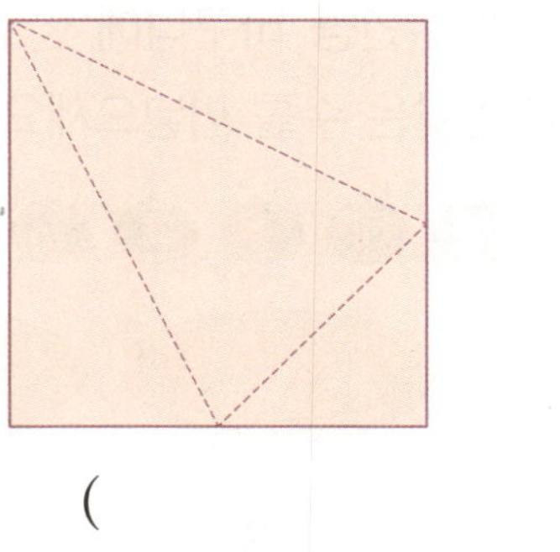

( )

13 각의 수가 가장 적은 도형을 찾아 써 보세요.

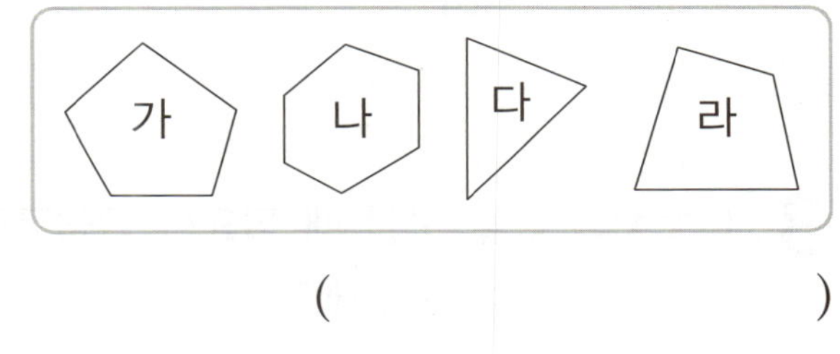

( )

14 인도 국기에서 찾을 수 있는 직각은 모두 몇 개일까요?

( )

3. 나눗셈

1 밤 8개를 바구니 2개에 똑같이 나누어 담으려고 합니다. 바구니 한 개에 담을 수 있는 밤의 수만큼 바구니에 ◯를 그리고, ☐ 안에 알맞은 수를 써넣으세요.

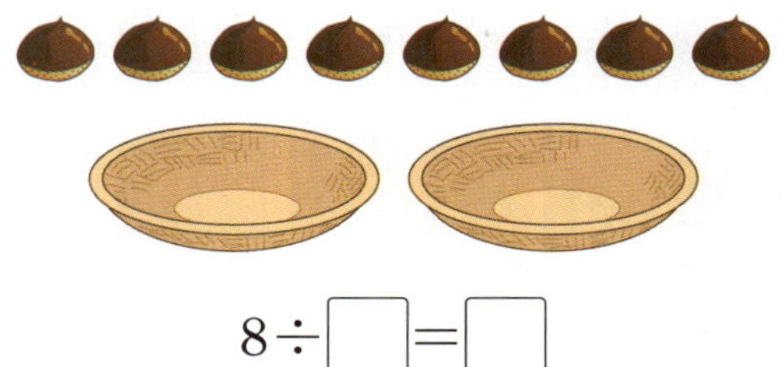

$$8 \div \boxed{} = \boxed{}$$

2 그림을 보고 ☐ 안에 알맞은 수를 써넣으세요.

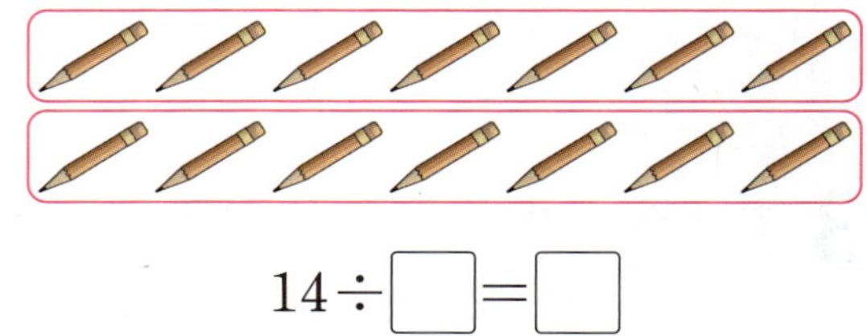

$$14 \div \boxed{} = \boxed{}$$

3 나눗셈의 몫을 구할 때 필요한 곱셈구구를 찾아 선으로 이어 보세요.

$48 \div 6 = 8$ •

$10 \div 5 = 2$ •

• 5단 곱셈구구

• 6단 곱셈구구

• 7단 곱셈구구

4 곱셈식 $4 \times 3 = 12$로 만들 수 있는 나눗셈식을 모두 찾아 기호를 써 보세요.

ㄱ $12 \div 3 = 4$ ㄴ $12 \div 6 = 2$
ㄷ $12 \div 2 = 6$ ㄹ $12 \div 4 = 3$

(   )

5 나눗셈식을 곱셈식으로 나타내 보세요.

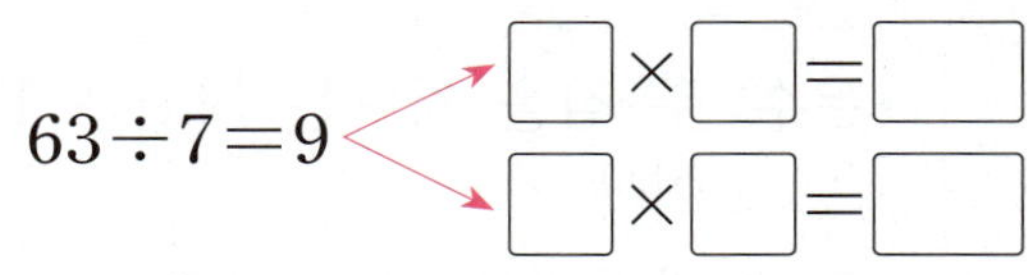

$$63 \div 7 = 9$$

$$\boxed{} \times \boxed{} = \boxed{}$$
$$\boxed{} \times \boxed{} = \boxed{}$$

6 관계있는 것끼리 선으로 이어 보세요.

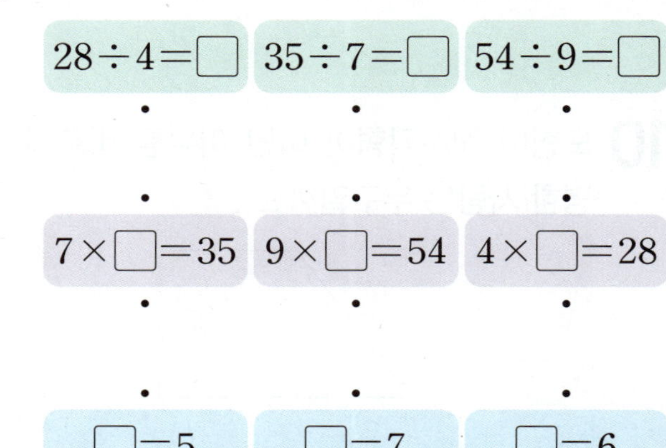

$28 \div 4 = \boxed{}$ $35 \div 7 = \boxed{}$ $54 \div 9 = \boxed{}$

$7 \times \boxed{} = 35$ $9 \times \boxed{} = 54$ $4 \times \boxed{} = 28$

$\boxed{} = 5$ $\boxed{} = 7$ $\boxed{} = 6$

7 연필 15자루를 한 명에게 5자루씩 주면 몇 명에게 나누어 줄 수 있는지 구하려고 합니다. 뺄셈식으로 바르게 나타낸 사람의 이름을 쓰고, 나눗셈식으로 나타내 보세요.

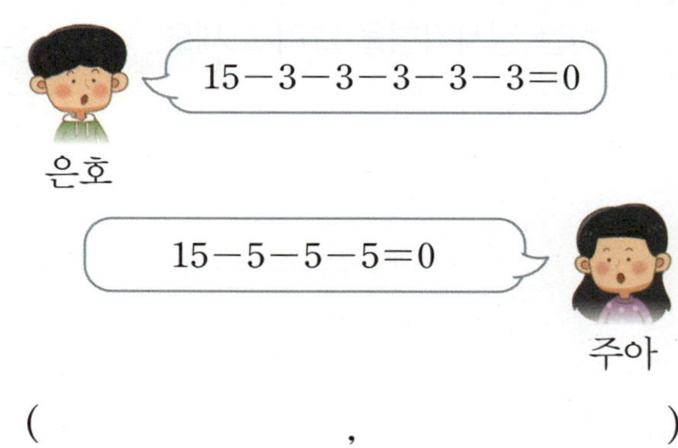

(,   )

8 귤 21개를 7명에게 똑같이 나누어 주려고 합니다. 한 명에게 귤을 몇 개씩 줄 수 있을까요?

나눗셈식

곱셈식

답

9 문장에 알맞은 곱셈식을 만들고, 만든 곱셈식을 나눗셈식 2개로 나타내 보세요.

> 놀이공원 입장권을 사기 위해 36명이 한 줄에 9명씩 4줄로 서 있습니다.

곱셈식 $9 \times \boxed{} = \boxed{}$

나눗셈식

10 몫의 크기를 비교하여 ◯ 안에 >, =, < 중 알맞은 것을 써넣으세요.

$$40 \div 5 \bigcirc 81 \div 9$$

11 몫이 다른 하나를 찾아 기호를 써 보세요.

| ㉠ $18 \div 3$ | ㉡ $48 \div 8$ |
| ㉢ $30 \div 5$ | ㉣ $25 \div 5$ |

( )

12 인형 54개를 상자 6개에 똑같이 나누어 담으려고 합니다. 상자 한 개에 인형을 몇 개씩 담을 수 있을까요?

( )

13 조기 한 두름은 20마리입니다. 조기 한 두름을 한 봉지에 4마리씩 담으려고 합니다. 봉지는 몇 개가 필요할까요?

( )

14 공에 적혀 있는 5개의 수 중에서 3개를 골라 곱셈식을 만들고, 만든 곱셈식을 나눗셈식 2개로 나타내 보세요.

2 7 8 42 56

곱셈식

나눗셈식 ,

1 수 모형을 보고 계산해 보세요.

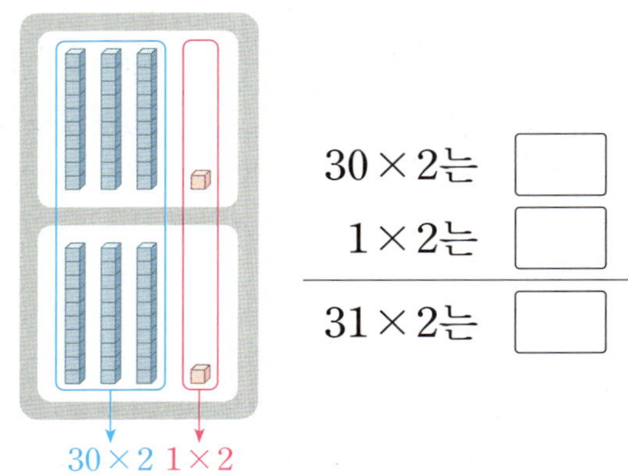

30×2는 ☐

1×2는 ☐

31×2는 ☐

2 ☐ 안에 알맞은 수를 써넣으세요.

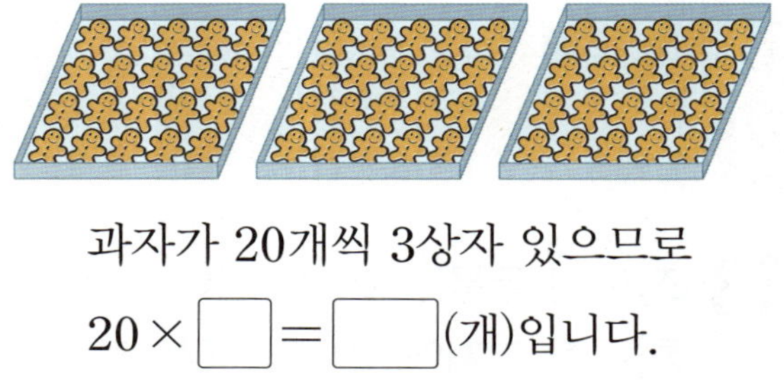

과자가 20개씩 3상자 있으므로

$20 \times$ ☐ $=$ ☐ (개)입니다.

3 계산해 보세요.

$$\begin{array}{r} 6\,3 \\ \times\ \ \ 2 \\ \hline \end{array}$$

4 빈칸에 두 수의 곱을 써넣으세요.

18	3

5 계산 결과가 50보다 작은 것에 ○표 하세요.

23×3	14×3

(   ) (   )

6 빈칸에 알맞은 수를 써넣으세요.

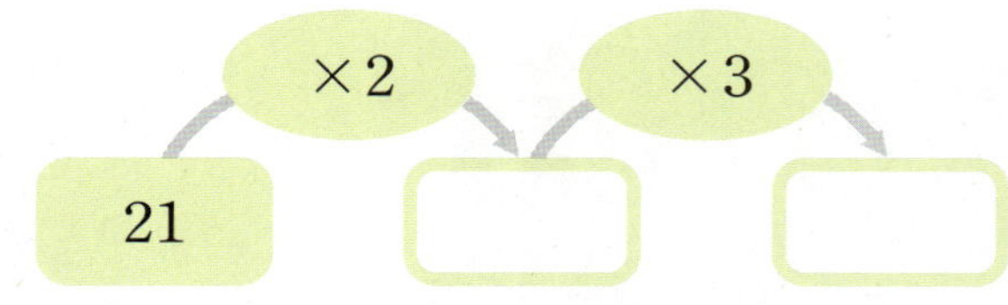

7 계산 결과의 크기를 비교하여 ○ 안에 >, =, < 중 알맞은 것을 써넣으세요.

22×7 ◯ 60×3

8 두 곱의 차는 얼마일까요?

35×2	53×3

(   )

9 사탕이 한 봉지에 32개씩 3봉지에 담겨 있습니다. 사탕은 모두 몇 개일까요?

( )

10 도로 양쪽에 나무를 심으려고 합니다. 도로 한쪽에 64그루씩 심는다면, 도로 양쪽에 심는 나무는 모두 몇 그루일까요?

( )

11 한 변의 길이가 24 m인 정사각형 모양의 꽃밭을 완성했습니다. 꽃밭의 네 변의 길이의 합은 몇 m일까요?

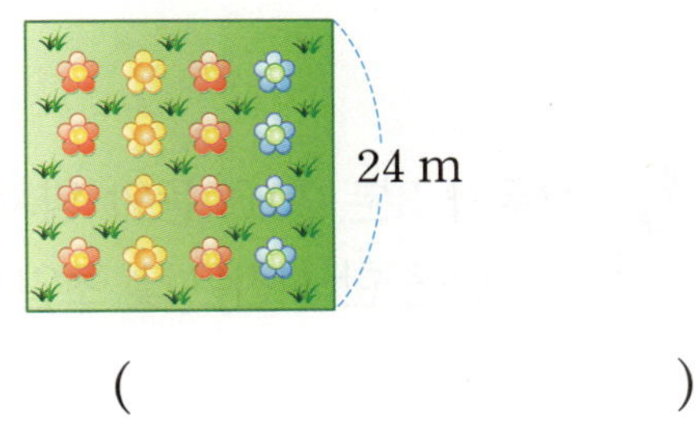

( )

12 선물 한 개를 포장하는 데 리본이 25 cm 필요합니다. 같은 선물 6개를 포장하는 데 필요한 리본은 모두 몇 m 몇 cm일까요?

( )

13 ☐ 안에 알맞은 수를 써넣으세요.

$$\begin{array}{r} \boxed{}\,4 \\ \times \quad 3 \\ \hline 2\ \ 2\ \ 2 \end{array}$$

14 영지네 학교 3학년은 한 반에 22명씩 3개 반이 있습니다. 3학년 학생이 모두 자신의 화분에 씨앗을 4개씩 심어 키우기로 했습니다. 씨앗은 모두 몇 개 필요할까요?

( )

5. 길이와 시간

1 길이를 읽어 보세요.

3 km 500 m

(   )

2 자를 이용하여 주어진 길이만큼 선을 그어 보세요.

2 cm 5 mm

3 시각을 읽어 보세요.

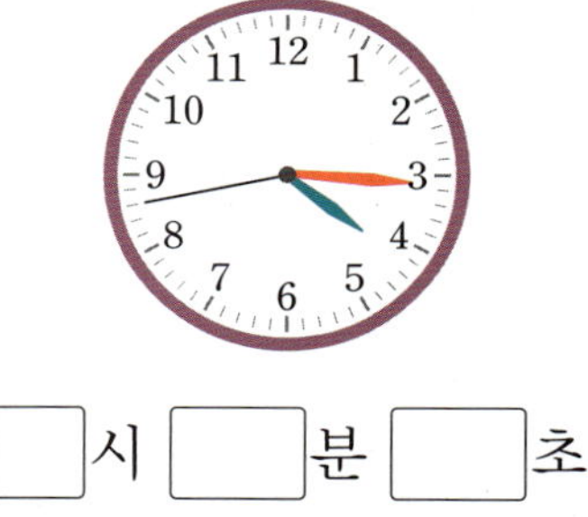

□시 □분 □초

4 5초 동안 할 수 있는 일에 ◯표 하세요.

동화책 1권 읽기   (   )

쓰레기 1개 줍기   (   )

5 계산해 보세요.

$$\begin{array}{r} 15\text{분} \ \ 45\text{초} \\ -\ \ 2\text{분} \ \ 30\text{초} \\ \hline \end{array}$$

6 자를 이용하여 길이가 같은 것을 찾아 기호를 써 보세요.

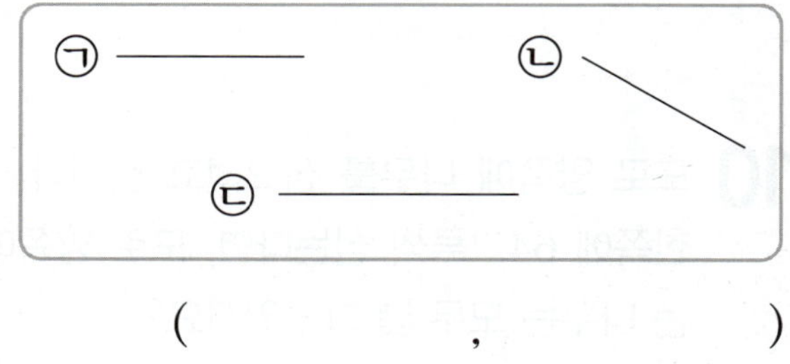

(,   )

7 km를 사용하여 길이를 나타내기에 알맞은 것을 찾아 기호를 써 보세요.

㉠ 필통의 길이
㉡ 한라산의 높이
㉢ 우리 집 문의 높이

(   )

8 장우가 3분 20초 동안 양치질을 했습니다. 양치질을 한 시간은 몇 초일까요?

(   )

9 길이가 <u>다른</u> 것을 찾아 기호를 써 보세요.

> ㉠ 5 km 30 m
> ㉡ 5300 m
> ㉢ 5 km보다 30 m 더 긴 길이
> ㉣ 5 킬로미터 30 미터

( )

10 단위를 <u>잘못</u> 말한 사람을 찾아 이름을 써 보세요.

> • 정우: 내가 가진 색연필의 길이는 약 13 cm야.
> • 새롬: 내 키는 약 135 m야.
> • 민준: 내 발의 길이는 약 210 mm야.

( )

11 잘못 계산한 곳을 찾아 바르게 계산해 보세요.

$$
\begin{array}{rr}
2시 & 14분 \\
+\ 3분 & 30초 \\
\hline
5시 & 44분
\end{array}
$$
⇨

12 서울에서 부산까지 가는 기차의 승차권입니다. 서울에서 부산까지 가는 데 걸리는 시간은 몇 시간 몇 분일까요?

서울	▶	부산
9:35		12:19

( )

13 만화 영화가 12시 47분 45초에 끝났습니다. 만화 영화 상영 시간이 17분 25초일 때 만화 영화가 시작한 시각은 몇 시 몇 분 몇 초일까요?

( )

14 서영이는 생존 수영 교육에 참여했습니다. 교육 시작 시각은 아래와 같고 교육 시간은 2시간 25분이었습니다. 생존 수영 교육이 끝난 시각은 몇 시 몇 분 몇 초일까요?

( )

6. 분수와 소수

1 도형을 똑같이 둘로 나눌 수 있는 점선을 찾아 써 보세요.

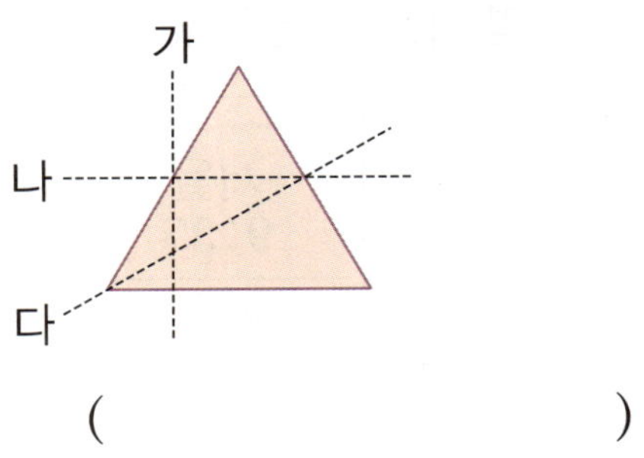

( )

2 같은 것끼리 선으로 이어 보세요.

3 분수의 크기를 <u>잘못</u> 비교한 것의 기호를 써 보세요.

$$\bigcirc\ \frac{1}{3} < \frac{2}{3} \qquad \bigcirc\ \frac{1}{12} > \frac{1}{5}$$

( )

4 부분을 보고 전체를 완성해 보세요.

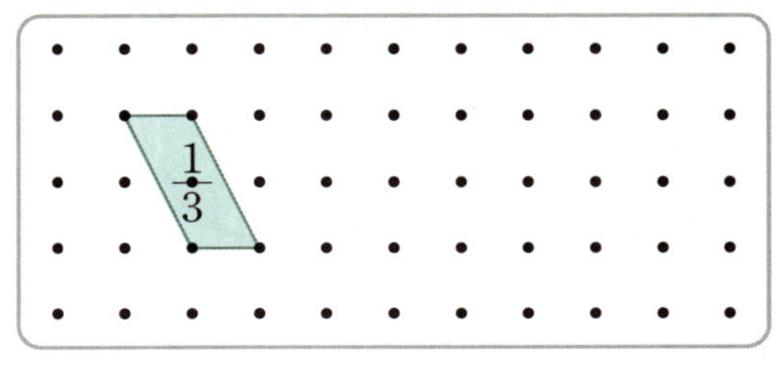

5 관계있는 것끼리 선으로 이어 보세요.

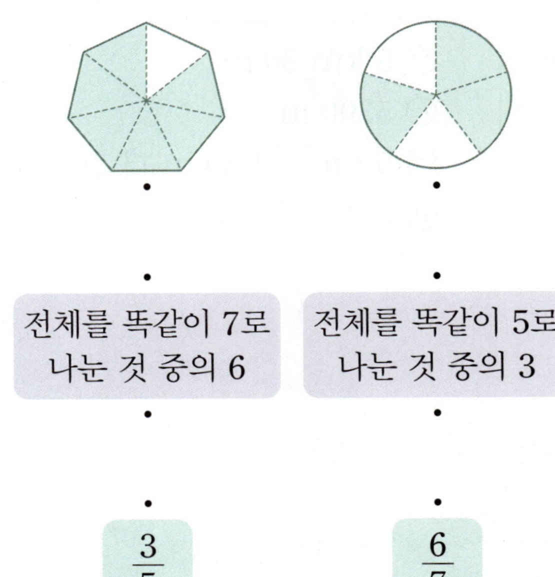

전체를 똑같이 7로 나눈 것 중의 6 · · 전체를 똑같이 5로 나눈 것 중의 3

$\dfrac{3}{5}$ · · $\dfrac{6}{7}$

6 ☐ 안에 알맞은 소수를 써넣으세요.

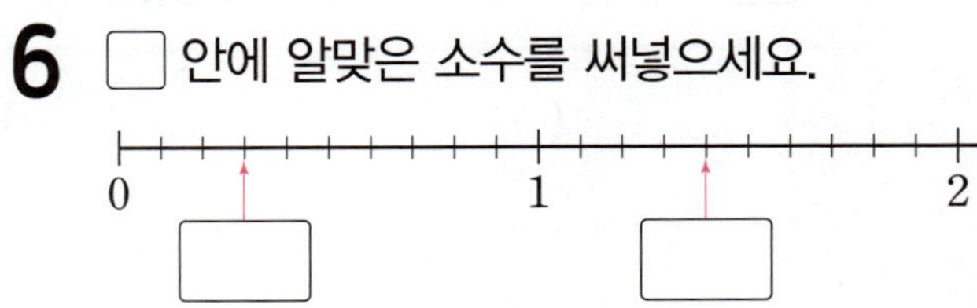

7 4.5보다 작은 소수를 모두 찾아 ◯표 하세요.

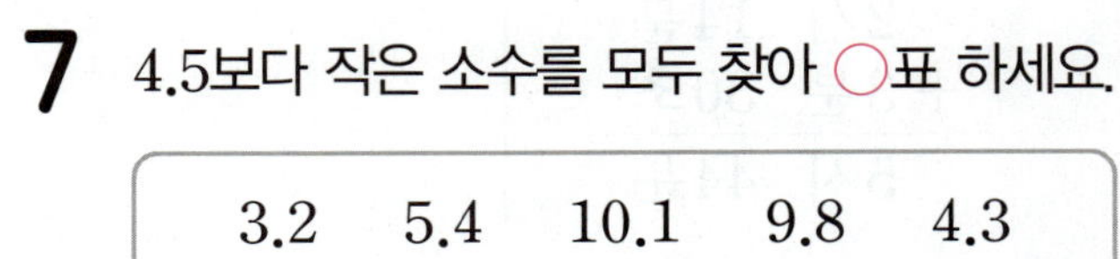

8 잘못 말한 사람을 찾아 이름을 써 보세요.

> - 혜주: 0.1이 61개이면 6.1이야.
> - 성민: 89 mm는 8.9 cm야.
> - 주아: 7.3은 1이 73개야.

(   )

9 ㉠과 ㉡의 합은 얼마일까요?

> - $\dfrac{㉠}{7}$은 $\dfrac{1}{7}$이 6개입니다.
> - 0.1이 ㉡개이면 3.3입니다.

(   )

10 가장 큰 수에 ◯표, 가장 작은 수에 △표 하세요.

- 3과 0.6만큼인 수   (   )
- 0.1이 28개인 수   (   )
- 오 점 칠   (   )

11 주영이와 한나는 크기가 같은 컵에 우유를 가득 따른 후 마셨습니다. 컵에 남은 우유가 주영이는 전체의 $\dfrac{1}{3}$, 한나는 전체의 $\dfrac{1}{2}$입니다. 우유가 더 많이 남은 사람은 누구일까요?

(   )

12 $\dfrac{7}{17}$보다 크고 $\dfrac{10}{17}$보다 작은 것을 찾아 기호를 써 보세요.

> ㉠ $\dfrac{4}{17}$
>
> ㉡ $\dfrac{1}{17}$이 5개인 수
>
> ㉢ 17분의 9

(   )

13 1부터 9까지의 수 중 ☐ 안에 들어갈 수 있는 수를 모두 구해 보세요.

$$\dfrac{☐}{9} < \dfrac{4}{9}$$

(   )

14 승민이는 빵 한 개를 똑같이 10조각으로 나누어 그중 2조각을 먹었습니다. 승민이가 먹고 남은 빵은 전체의 얼마인지 소수로 나타내 보세요.

(   )

memo

visang

ONLY
META

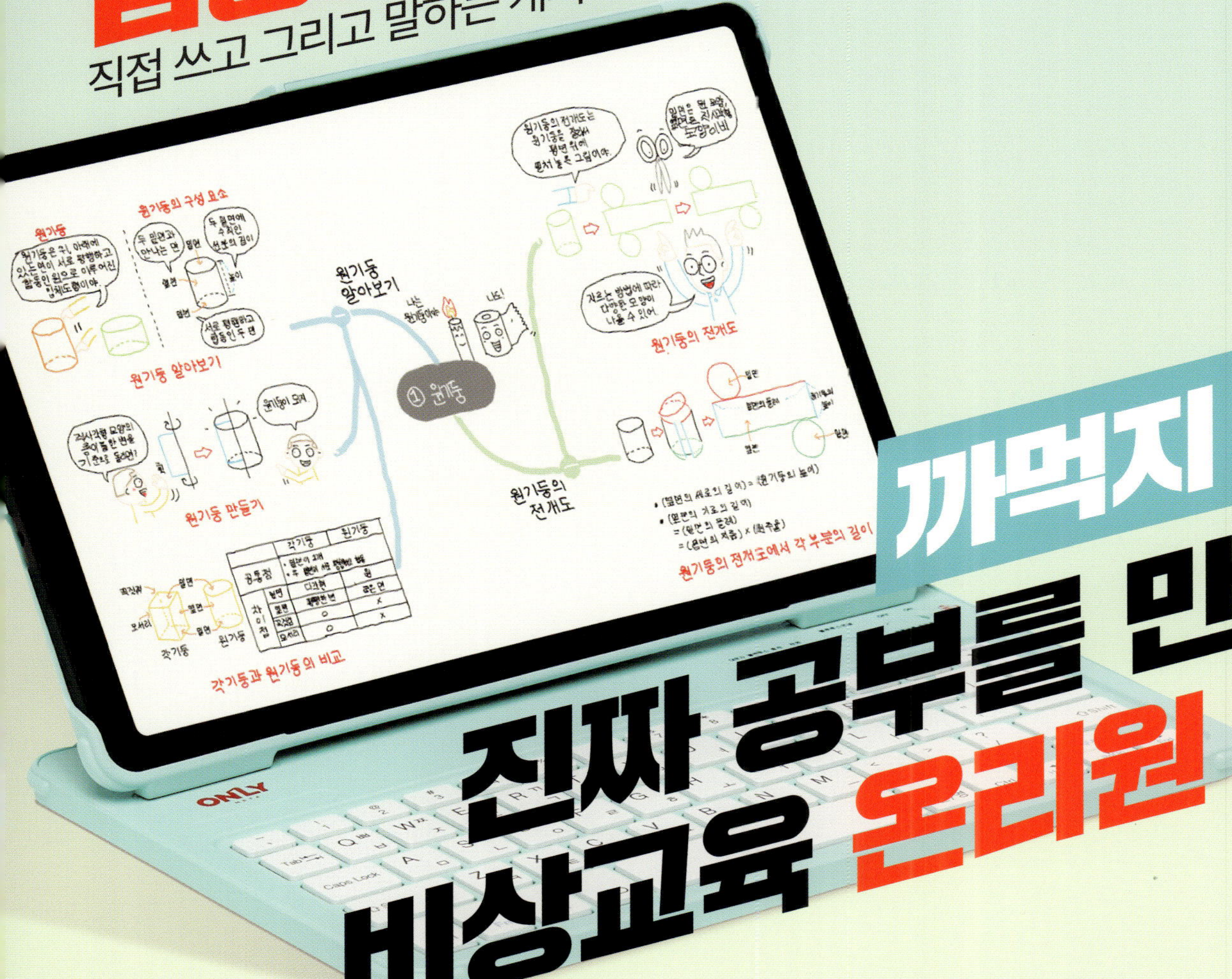

교과서 개념잡기 교과서 내용을 쉽고 빠르게 학습하여 개념을 꽉! 잡아줍니다.

대표전화 1544-0554
주소 경기도 과천시 과천대로2길 54(갈현동, 그라운드브이)
협의 없는 무단 복제는 법으로 금지되어 있습니다.